生命的时钟

郭金虎　著

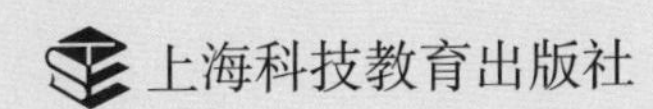

科学之美 人文之思

目录

引言　探秘生物钟，从这里出发

尧帝时代，一位耄耋老人拍着土地悠然歌唱："日出而作，日入而息。凿井而饮，耕田而食。帝力于我何有哉？"据传，这是中国历史上有记载的第一首诗歌。

公元前马其顿王国的亚历山大大帝时代，一位指挥官在途经波斯湾时，被罗望子树的树叶吸引，他发现树叶在夜晚合拢、白天张开。

1729年夏天，一位法国天文学家对含羞草叶片昼开夜合的现象发生兴趣，做了第一个生物钟实验，发现在黑暗的柜子里，含羞草的叶片仍然昼开夜合。

1930年，两位美国飞行员在人类首次驾飞机环球飞行途中感受到了时差的存在。

2017年12月10日，在瑞典斯德哥尔摩，瑞典国王将诺贝尔生理学或医学奖颁给了三位用果蝇研究生物钟的美国科学家。

2035年，一位航天员在日记里写道：自到达火星半年以来，食物尚可满足需求，但是感觉睡眠不好，可能是我的生物节律出现了问题……

以上列出的几个事例，前五条都是摘自历史长河里与生物钟主题有关的资料，第六条则是对未来合理的科幻式想象。

地球上的生命已存在数十亿年，在没有人类文字记载以前，各种生物已经有了各自的生物钟——一个微小到肉眼难以看见的蓝藻，一朵高山上的小花，一只美丽、弱小但坚强的黑脉金斑蝶，一只在夜间夏威夷浅海里游弋的短尾发光乌贼，一头巨大的鲸……它们有着共同的基本生命特征，它们也有着各自的生物钟。甚至，如果未来我们发现外星生命，它们可能也有生物钟，尽管与我们的不同。

生物钟重要且有趣,吸引了从古至今充满好奇心的人。生物钟是什么?生物钟可以像钟表那样调节吗?生物钟受基因控制吗?如果我们的生物钟坏了会怎样……如果想了解这些问题,请打开这本书,探秘生物钟,从这里出发。

第一篇
无处不在的生物节律

事事物物要时间证明，可是时间本身却又像是个极其抽象的东西，从无一个人说得明白时间是个什么样子。时间并不单独存在。时间无形，无声，无色，无臭。要说明时间的存在，还得回头从事事物物去取证。从日月来去，从草木荣枯，从生命存亡找证据。正因为事事物物都可以为时间做注解，时间本身反而被人疏忽了。

——沈从文

时间、周期与生物节律

公元5世纪的圣奥古斯丁(Saint Aurelius Augustinus)说:“我的灵魂在燃烧,因为我想知道时间是什么。”那么,时间是什么?圣奥古斯丁又说:“关于时间是什么这个问题,假如没有人问我,我是知道的;假如有人问我,我就回答不出。”

既然时间那么重要,古时候人们便总是倾向于认为有神灵掌管时间。在中国古代传说里,有一些时间之神,如噎鸣、羲和、常羲等。《山海经·海内经》云:“共工生后土,后土生噎鸣。噎鸣生岁十有二。”在古代神话中,羲和是太阳神之母的名字,传说她是帝俊的妻子,与帝俊生了十个儿子,都是太阳(金乌),这些太阳儿子住在东方大海的扶桑树上,轮流在天上值日。羲和还有另一个名字叫日御,她既是太阳儿子们的母亲,也是他们的车夫——太阳的使者。这个传说倒是和古希腊的太阳神驾着金马车巡视天宇的神话故事有些许相通之处。不过,羲和的十个太阳儿子后来不守法令,被后羿射掉了九个。常羲是羲和的妹妹,与羲和同为帝俊之妻。常羲是中国神话传说中的月亮之母,生了十二个月亮,象征着一年里的十二个月份。生下月亮后,常羲经常在日月山里给她的月亮孩子们洗浴。

这些上古时代神话中的人物,要么生太阳要么生月亮,迥非凡人。实际上,他们很可能是当时负责制定历法的官员,后来被尊崇和神化了,这一点从《尚书·尧典》“乃命羲和,钦若昊天,历象日月星辰,敬授民时”的说法里也可以看出。

在希腊神话里,柯罗诺斯(Chronos)是时间之神,到了希腊罗马的艺术作品中,他被描述成一个转动黄道带的神,而且罗马人给他取了个新的名字“伊恩”

(Aeon)。Aeon翻译为中文是“永世”的意思,也表示极长的时间,同时也是一个时间单位,一个Aeon表示10亿年。在近代艺术作品中,伊恩通常以手执镰刀的老者形象出现。在神话里,时间之神拿着镰刀,而死神手里也拿着镰刀,但是两者存在明显不同。时间之神是人脸而非死神的骷髅脸,时间之神像天使一样长着翅膀,手里还拿着个计时用的沙漏。

比利时文学家梅特林克(Maurice Maeterlinck)在剧作《青鸟》里,把时间具象化了:在主人公的梦境里,所有物体都有了生命和灵魂,其中也包括时钟。故事里,一个老钟露出了慈祥的笑脸,钟摆下面的一扇门打开,象征着不同钟点的人手牵手走出来,在音乐声里翩翩起舞。

达利(Salvador Dali)名作《永恒的记忆》

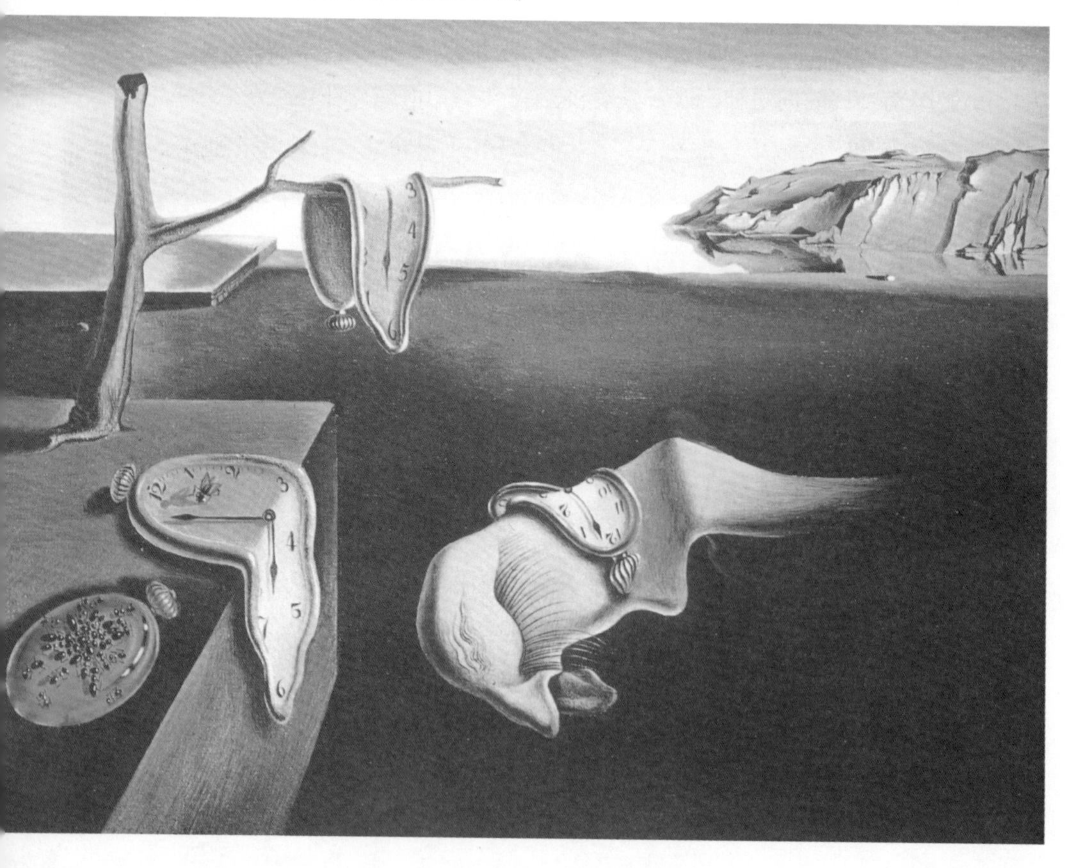

怎么标记时间

尽管我们难以说清楚时间的概念，但是在生活里我们都要通过各种计时手段来计量和利用时间。从古至今，人类的计时手段和技术也是不断进步的。古代的计时工具有日晷、滴漏等。到了现代，计时方法和技术不断飞跃，有机械计时甚至原子钟计时。

历史上的一些计时方法非常有趣。燃烧蜡烛或焚香计时在古代是很常用的计时方法，尽管不太准确。今天，我们经常网购然后让快递公司给我们寄送东西，快递哥每天辛勤忙碌，通过接力将邮件从出发地送至目的地。在我国古代，快递哥被称为邮差或驿使，他们靠走路、骑马运送邮件。由于工作非常辛苦，这些古代的快递哥们常会抽空打个盹，然后继续赶路。为了不睡过头，他们睡觉时会点燃一截香，夹在脚指头之间，这样当香烧完时就会痛醒，不会耽误工作。但是香燃烧的速度很不稳定，因此用烧香来计时很不准确，只能用于非常粗略的计时。

明代抗倭英雄戚继光平时对军队训练非常严格，即使军士伤痕累累也在所不惜。但是在战斗时他非常谨慎、细致，他的军队里备有不同月份每天的日出和日落时间表。当时还没有钟表，他用740颗念珠作为代用品，按标准步伐的频率每走动一步就移动一颗念珠，作为计算时间的根据。740难以被12个时辰整除，不过只要军队内部统一使用这种计时方法那就问题不大。戚家军战无不胜，在各种致胜因素当中，遵从时间进行军事行动也非常重要。

在英国伦敦海事博物馆里，陈列着中国古代一个简单而精美的计时工具，外形如同龙舟的香槽，在香槽里从前到后平铺一层香末，在香槽等距离挂上两端用丝线系住的小铁球。在龙背的香槽里点燃香，香从头部慢慢烧向尾部，在燃烧过程中会依次烧断上方的丝线，两端的小铁球便会掉落，根据烧到第几根丝线或落下小铁球的数目就可以推断过了多少时间。这个计时工具看起来非常美观，准确性可能就差强人意了。

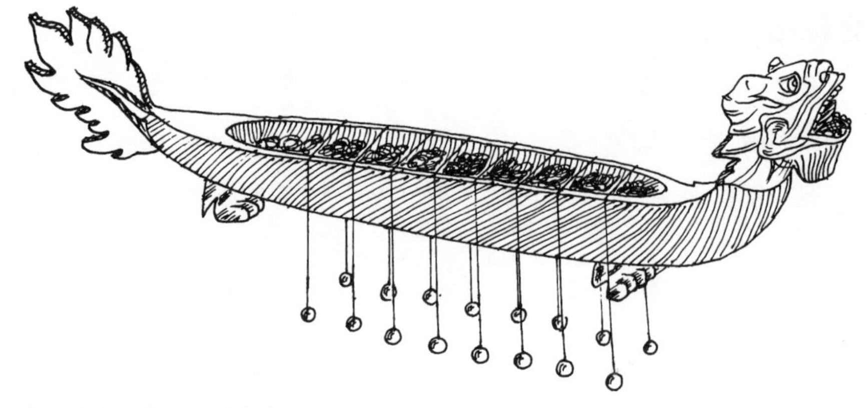

中国古代龙舟烧香计时装置示意图。龙舟背部有长条凹槽，可装香料。在龙背上等距放置用丝线拴住的小金属球，每条丝线两端各有一个小球。从凹槽靠近龙头处点燃香，香逐渐烧向龙尾。在香燃烧的过程中，烧到哪根丝线下方，丝线就会断掉，金属球也会掉落。由于香燃烧的速度相对恒定，而丝线之间的距离相等，所以这个装置可以用来计时

时至今日，在南方的一些寺庙里，还可以看到螺旋状的盘香，每个盘香可以燃烧很长时间，长达十天半个月之久。当然，现在燃这种香的目的是为了保持宗教或传统的仪式感，而不是为了计时。与焚香计时类似，古人也用蜡烛燃烧来计时。例如古罗马人制作带有刻度线的烛台，在蜡烛后面从上到下标有数字，可以通过蜡烛烧剩的长度来判断时间。

早在公元前3世纪，古希腊工程师斐洛(Philo)就发明了擒纵器用于洗脸台上控制水流。李约瑟(Joseph Needham)认为，中国早在唐朝，僧人一行和画家、天文仪器制造家梁令瓒就已经设计出具有擒纵器功能的装置，并将之运用在古老的水运浑天仪中，但由于资料记载非常少，至今难以确认。到了宋代，苏颂制造的水运仪象台也包含了具有擒纵器功能的装置，并被广为记载。从字面上看，擒纵是收放的意思。我们都知道诸葛亮对孟获七擒七纵，就是抓住了七次，又释放了七次。各种钟表的工作原理不尽相同，以机械表为例，里面的擒纵器机构的主要功能是调控齿轮旋转的速度，维持稳定的转速，使之不至于越来越快或越来越慢，从而保证计时的准确性。

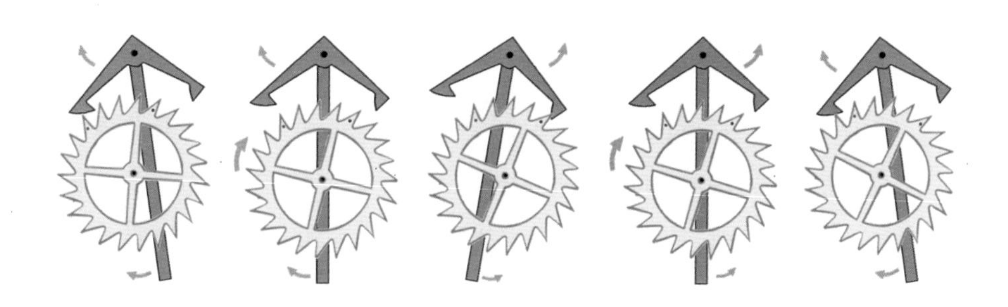

钟表里擒纵器机构的示意图。黄色齿轮受到动力的驱使顺时针旋转。灰色的部件为擒纵器,左右两端各有一个卡口。齿轮在旋转时,擒纵器也会转动,两端的卡口会交替卡住齿轮,使之暂停旋转,接着擒纵器放开齿轮,齿轮得以继续转动。如此有序、交替收放。齿轮保持稳定的转动周期。齿轮上画了一个红色和一个蓝色的点,以便更易看出齿轮转动的细节

北宋苏颂设计建造的水运仪象台示意图

一定长度的钟摆、厚薄和尺寸恒定的石英片,都有其固定的振荡频率,因此可以用它们制造钟表,作计时之用。用于制作石英表的石英片被做成微小音叉的形状,受到电脉冲时每秒钟会产生32 768(2^{15})赫兹的振动。由于石英的振荡频率精确,石英钟表的误差一般每天不超过半秒。目前世界上最为精确的是原子钟,利用电子的能量跃迁来计时,最早由美国科学家拉比(Isodor Rabi)发明。同种物质原子的电子在从一个能量态跃迁至较低的能量态时,会释放电磁波,而这种电磁波的频率是固定的,称为共振频率。例如,铯133的共振频率为每秒9 192 631 770次,可以据此计时。我国"天宫二号"空间站里搭载的冷原子钟精度可以达到每3000万年误差不超过1秒。现在甚至出现了量子钟,2010年美国国家标准技术研究院制造的量子钟,其精度据称可达每37亿年误差不超过1秒。

生活在地球上不同时区的人使用不同的时间,我们也知道不同时区之间的时间差一定是小时的整数倍。例如:伦敦位于零时区,北京位于东八时区,两个地区相差8个时区即8个小时,那么扣除这8小时,两个地方的时间就是一样的。当然,在计算时也要注意英国使用夏令时,可能会使计算结果多出或减少1个小时。但是,无论怎样,北京和伦敦时间差总是小时的整数倍。那么,排除了时区这个因素,人们使用的时间就是相同的吗?

我以前也是这么认为的,直到2015年我去法国波尔多做抛物线飞机实验,发现飞机上使用的GPS(全球定位系统)时间与当地所在时区的时间(地方标准时)并

不同类型的时间

类型	时间	星期
地方标准时	2018年11月8日 22:14:37	星期四
GPS时间	2018年11月8日 14:14:55	第2026个星期
协调世界时	2018年11月8日 14:14:37	GRI 9940
国际原子时	2018年11月8日 14:15:04	星期四

不对应，而且相差并非小时的整数倍。之后我又发现，除GPS时间外，还有协调世界时（UTC）、国际原子时（TAI）等。即使刨去时差因素，它们中的一些计时方式与当地标准时间相差也并不是小时的整数倍，例如GPS时间与地方标准时大约相差18秒，而国际原子时与地方标准时相差大约33秒。当时，幸亏我发现了时间的不同，否则我们的数据分析就会出现很大偏差。

我们有着共同的时间，却又使用不同的计时方式。不管使用何种计时方式，我们都离不开时间。

时间的周期

当我们在远离城市的地方仰望星空，一年中多数时间都可以看到乳白色的银河跨过天际。在深邃而浩淼的宇宙里，银河系只不过是无数星系中的一个，而在银河系中，太阳系这样的小星系数不胜数，我们所生活的地球便是太阳系里的一颗行星。银河系像个大转盘，包括太阳系在内的很多小星系围绕银河系的中心高速旋转。太阳系绕银河系一圈要花上两亿两千六百万年，这个周期可真是名符其实的天文数字，大到我们难以想象。与之相比，从人类在地球上出现至今，也不过大约20万年而已。

我们再来看比较短的周期。有一颗围绕太阳系运转的哈雷彗星，大约每76年转一圈，如果你刚好在年幼时见过哈雷彗星并且寿命足够长，那么就有机会在年老时再次看见它。如果寿命不到76年或者运气不好，那么一生就只能看到一次哈雷彗星，甚至无缘与它相见。

空间站绕地球转一圈的时间大约为90分钟，118号元素氭（Og）的半衰期大约为0.89毫秒，中性π介子（π^0）的寿命大约为8.4×10^{-17}秒。最令人惊讶的是Z粒子的寿命，只有3×10^{-25}秒，短到无法想象，弹指间可以有无数的中性π介子或Z玻色子灰飞湮灭。

在动画片《阿森一族》（*The Simpsons*）里，有一段情节是，从主人公辛普森

(Homer Simpson)开始,尺度不断扩大,从他的一根头发到地球,太阳系,银河系,星云,宇宙。然后出现戏剧性的转换:宇宙成了一个粒子,粒子再扩大到原子、分子,扩大到染色体,扩大到细胞,最后扩大为另一个维度的辛普森的一根头发。

宏观尺度太大,难以想象,而微观尺度看不见、摸不着,很抽象,感觉距离我们也非常遥远。

只有那些尺度不太大也不太小的周期与我们人类的生活有着比较紧密的关系,我们对它们也有比较直观的感受。例如,我们熟知的地球绕太阳公转一周需要一年时间,月亮阴晴圆缺的周期是大约28天,日出日落是一天的时间,潮起潮落同样有着自己的周期,等等。美国黄石公园是世界上第一个国家公园,地貌独特。公园里有一眼名为老忠实(Old Faithful)的间歇热泉,这个热泉每隔90分钟左右喷发一次,喷发时阵阵炙热的水汽从地下冒出来,直冲云霄。"老忠实"这个名字就来自它喷发的规律性,每年都有无数游客前来观看,称奇不已。如果运气好,游客到达时老忠实刚好就要喷发;如果运气不好,游客到达时老忠实刚喷发完,那么就得等上一个半小时。

日中则移,月满则亏。物盛则衰,天地之常数也。星体、环境具有各自的运行周期。相应地,也就存在各种各样的节律。在人类的生活里,我们最为熟悉的莫过于每天的节律、潮汐的节律、每个月的节律以及一年四季的节律了。

形形色色的生物节律

四时天之吏,日月天之使。诚如美国历史地理学家房龙(Hendrik Willem Van Loon,1882—1944)所言:在与我们毗邻的数百万个天体中,有两个对我们的生存有着最为直接和显著的影响,那就是太阳和月亮。加上地球在内,这三个星球的运转周期会造成地球上光照、温度、湿度、潮汐、引力、磁场等环境因素呈现出各种不同的周期性变化,受此影响,地球上包括人类在内的很多生物生理和行为也会表现出时间上的规律性,也就是说,具有周期性的节律特征,科学家称之为“生物节律”。

花朵是植物美丽的婚房，色彩鲜艳，气味芬芳。自古以来，人类为之倾倒，或采撷以赠佳人，或作文以赞美之，或以丹青描绘之。植物不仅光合作用等重要生理过程具有昼夜和季节的周期性，花朵的开放也具有周期性。邓椿在《画继》一书中记载，宋徽宗赵佶召画师作画，对众人的作品都不满意，唯独重赏一位画月季的画家。他解释了其中的原因：“月季鲜有能画者，盖四时、朝暮、花、蕊、叶皆不同。此作春时日中者，无毫发差。”这位画师准确地描绘出了月季花在春日正午时的形态。

严复在《天演论》中说：“怒生之草，交加之藤，势如争长相雄，各据一抔壤土，夏与畏日争，冬与严霜争，四时之内，飘风怒吹，或西发西洋，或东起北海，旁午交扇，无时而息。”这段文字反映了两个事情，一是在一年四季中，气候是周期性变化的，夏天有烈日，冬天有霜雪，不同季节风向也不同。第二个事情是，草藤等植物为了生存，面临四季变化的巨大环境压力。只有能适应季节性的环境变化，植物和其他生物才能生存下来，否则只能被无情淘汰。

古希腊的亚里士多德(Aristotle)在他的巨著《动物志》里提到，一切动物的生活习性之养成均与生殖育幼或寻觅所需食料两事有关。亚氏还指出：这些习性又因适应其所处环境的冷暖与季节的更替而有所变化。一切动物对于温度的变化皆具有感应的本能，恰如人类于冬季则避风雪于房屋之中，如富有庄园的人消暑于清凉境界或到阳光充足的地区过冬，各种动物之善于行动者也随季节更换而频迁其居处。亚氏在这里所说的，就是动物及人的季节性迁徙节律。

燕子可谓季节性迁徙的代表动物，绘制出植物花钟的瑞典植物学家林奈(Carl von Linné)看到燕子在秋天消失，春天重现，便认为燕子到了秋天就会沉入江河，在水下过冬。这种想法当然是错误的，是当时知识的局限造成的。燕子是候鸟，冬天飞至南方越冬，春天返回。以前房屋的封闭性没那么好，家燕经常在百姓屋中的房梁上构巢筑窝。唐朝文学家王维在《春中田园作》一诗中写道：“屋上春鸠鸣，村边杏花白。持斧伐远扬，荷锄觇泉脉。归燕识故巢，旧人看新历。临觞忽不御，惆怅远行客。”从这首诗可以看出，北归的燕子不但认得方向，甚至还识得旧巢，第二年仍然会回到原来的人家。

人虽然是恒温动物，但实际上在一天当中体温是有变化的。1845年，英国内科医生大卫（John Davy，1790—1868）连续测量了一个月体温，发现自己的体温在白天时较高，而在夜晚时较低，白天与夜晚相差大约1℃。1868年，文德利希（Carl Wunderlich）继续了这一实验，检测和记录了25 000个人的腋窝温度，总共采集了超过100万个数据，他的分析结果证实，体温确实存在昼夜的节律性变化，晚上7:00 — 8:00体温最高，在凌晨5:00左右体温最低。

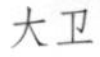

大卫

文德利希

除了体温，人的血压、脉搏、呼吸、血糖浓度，以及血液中血红蛋白的含量、氨基酸含量、肾上腺素等激素的含量等生理指标，都会表现出昼夜变化的规律。早在1965年，研究生物钟的一位先驱阿朔夫（Jürgen Aschoff）曾经断言：无论检测什么生理指标，我们都会发现该值在一天当中某段时间出现最大值，而在一天当中另外某个时段出现最小值。

人的体温昼夜相差约1℃，振幅不是很大，有些动物的体温振幅比人明显得多。沙漠之舟骆驼的体温在白天时可高达41℃，而在夜间可降至34℃。骆驼白天体温高，不需要像体温低的动物那样通过排汗蒸发大量水分才能维持低温，因此较高的体温有利于保持体内的水分，这对于骆驼适应沙漠的严酷环境是具有重要意义的。

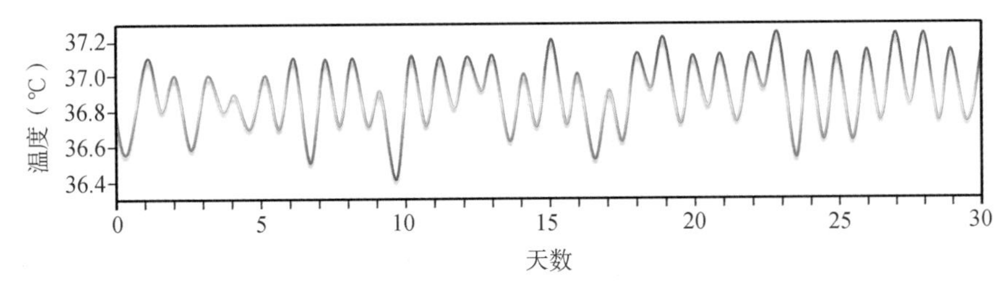

英国内科医生大卫连续一个月的体温记录

人的体温不仅表现出昼夜的节律性变化，还会表现出其他形式的节律特征。例如，成年女性的体温还会随月经周期表现出月节律的特征。月节律控制着许多生物的节律，早在古希腊时代，亚里士多德就发现每个月满月的时候海胆的卵巢尺寸最大。西塞罗（Marcus Tullius Cicero，前106—前43）发现牡蛎的肉随着月盈月缺而增加和减少。

一些爬行动物、两栖动物的体色在一天中会发生变化，夜晚颜色深，白天颜色浅。这当然是与环境相适应的：白天光线强，较浅的体色更接近环境景物，难以被天敌或猎物发现；而夜晚光线很微弱，体色较深才不易被发现。蜥蜴或蟾蜍的体色在白天和夜晚会变化，这是否只是对环境简单的反应呢？将这些动物养在持续黑暗或者持续光照的环境下，它们的体色仍然会表现出明显的节律，虽然体色的变化差异没有昼夜条件下那么明显。

鸵鸟的体色不像两栖、爬行动物那样可以变化，但是鸵鸟也会利用体色来保护自己。雄性鸵鸟的体色是深黑色的，而雌性鸵鸟的体色是棕灰色的。在孵蛋期间，雌雄会进行分工，雌鸟白天孵蛋而雄鸟夜晚孵蛋，这样不容易被其他动物发现，可以减少孵蛋期间的干扰。

球孢水玉霉（*Pilobolus umbonatus*）是一种生活在食草动物粪便上的真菌，晶莹剔透，如玉如珠，可谓“出污粪而不染”。菌柄的上部膨成椭圆形，称为孢子囊

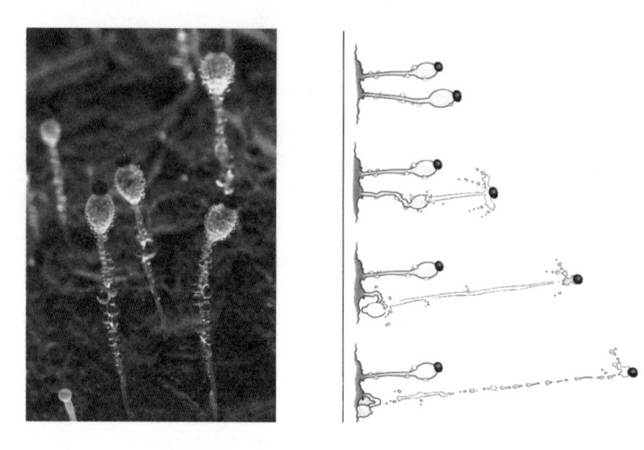

黑色小球即是孢子囊，里面有很多孢子。水玉霉（左）及其喷射孢子团的示意图（右）（左图由周晴烽拍摄并授权使用）

泡，晶莹剔透，顶端有个黑色的孢子囊。水玉霉每个孢子囊可以射出一个小黑球似的孢子团，孢子团里有很多孢子，可以无性繁殖。孢子囊总是向着有光的方向生长。水玉霉射出孢子团的速度惊人，可以达到每秒5—10米，相当于每小时18—36千米，比一般人骑自行车的速度还快，就像《植物大战僵尸》里的豌豆射手。水玉霉的孢子释放也是有节律的，总是在每天清晨发育成熟，每天中午前后向着光源喷射。

节律的周期有长有短，有周期大于24小时的各种节律，也有很多周期小于24小时的节律，比如我们上面提到的潮汐节律、心跳的节律、神经细胞放电的节律，等等。其中潮汐节律、昼夜节律、季节节律等，都是与我们所处的自然环境密不可分的。

河滩变色之谜

三分陆地七分水，是对地球表面水多地少概貌的形象描述。不算河流，仅海洋面积就占了地球表面积的71%。在整个地球水资源当中，海洋里的水占据了绝对优势，比例约为96.53%。巨大的海洋是生命的摇篮，无时无刻不影响着地球上的生命。

海洋或者大的湖泊都有潮汐现象，潮起潮落，自古以来就被人们认识和关注。漫步海边，海风阵阵，一层层的海浪卷向沙滩。大海用涛声向天空倾诉，这种倾诉已经持续了亿万年，听起来枯燥而单调。但这里并不缺乏丰富多彩的生命，在退潮后的沙滩上漫步，我们会发现形形色色的生物涨潮之前在这里奔忙、觅食，热闹非凡，一派生机勃勃的景象。那么，这些世世代代生活在这里的生命，是如何适应大海的潮起潮落的呢？

眼虫藻与埃文河的河滩颜色

帕尔默（John Palmer）是美国马萨诸塞大学的时间生物学家，他博士后期间（1963—1964）曾经在英国的布里斯托尔大学进行研究工作。埃文河从布里斯托尔大学附近蜿蜒流过，通向布里斯托尔湾。在离布里斯托尔大学大约两千米的河岸上，有一座铸铁修建的克利夫顿悬索桥，这个吊桥建于1806年，迄今仍横跨在两岸的峡谷之上。埃文河距离入海口很近，河流经过布里斯托尔大学附近时由于河道变窄，使得这里的涨潮落潮非常明显，水位落差很大，在一个月当中，落差最大可达

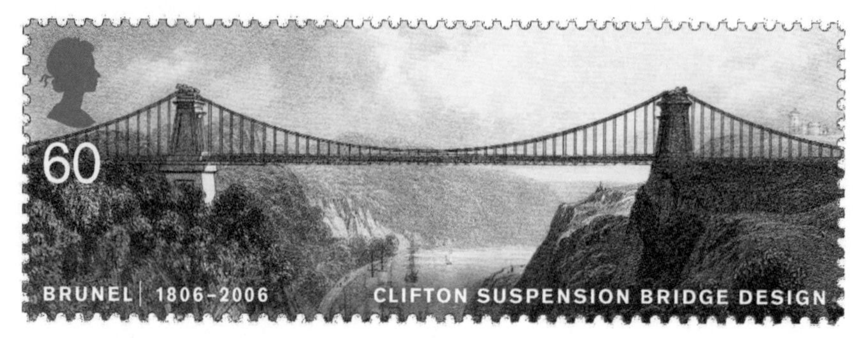

英国2006年发行的克利夫顿悬索桥建成200周年纪念邮票

到12米。另外,当时的埃文河饱受污染,河水肮脏,浊浪滚滚,场面壮观。

帕尔默经常去这座桥上看潮起潮落,细心的他意外地观察到了一个有趣的现象:每当潮水退去,两边的淤泥河滩就会显露出来。由于遭受工业污染,淤泥看起来是一片黑乎乎的颜色。但是,令人称奇的是,在很短的几分钟时间里,乌黑的河滩就魔术般地变成了一片翠绿的颜色。而每次涨潮时,在潮水没过淤泥之前,这一片翠绿又消失了,河滩从绿色变回了黑色!这究竟是怎么回事呢?

第二天,怀着强烈的好奇心,帕尔默穿着皮裤、胶靴来到河边,趁着退潮,深一脚浅一脚地走下河滩。忍着刺鼻的臭气,他采集了一些淤泥表面绿色的东西,连同淤泥一起放到培养皿里,带回实验室。他在显微镜下对采回来的淤泥进行了认真的观察,发现里面生活着大量微小的生物——眼虫藻(*Euglena obtusa*)。

在显微镜下,眼虫藻有个红色的眼点,具有感光的功能。身体里有形状不规则的绿色颗粒,那是叶绿体,可以进行光合作用,合成养料。因为眼虫藻依赖光合作用,所以不能长时间离开光照。

生活在埃文河入海口河滩淤泥里的眼虫藻,在潮水退去后,要从泥沙下钻到表面,让体内的叶绿体进行光合作用。由于眼虫藻数量巨大,当它们聚集在河滩表面时,整个河滩就呈现出绿色。海水涨潮时,为了避免被潮水卷走,这些微小的生物似乎可以预先知道将要涨潮,提前就钻到了泥沙下面,因此在涨潮之前,河滩的颜色就从绿色变成了黑色。原来,眼虫藻的节律性活动方式就是埃文河滩变色的原因。

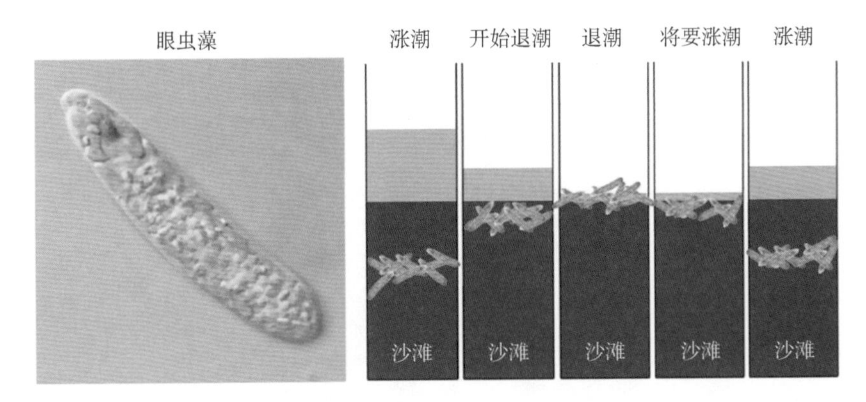

显微镜下一个放大的眼虫藻(左)以及不同时间眼虫藻在泥沙中的分布情况(右)

受到潮汐的影响,生活在河滩上的眼虫藻的活动具有潮汐节律性。如果把眼虫藻放在远离潮汐的地方,保持光照、温度恒定,它们的潮汐节律是否会丧失呢?实际情况并非如此。帕尔默所在的实验室距离海边大约1.5千米远,实验室里不再有潮汐,培养皿里也没有潮起潮落。但是,这些培养皿里的眼虫藻仍然会表现出周期与海边潮汐规律一致的节律:当实验室外遥远的海边要涨潮时,眼虫藻会从培养皿的表面钻到黑色淤泥里,培养皿就由绿色变成了黑色;而当遥远海边退潮,眼虫藻又会从淤泥里钻到表面来,培养皿就由黑色变成了绿色。尽管离开海边,眼虫藻仍然具有预测潮汐节律的本领,屡试不爽。

帕尔默的眼虫藻实验说明眼虫藻的节律具有自主特征,也就是内在性,在没有潮汐的环境里仍然会表现出与外界潮汐时间相近的运动节律。古诗云潮水有信,就是说潮水的涨退总是有严格的规律的。眼虫藻的这种内在运动节律对于适应潮水涨退具有不可或缺的重要意义,因为眼虫藻必须依赖阳光进行光合作用合成养料,因此不能总藏在泥沙底下,它们要趁退潮的时候钻出来抓紧时间享受日光浴,并捕获太阳的能量合成自己所需的养料。在涨潮时,为了防止被海浪冲走,它们又要赶紧藏匿于泥沙之下。因此,眼虫藻必须适应潮汐的节律,才能够生存。

帕尔默是个有趣的人,他灵光一现,想到了一个赚钱的主意:他拿着盛有眼虫藻的培养皿去找同事,对他们说,这些培养皿的颜色会在几分钟内发生改变,如果不灵验那么他愿意请同事喝酒，如果灵验就要由同事买单。眼虫藻很讲信用，总是在帕尔默所说的时间钻出淤泥或钻入淤泥，使得培养皿的颜色发生改变，为帕尔默赚回啤酒钱。当然，老同事们很快就对这一套把戏不再有兴趣，帕尔默就会去找新来的同事继续打赌。据帕尔默自己说，在大约一年的时间里，他喝酒从来不用自己掏钱，都是靠用眼虫藻打赌赢来的钱——这可能也是生物钟最早的商业应用案例吧。

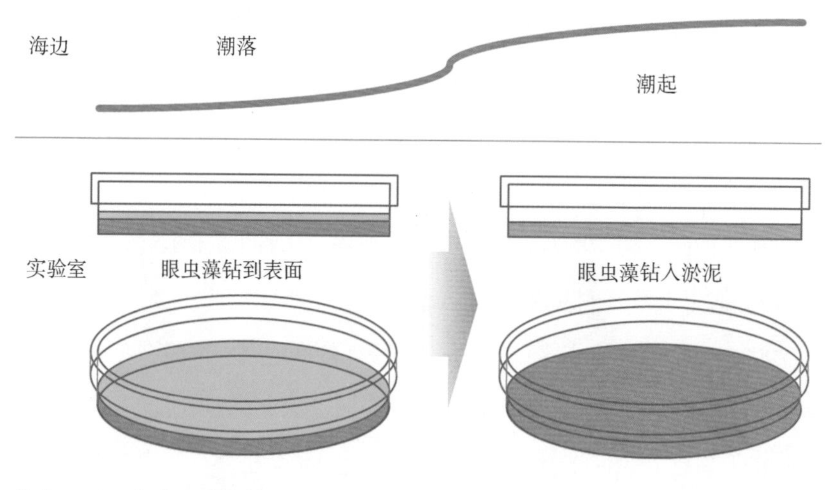

培养皿里眼虫藻的节律性

卞之琳的诗《断章》说："你站在桥上看风景，看风景的人在楼上看你。"克利夫顿悬索桥建成于1806年，时至今日仍然横跨在埃文河上。在20世纪60年代，克利夫顿悬索桥曾经发生的故事是：有人站在桥上看风景，还有人站在桥上看眼虫藻。

这座上了年纪的悬索桥是布里斯托尔地区的一个显眼的地标，它还曾出现在很多的电影当中。1979年以后，这里还开发出了蹦极项目。如果有一天你有机会站在这个桥上看风景，看潮起潮落、云卷云舒，是否会想起帕尔默这个有趣的人以及他曾经做过的有趣实验呢？

与藻类共处的旋涡虫

在沙滩上，不只眼虫藻有潮汐节律，其他多种微小生物也具有潮汐节律，它们的节律性运动也会引起沙滩颜色的改变，例如下一位将要登场的主角——旋涡虫（*Convoluta roscofensis*）。

法国西部布列塔尼有一个罗斯科夫海洋实验室，这个实验室面朝大海。在这里的沙滩上，生活着一种绿色的微小生物，名叫旋涡虫。前面介绍的眼虫藻大小只有几十微米，相当于把十几只眼虫藻排在一起才达到1毫米。按个头来算，一只旋涡虫的长度可达4毫米，和眼虫藻相比算是大块头了，肉眼就可以看见。

一只旋涡虫其实并不是单独的一个生命体，在显微镜下可以看见，在每只旋涡虫的体内都有很多球形的绿色颗粒，大小规整。这些绿色颗粒是生活在旋涡虫体内的绿藻，它们可以进行光合作用制造养分，旋涡虫为体内的藻类提供“遮风挡雨”的“居所”，同时它的代谢废物可以为这些藻类的光合作用提供养料。另一方面，天下没有白住的房子，这些绿藻如同房客，而旋涡虫如同房东，房客需要向房东交房租，居住在旋涡虫体内的藻类也是要对旋涡虫有所回报的。旋涡虫自己不能合成养料，因此要依赖体内的这些绿藻——它们每过一段时间就会消化掉一部分绿藻来满足自己的需要，细胞里的这些绿藻如同旋涡虫随身携带的干粮。由于绿藻要进行光合作用，旋涡虫必须经常出来晒太阳，如果将旋涡虫在持续黑暗的条件下培

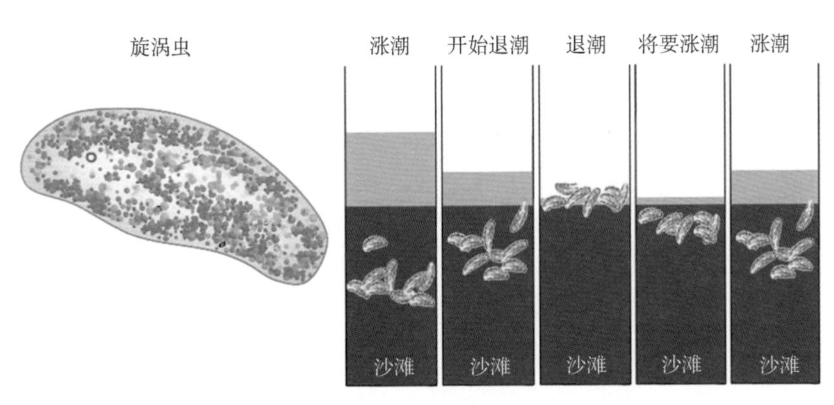

旋涡虫示意图（左）以及不同时间旋涡虫在泥沙中的分布情况（右）

养，过不了几天，旋涡虫及其同体内的绿藻都会“多”命呜呼。因此，在旋涡虫和体内的绿藻建立起来的这种关系当中，双方相依为命，谁也离不开谁。

旋涡虫在涨潮时总是钻在泥沙下面，防止被海水冲走——那样就会万劫不复了。在白天退潮后，它们就从泥沙下钻出来，享受海风和阳光，进行光合作用，合成养料。因此，旋涡虫也具有自己的潮汐节律。由于这种微小生命数量众多，聚集在一起，就会使得海滩呈现出斑驳的绿色。当潮水将至，这些旋涡虫钻入泥沙，绿色便褪去了。除了眼虫藻与旋涡虫外，硅藻等生物也具有类似的垂直运动节律。

生蚝是很受欢迎的海鲜，学名叫作牡蛎。2017年，丹麦海边牡蛎数量过度增长、泛滥。对于丹麦来说，泛滥的牡蛎是个坏消息，但是对于中国的美食家或饕客来说，或许是个喜讯。与眼虫藻和旋涡虫类似，生活在海滩的牡蛎，也受到潮汐的影响，也具有潮汐节律。1954年，一批生活在美国康涅狄格州大西洋东海岸的牡蛎，被时间生物学家小弗兰克·布朗（Frank A. Brown, Jr.）捞起，搭乘飞机飞往位于美国中部的城市芝加哥。到达芝加哥后，这些牡蛎被放到地下室的一个水箱里继续培养、观察。在随后的两个星期内，尽管距离康涅狄格州海滨有一千多千米之遥，这些芝加哥新居民每天壳的开张与闭合、进食浮游生物仍然遵循康涅狄格海岸的潮汐规律。

葵花朵朵向太阳

太阳带给我们光明与热量，大地上的万物都离不开太阳。在希腊神话里，有位名叫克吕提厄(Clytie)的海洋女神，她倾慕太阳神赫利俄斯(Helios)，朝思暮想。她每天望着天上金色耀眼奔驰的马车，祈祷赫利俄斯停下马车看她一眼，只要一眼就可以。但女神的愿望并没有实现，赫利俄斯每次驾马车匆匆经过，都不曾为她驻足。就这样持续了九天九夜之后，克吕提厄逐渐变成一株植物，美丽的脸庞变成了花朵，秀美的身体变成了枝叶——她变成了一株向日葵，花盘随着太阳升落而转动，继续向太阳神表达她的深切爱意。

向日葵(*Helianthus Annuus* L.)在不同地方有很多别名，在河北唐山叫作“日头转”，在承德叫“照阳转”，任丘叫“望天葵”，山东济南叫“照样花”，昌乐叫“向阳花”，莒县叫“转日葵”，栖霞叫“转日莲”，湖南邵阳叫“盘头瓜子”。有趣的是，尽管这些名字各不相同，但是除了“盘头瓜子”更显吃货精神外，其余名字都反映了向日葵的重要特征——面朝太阳，随太阳运行而转动。向日葵在其他语言里也都有类似的意思，例如在西班牙语里的girasol，以及法语里的tournesol，都含有绕太阳转动的意思。

提到向日葵，不能不提著名的后印象派画家梵高(Vincent van Gogh)。梵高画了很多幅向日葵，而且他画的向日葵非常有名，价值连城。梵高为什么钟爱向日葵呢？这可能有两个原因，首先，自1888年从巴黎搬到法国南部阿尔勒后，他不再画早期那些阴暗色调的画，而是喜爱画色彩鲜明的风景和花卉。其次，他可能是受到了另一位后印象派大师高更(Paul Gauguin)的鼓励。

向日葵的前世今生

世界上野生的向日葵分布在北美洲和中美洲地区。大约在公元前1000年前后，北美洲的印第安人就将野生的向日葵进行了驯养，野生的向日葵有很多花冠，但花冠很小，经过驯养后的向日葵只有一个大的花冠。印第安人把葵花籽做成各种食物，或者用来榨油。到了公元1500年前后，西班牙探险家将向日葵带到了欧洲，由此看来，希腊神话里克吕提厄所变成的花儿，应该不是现在的向日葵，最多是野生的向日葵或者其他可以随太阳转动的植物。

在我国《诗经》中，有一首作于西周时代的诗歌《豳风·七月》，其中有“七月亨葵

高更所作的《画向日葵的梵高》

及菽”一句。宋代司马光《客中初夏》诗云：“四月清和雨乍晴，南山当户转分明。更无柳絮因风起，惟有葵花向日倾。”诗中也提到了葵花，还说葵花会向着太阳倾斜。但是，这两首诗里的“葵”和“葵花”都不是向日葵，而是其他一些植物，因为向日葵在明朝时才传入中国。

明末学者赵崡所著《植品》是目前所知最早记述向日葵的书籍，该书出版于万历四十五年（1617年），书中这样描写向日葵：“又有向日菊者，万历间西番僧携种入中国。干高七八尺至丈余，上作大花如盘，随日所向。花大开则盘重，不能复转。”数年之后，明代文人、农学家王象晋在其编撰的农业专著《群芳谱》（1621年）里也提到了向日葵，并作了更为详细的描述：“丈菊，一名西番菊，一名迎阳花。茎长丈余，干坚粗如竹。叶类麻，复直生。虽有旁枝，只生一花；大如盘盏，单瓣色黄，心皆作窠如蜂房状。至秋已转紫黑而坚。取其子种之，甚易生。”这两本书中所描述的向日葵，与我们今天所见到的向日葵非常吻合。

葵花为何向太阳

我们知道向日葵在白天总是把它的“脸”——花盘——对着太阳，一天当中在不同的时间太阳在天空中的位置不同，向日葵的花盘朝向的位置也不同，随着太阳而转动。早在1880年，提出进化论的达尔文（Charles Darwin）就在他的著作中记述了向日葵的花盘每天向着太阳转动的现象。这种转动有什么意义呢？如果没什么用途，那岂不是白白浪费力气？

在高山顶上，即使盛夏时节气温也很低，甚至还有冰雪。这样的山顶一般没有高大的植物，以低矮的草本植物居多。每当盛夏来临，山顶上各种野花盛开，如同花毯。高山上的一些花很低矮，远不如向日葵那样挺拔，但是它们的花朵也会在白天时跟随太阳的方位转动，例如北极罂粟（*Papaver radicatum*）以及毛茛科的一些植物如雪毛茛（*Ranunculus adoneus*）等。这些花始终面朝太阳，是因为这样可以积蓄热量，吸引昆虫前来授粉。花朵的花瓣像一只小碗，起着类似凹面镜的作用，可

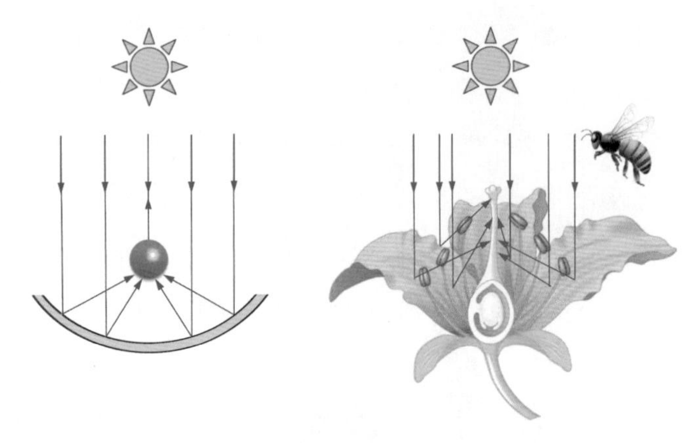

凹面镜和花朵对阳光的反射和聚热作用示意图。左图：凹面镜可以将阳光反射并集中至一点，使得图中的小球温度升高。右图：花朵如同一个不规则的凹面镜，也可以反射阳光，并将热量集中在花柱上，吸引昆虫前来授粉

以反射阳光，并将光线和热量集中在花柱上。生活在高山上低温环境里的昆虫在白天需要升高体温，加快代谢，才能活动自如。这种可以"聚热"的花朵就成了吸引它们前来取暖的地方，它们在取暖的同时也顺便帮花儿授了粉。

如果用绳子把这些花的花朵固定，不让它们随太阳转动，那么它们所结的籽粒就会减少，影响它们的繁殖。这说明，随着太阳转动是这些花儿适应环境的表现。向日葵也是如此，它们的花盘随着太阳转动，同样可以使花盘温度升高，吸引昆虫前来授粉。

歌曲《吉祥三宝》里小女孩问："星星出来太阳去哪里了？"太阳落山，夜空里登场的就是月亮和星星了。那么，当太阳下山，月亮出来，向日葵是不是又见异思迁，跟着月亮转动呢？研究人员发现，太阳落山后，向日葵会在几个小时内完成一个掉头的动作，就是把傍晚时转向西的花盘慢慢转回到东向来。所以，向日葵非但没有见异思迁跟着月亮转，而是始终如一，转头向东，静静等待黎明的到来，开始追随太阳足迹的新一天。如果用绳子绑住，不让它回头，或者把盆子掉个方向，第二天它们就回不到东方了。

除了用绳子束缚外，还可以通过人为改变花盘的朝向，例如可以每天把种在盆子里的向日葵调转方向，让向日葵的花盘在白天背对太阳。与北极罂粟等高山植物类似，如果把向日葵的花盘用绳子固定，或者调转向日葵的方向，让它不能正常转动，它种子的产量也会降低。

地球上的向日葵天天随着太阳转，如果把向日葵带到天上，让它生长在空间站里，是不是还会这样？1983年，“哥伦比亚号”航天飞机载着12株向日葵的幼苗进入太空，摄像机实时拍摄这些向日葵的“一举一动”，结果显示这些向日葵在没有重力的空间站里仍然会对着光源转动头盘，但是转动的幅度明显减小。

珂雪绘制的植物时钟。在向阳植物顶端花盘周围有一个带有刻度的圆圈。植物生长在一块漂浮在水池里的圆板上。因为花盘每天在什么时间转到什么角度是固定的，因此可以据此来绘制圆圈上的刻度。画好刻度后就可以带着植物去其他地方，比如把这个装置带在船上。如果知道现在是什么时间，就可以根据向阳植物的花盘朝向的角度位置推断出方向；如果知道方向，那么也可以根据角度和方向判断出现在是什么时间

德国宗教界的科学家珂雪（Athanasius Kircher，1602—1680）曾经根据向日葵随着太阳转动的原理，构想了一个通过向日葵来判断时间的装置。我们知道向日葵的花盘在白天对着太阳，在不同的时间太阳在一天当中的位置也不同，向日葵的花盘朝向的位置也随之变化。如果先计算出向日葵花盘每天在不同时间朝向哪个角度，把这些参数标记出来，就可以用来

判断时间了:在任意时刻如果我们想知道时间,只需看看向日葵花盘对准的是哪个角度就可以了。这样的向日葵时钟有个很大的缺点,就是夜晚以及阴雨天无法使用。另一个问题是:每天太阳在天空里升起、落下的位置和时间是在缓慢变化的,从春季到夏季,每天白天太阳升起的时间会越来越早,太阳升起的方位也越来越偏向东方,这意味着向日葵花盘的转动角度也会发生改变,会影响向日葵时钟的精确性。

激素调节向日葵转动

有一些矮脚虎品种的向日葵,它们不能合成促进生长的赤霉素,所以无法长高,与普通的向日葵相比,显得像侏儒。这些"侏儒向日葵"没有随太阳转动的特征,但当研究人员给它们注入具有促进生长作用的赤霉素,它们就可以长高了,在长高的同时,也开始随太阳而转动。另一方面,普通向日葵主要在成熟之前的生长旺盛期,花盘的转动比较明显,到了快要成熟的时候,茎干越来越粗壮,不再长个头了,花盘也不再随太阳转动。赵崡在《植品》中就提到"花大开则盘重,不能复转",意思是当向日葵长大了,头就不能随太阳而转动了。这两个方面的证据说明,向日葵的追日特征与它的生长是有密切关系的。

向日葵在生长时,茎干不同部位的生长速度不同。在白天时,茎干内部背对太阳的西北侧生长较慢,而东南侧生长较快,使得花盘逐渐转向南方和西方。在夜晚,由于茎干内部的西侧生长较快,把花盘顶向东方。我们中学时在物理课上学过双金属片温度计,由两种膨胀系数不同的金属片焊接在一起,当温度升高时,膨胀系数大的金属伸长较多,就会使金属片弯向膨胀系数低、伸长少的一侧,如此一来,就可以根据弯曲程度来判断温度。向日葵茎干内不同部位生长速度不同导致花盘朝向生长速度慢的那一面,与这种金属片是同样的道理。

夜晚时的情形刚好与白天相反。夜晚期间,向日葵茎干西北侧生长加速,当茎干内部的西北侧长度超过东南侧后,就会把花盘顶起,花盘恢复朝东的方向,静待翌日旭日东升。对茎干里那些与生长有关的激素和它们的基因进行检测,结果发现它们的表达也刚好相反,这边高时那边低,那边高时这边低。

动物分泌生长激素促进生长,类似地,植物能够分泌赤霉素和生长素等激素促进生长。一般来说,许多动物和植物都是在夜晚分泌促进生长的激素较多,所以在夜间生长较快。

激素要通过与受体结合才能够发挥作用,受体基因的表达以及受体分子的数量决定了植物对激素的敏感性。对很多生物来说,激素受体基因的表达和受体的数量都受到生物钟的调节,这就意味着植物对激素的敏感性也受到生物钟的控制。

假设我们去商店买一双鞋,原则上只要我们有钱就可以买,但是实际情况并不是有钱就能买到。如果我们在鞋店打烊的时间去买,人家不开门,当然是买不到的。在基因调控里有一个词叫“门控”,意思是说基因只在某些条件下才能发挥功能,如同一扇门只在特定的时间段打开。生物钟对植物激素的调节也是如此,那些感受激素的受体只在晚上才被合成出来。如果说激素相当于买鞋的钱,那么有了激素相当于具备了买鞋的前提条件,但不是充分条件,因为只有激素而没有受体也发挥不了作用。

作为时钟的康德

在德国东北部边境上,曾有一个名叫柯尼斯堡的小镇,这个小镇似乎并没有什么很特别的地方。拜伦(George Byron)著作里,主人公唐璜(Don Juan)曾经从俄罗斯一路出发,路过柯尼斯堡,书中这样描述这个小镇:"从波兰穿过普鲁士本部,顺道瞻仰了它的首府柯尼斯堡。那儿出产铜、铁、铅,除此,唯一可以引以为豪的是伟大的伊曼努尔·康德(Immanuel Kant)教授。"柯尼斯堡名字的意思是国王之山,这个小镇没有国王,但是康德是哲学界的国王,小镇因康德而闻名。不过,对当时小镇上的人们来说,康德先生的特殊之处,不是他的哲学思想,而是他堪比时钟的作息。

守时源于习惯

18世纪20年代至19世纪初,伟大的哲学家伊曼努尔·康德(1724—1804)生活在柯尼斯堡。康德认为纯粹理性至上,认为解决知识问题无须凭借个人经验。他一生都没有离开自己的家乡,但他囿于此却晓宇宙、知天下。康德一生中前期主要研究自然科学,发表了《自然通史和天体论》,其中提出太阳系起源的星云假说。后来他主要研究哲学,撰写了一系列涉及领域广阔、有独创性的伟大著作,其中"三大批判"(《纯粹理性批判》《实践理性批判》和《判断力批判》)的出版标志着康德哲学体系的完成。康德被认为是德国最伟大的哲学家、欧洲启蒙运动时期最重要的思想家之一,他的思想影响全世界。

柯尼斯堡景色，前方左下角小楼为康德的住所

康德的家装修简单，四壁刷白，连墙纸也没有。他几乎没有购买过艺术品，墙上除了会客室的一面镜子，就只有对他有重要影响的哲学家卢梭(Jean-Jacques Rousseau)的画像。除此之外，只有几张桌子、几把椅子和一个小长沙发。

康德的生活极有规律，每件事情都有固定的时间安排，有条不紊。他每天早晨5点起床，仆人兰培(Martin Lampe)会在5点准时叫醒他，叫醒的方式也很简单，就是喊一声"时间到"。但在不同人写的传记里，也有说康德要求仆人一定要坚持把他叫醒，防止睡过头。这个仆人是个普鲁士军队的退伍士兵，跟了他40年。起床后，康德先生花一个小时喝茶，抽一管烟斗，冥想。在6点后至7点这段时间里，他在家准备上课用的演讲稿。上午7点至11点，他在家中给学生讲课。讲课之后在家著书立说，直到下午1点。下午1点开始是康德先生的午餐时间，他一天只吃这么一顿饭，通常和朋友一起用餐。康德在家里不做饭，都是在餐馆吃饭，直到1783

年买了新房子，才有专门的女厨给他做饭。

每天坚持早起并非出于康德先生的本意。18世纪70年代，他在柯尼斯堡大学的教学任务比较重，每天必须7点开始讲课。他自己说："在1770年，我因为升任逻辑与形而上学的教授，必须每天在7点开始讲课。我雇了一个仆人来叫醒我。"在此之前，康德先生从未在8点前起过床。因此，康德是在40岁后才养成了早起的习惯，并持之以恒，像"时钟"那样准确。

物以类聚，人以群分。康德如此，他有个叫格林(Joseph Green)的朋友，是个英国商人，也是一个恪守时间的人，两人经常一起在下午散步。他曾经这样形容自己："我起床不是因为已经睡够了，而是因为时钟敲了12响。我上床睡觉不是因为累了，而是因为10点钟到了。"

康德身体羸弱，从幼年起就患有一种精神性疾病(康德自称为多疑症)，这种疾病随着年龄的增长愈发频繁地折磨他。年轻时，康德并不那么守时，夜晚偶尔也会去酒吧喝酒、打台球或者打牌，有时会喝得迷迷糊糊，找不到回家的路。在40岁之后，出于工作和健康两方面的原因，他下定决心开始过规律的生活。据说康德养成守时的习惯也有格林的功劳。有一次，两人约好次日早晨8点乘格林马车去城外旅行，差15分钟到8点的时候，格林已准备停当。离8点还差5分钟的时候，格林驾驶马车飞奔而去，在一座桥上看见气喘吁吁赶来的康德，竟然不顾康德大声呼喊，扬长而去。这件事给了康德深刻教训，自此变得非常守时。

康德

钟表般的生活

每天午饭后是康德雷打不动的散步时间。当地的居民都知道,康德先生每天出门散步的时间非常准,都是在下午3:30[康德散步的时间有不同说法,海涅(Heinrich Heine)等人的说法为下午3:30,而其他一些康德传记中的说法为下午4:00],每次散步一小时,总是沿着市中心长有菩提树的普凌策辛街走到腓特烈堡要塞。他散步的路线不变,时间不变,精准如同一部机器。他穿着灰大衣,带着一根西班牙手杖,每天散步时总要在这条路上往返8次,一年四季,风雨无阻。当天气不好快要下雨时,他的仆人兰培会拿着一把大伞跟在他身后,面带焦虑地侍候他。

康德先生胸脯塌陷,瘦小的身架撑不起宽松的大衣,因此他常抱怨大衣漏风,但每天的散步坚持不辍。散步归来后,已是傍晚,是他开始阅读和写作的时间。一天当中,所有这些事情的时间都是固定不变的。

为了不让身体过于劳累,他依照自己制订的作息表规律地生活,几十年睡眠时间固定不变,甚至连卧床和盖被子的方式都是固定的。在路上散步时,如果有熟悉的路人陪他,他会不开心,因为他觉得这样的话他会不得不加快步伐,这样运动量就会增加,导致出汗,而他古怪地认为出汗有害健康。他在家里偶尔也会锻炼,反复地把手绢仍到远处的椅子上,以此作为运动。尽管他身体羸弱,但令人称奇的是他从不生病,除了他一个医生朋友开的一些药丸外,他什么药也不吃。

当地居民并不理解康德的高深思想,但是康德规律性的存在仍然对他们的生活有帮助:每天下午同样的时刻,面孔和善、身材瘦小的康德先生就会穿着宽大风衣出现在他们家旁的街道上,他们会根据康德先生每天出来散步的时间来校对家里的钟表。正如德国诗人海涅所记述的那样,康德先生的生活像机械那样规律、有条理。海涅说:“我不认为当地天主教堂楼顶的大钟比当地的居民康德更为冷静而准时。”

钟表也有失灵的时候。据英国文学家毛姆(William Maugham)在《康德其人》中的记述,康德忘记去散步的一段时间是在1762年,康德得到卢梭的著作《爱弥儿》后,为之深深吸引,手不释卷,忘记时间,三天没出门。据说当地居民很恐慌,恐慌不是因为哲学的缺席，而是因为康德不出现，他们无法校对家里的钟表。

那么，究竟是教堂的时间更准确还是康德先生的生活规律更准确呢？康德先生能够每天准时地生活、工作，应该也是按照钟表的时间。为了保证家里钟表走时准确，他也会抬头按照教堂的大钟进行对时，因为教堂里的大钟在机械方面的准确性会比家庭里的钟表更高。对于当地居民来说，他们则有两种选择，一种选择是直接根据教堂的大钟来确定时间，另一种选择是根据康德先生出来散步的时间。既然康德先生是按钟表的时间出来散步，那么当地居民如果根据康德先生的散步来确定时间，他们实际上也是间接地遵循教堂大钟的时间。

康德先生每天的生活虽然按部就班，按照钟表时间出来散步，但毕竟不是机器，难免相差几分几秒。但是，在那个时代，人们不像今天那么忙碌，差个几分几秒不会有大的影响。因此，可以想见，对当地居民来说，与其每天仰头看着教堂大钟校准时间，还不如根据康德先生这架活的钟表来校对钟表更为有趣。

“哲学家”停摆

钟表有零件老化的时候。随着光阴逝去，1790年以后，伟大的哲学家也难以抵挡岁月的磨蚀，身体逐渐衰老。康德曾经的助手雅赫曼(Reinhold Jachmann)居住在外地，一年里只到柯尼斯堡几次，与康德身边的熟人相比，他更能觉察到康德的衰老。他在1804年写道：“我在8年前就发现他有了一些改变，虽然在某些日子里，他的身体状况特别好，心智能力与从前相仿。但这段时间以来，他的衰老已经很明显。”1796—1797年上学期，柯尼斯堡评议会的记录上写着：“哲学系逻辑与形而上学正教授伊曼努尔·康德说：我因年事已高和微恙而不克开课讲授。”1797年下学期的记录是别人代他写的：“因年老体衰而无法开课。”到了1797年，康德仍有著述，但由于精力和体力都已不济，多是整理旧作，很少去探索新的领域了。

由于身体日渐衰弱，从1798年开始，康德散步的时间逐渐缩短，虽然他仍在早上5点起床，但就寝的时间却提前了。有一次他在散步时摔倒，一个陌生女子扶起了他，他手里刚好有一朵玫瑰，就送给了这位女士。这次以后他就不再自己出来散步了。1803年10月8日，他妹妹扶着他散步时，他突然昏倒，摔倒在地，此后身体更是每况愈下。1804年2月12日上午11点，康德的生命之钟停摆了，伟大的思想家停止了思想。

延长生命的艺术

康德个头不高，只有5英尺2英寸（1.57米）。有人形容瘦小的康德是“伟大的小人物”。康德母亲曾记录：“1724年4月22日星期六凌晨5点，我的儿子伊曼努尔降生，并于23日接受了神圣的洗礼。”由于出生时非常瘦弱，母亲从他一出生就担心他活不下去。但是，足以令她欣慰的是，康德走过了差不多80年的漫漫人生路，在那个时代是高寿之人。

值得一提的是，德国医生胡费兰（Christoph Wilhelum Hufeland，1762—1836）曾于1797年出版了著名的《延长生命的艺术》一书，在这本书里他表达了很多生理节律的概念，认为人体的各种节律是地球自转24小时周期的反映，而不少疾病都与节律出现问题有关。胡费兰在此书中反复强调节律和睡眠对于人体健康的重要性，指出人的生理状态在一天中不断变化，可以看成一生的缩影：早晨相当于青年时代，精力充沛；中午相当于成年；夜晚筋疲力尽，相当于老年。胡费兰在这本书里提到，基督教卫理公会的创始人卫斯理（John Wesley，1703—1791），像康德一样每天早睡早起，生活很有规律，也很长寿，活到了88岁的高龄。

这本书在德国很畅销，康德也为此书的出版而非常欣喜，那时康德已是73岁的古稀老人。他可能也是因为对生理节律的重要性有所认识所以才恪守机械一般的规律生活，这可能也是他虽然身体羸弱却高寿的一个原因。

康德当年散步的这条路也被称为“哲学家小路”（Philosopher's Path），柯尼斯堡在第二次世界大战后归苏联所有（现属俄罗斯），并更名为加里宁格勒。在天堂里，或许也有一条小路，康德先生每天穿着宽大的风衣准时地在小路上沉思、散步。

第二篇

生物节律钟表铺

我的灵魂在燃烧，因为我想知道时间是什么。

——圣奥古斯丁

天文学家的生物钟实验

在广袤无垠的宇宙里，有许多绚丽而奇幻的星云，其中包括猎户座大星云。在猎户座大星云里，有一个编号为M43的星云，也称为梅西尔43、迪马伦星云（the Great Orion Nebula M43，或De Mairan's Nebula）。M43星云最早是由法国天文学家迪马伦（Jean-Jacques Dortous de Mairan）在1731年之前发现的，所以这个星云也以他的名字命名。

迪马伦是一位卓越的天文学家，作出过许多重要的科学发现。为了纪念迪马伦，月球上虹湾和露湾之间的一座环形山以他的名字命名，称为迪马伦环形山（Mairan Crater）。在离迪马伦环形山不远的地方，还有一条南北长约100千米的月谷，也以他的名字命名，称为迪马伦裂缝（Rima Mairan）。

迪马伦的含羞草实验

我们在这里不是要跳出生物钟，来谈天文学，之所以提到迪马伦，是因为他不仅是天文学家，也被认为是生物钟研究的先驱人物。他在发现M43星云前两年，于1729年时“心血来潮”拿含羞草做了一个生物节律的实验。含羞草在白天时需要进行光合作用，羽状叶片都是舒张开来的，而我们都知道含羞草很“害羞”，当我们用手指碰它时它的羽状叶片就会收缩、合拢，过一会儿叶片又会重新张开。到了傍晚，即使不去碰它，含羞草的叶片也会合拢起来，直到第二天早晨才又张开。也就是说，含羞草在自然的昼夜交替环境里，其叶片的运动具有24小时的周期。

猎户座星云由两部分组成，大的一部分为M42，小的一部分为M43，也称迪马伦星云

实际上，人们在远古时代就已经注意到了植物叶片的运动节律。古希腊萨索斯岛的安德罗斯申尼斯(Androsthenes of Thasos)曾经作为一名战船指挥官，跟随马其顿国王亚历山大大帝(Alexander the Great)征战印度，亚历山大大帝还曾派他从印度河前往波斯湾地区，在这一地区他看见一种植物的叶片会在夜间合拢，而在白天舒展，他记录了这一现象："……另一种树树叶茂盛……它的树叶在夜晚合拢，而在日出后开始舒展，到中午时充分展开，傍晚时又开始合拢。到了夜晚时完全合拢，当地人说这种植物睡觉了。"

安德罗斯申尼斯所记述的树木名叫罗望子，也称酸角，果肉可以加工成酸角糕等食品。很多植物都有与罗望子类似的现象，即叶片在夜晚合拢而在白天张开，包括常见的含羞草、酢浆草、马齿苋等。其他很多植物叶片也存在白天与夜晚的运动变化，只是没有那么明显。

植物叶片的昼夜运动现象很多人都注意到，并被深深吸引，其中包括大名鼎鼎

罗望子的树叶和果实

的达尔文。1880年,达尔文还和他的儿子合写了一本书,名为《植物运动的力量》,里面提到了植物叶片的昼夜运动。但是,尽管这些科学家对植物的运动很感兴趣,他们却都未能找到有效的途径对生物节律的现象进行深入研究。

迪马伦也知道含羞草的这些特征,但他没有局限于此,而是更进了一步,做了一个具有开创意义的实验。他将一株含羞草放到避光的柜子里,然后观察它叶片的张开、合拢情况。结果出乎迪马伦的预料:在黑暗的柜子里,含羞草仍然像在自然的光暗交替环境里一样,在柜子外面是白天的时候叶片张开,在夜晚时叶片合拢,仿佛黑夜是一只手,不停地抚摸含羞草,使它的叶片合拢。迪马伦在1729年夏天时把这个实验重复了几次,屡试不爽。

迪马伦(左)和他的含羞草实验(右)。图中有两盆含羞草,一盆放在靠窗处,可以受到白天和夜晚光照变化的影响,分别用太阳和月亮表示白天和夜晚。另一盆含羞草放在黑暗的柜子里

迪马伦的实验说明,并非是黑夜之手的触摸使得含羞草的叶片在夜晚始终处于合拢状态,而可能是由于含羞草具有自发、内在的生物钟,可以感知外界的昼夜变化。更难能可贵的是,迪马伦在做了含羞草实验后,还联想到一些常年卧床的病人即使生活在用厚厚窗帘遮挡住户外光线的室内,也能够判断出是白天还是黑夜。尽管在那个时代他的这个想法还处于萌芽阶段,很不完善,但后来的研究确实表明,生物钟的调控机制在动物、植物和微生物等不同生物中是高度相似的。

迪马伦是法国杰出的地球物理学家、天文学家以及时间生物学家。除了猎户座M43星云外,迪马伦还对其他很多问题感兴趣,包括极光和地球的形状等。如果

DES SCIENCES. 35

OBSERVATION BOTANIQUE.

ON ſçait que la Senſitive eſt *heliotrope*, c'eſt-à-dire que ſes rameaux & ſes feüilles ſe dirigent toûjours vers le côté d'où vient la plus grande lumiére, & l'on ſçait de plus qu'à cette propriété qui lui eſt commune avec d'autres Plantes, elle en joint une qui lui eſt plus particuliére, elle eſt Senſitive à l'égard du Soleil ou du jour, ſes feüilles & leurs pédicules ſe replient & ſe contractent vers le coucher du Soleil, de la même maniére dont cela ſe fait quand on touche la Plante, ou qu'on l'agite. Mais M. de Mairan a obſervé qu'il n'eſt point néceſſaire pour ce phénoméne qu'elle ſoit au Soleil ou au grand air, il eſt ſeulement un peu moins marqué lorſqu'on la tient toûjours enfermée dans un lieu obſcur, elle s'épanoüit encore trés-ſenſiblement pendant le jour, & ſe replie ou ſe reſſerre réguliérement le ſoir pour toute la nuit. L'expérience a été faite ſur la fin de l'Eté, & bien répétée. La Senſitive ſent donc le Soleil ſans le voir en aucune maniére; & cela paroît avoir rapport à cette malheureuſe délicateſſe d'un grand nombre de Malades, qui s'apperçoivent dans leurs Lits de la différence du jour & de la nuit.

Il ſeroit curieux d'éprouver ſi d'autres Plantes, dont les feüilles ou les fleurs s'ouvrent le jour, & ſe ferment la nuit, conſerveroient comme la Senſitive cette propriété dans des lieux obſcurs; ſi on pourroit faire par art, par des fourneaux plus ou moins chauds, un jour & une nuit qu'elles ſentiſſent; ſi on pourroit renverſer par là l'ordre des phénoménes du vrai jour & de la vraye nuit, &c. Mais les occupations ordinaires de M. Mairan ne lui ont pas permis de pouſſer les expériences juſque-là, & il ſe contente d'une ſimple invitation aux Botaniſtes & aux Phiſiciens, qui pourront eux-mêmes avoir d'autres choſes à ſuivre. La marche de la véritable Phiſique, qui eſt l'Expérimentale, ne peut être que fort lente.

E ij

36 HISTOIRE DE L'ACADEMIE ROYALE

M. Marchant a lû la Deſcription

De l'*Althoea* Dioſc. & Plin. C. B. Pin. 315. *Guimauve*, avec la Critique des Auteurs Botaniſtes ſur cette Plante.

De la *Mitella Americana, florum foliis fimbriatis*. Inſt. Raii Herb. 242.

Et de la *Sanicula, ſeu Cortuſa Americana, altera, flore minuto, fimbriato*. Hort. Reg. Par.

迪马伦含羞草实验的论文。画线部分的意思是:“但是迪马伦观察到,这种(叶片开/合的昼夜变化)现象并不需要植物处于室外或阳光下。在黑暗环境里,含羞草仍然会在外界是白天时叶片打开而在外界是夜晚时叶片合拢,尽管开/合的程度与在室外环境下相比要稍微弱一些。这个实验是在夏末做的,重复了几次。含羞草这种敏感的植物可以感知太阳,而不需要看到太阳。(含羞草的这个特性)令人联想到很多卧床在家的病人(尽管他们天天将厚厚的窗帘拉上),他们仍然能准确地判断外面是白天还是夜晚。”迪马伦做完这个实验后,由他的同事代为撰写并发表了论文

说一个没有做过生物钟实验的天文学家不是一个好的地球物理学家，那么这句话对迪马伦是不适用的，他在这几个领域都作出过杰出贡献。迪马伦还长期担任皇家科学院的重要职务。那么，这位天文学家怎么"不务正业"，做起生物钟的实验来了呢？

尺表能审玑衡之度，寸管能测往复之气。小小的含羞草叶片的昼夜运动节律所反映的正是地球自转的周期，这也可能是迪马伦这个天文学家研究含羞草叶片运动节律的原因。

生活在18世纪的迪马伦还曾经思考过与中国古代科技发展有关的一些问题。20世纪30年代，英国科学史家李约瑟曾提出这样一个问题：近代科学为什么只在17世纪伽利略时代的西方发展，而没有在中国文明中产生？事实上早在18世纪，迪马伦就提出了类似的问题。迪马伦认为导致近代中国科技落后的原因有两个，一是知识分子从事科学研究难以得到认可；二是中国处于封闭环境里，缺乏刺激与竞争。

贝济耶市中心的的一条街道，照片右上角的蓝色路牌上写着"Rue Mairan"

迪马伦曾经生活的地方位于现在法国南部的贝济耶，市中心有一条名为Mairan的街道。这个小城市附近还有一个名为迪马伦的酒庄(Domaine de Mairan)，出产的葡萄酒也是以de Mairan命名。我曾通过电子邮件联系这个酒庄的老板，酒庄老板在回信中解释说他并不是迪马伦的后代，但是他的祖先买下了这块迪马伦曾经生活过的土地，建立了葡萄园，迄今已有130多年。酒庄老板希望我有机会前去访问，在酒庄里走走，品尝他们的葡萄酒。酒庄老板还不无幽默地说,去他那里品尝美酒或许对推动我的生物钟研究工作有所裨益,因为这酒是用迪马伦曾经走过的土地上种植的葡萄酿造出来的。

节律的内源性

迪马伦的实验意味着含羞草可能存在内在的时钟,即使在持续的黑暗条件下仍然会控制叶片的张开和合拢,并保持24小时的周期。但是,这样下结论是有漏洞的,因为迪马伦的实验尽管保持了持续的黑暗条件,但环境的温度仍然有昼夜变化,白天温度高而夜晚温度低。此外,空气中的湿度以及大气压等因素的昼夜变化在迪马伦的实验里都未能加以排除。因此,含羞草的叶片运动节律可能是因为感知到了温度等因素的昼夜变化。那么,如果这些环境因素也保持不变,含羞草的叶片是否还会表现出昼夜运动的节律呢?

法国植物学家迪蒙索(Henri-Louis Duhamel du Monceau)在1758年重复了迪马伦的实验,他对迪马伦的实验结果有所怀疑,认为可能是由于光泄漏而造成的假象。为了验证这一想法,迪蒙索在1758年重复了好几次实验。起初,他把植物放在葡萄酒的酒窖里,酒窖里没有通风口,这样就不会有光泄漏进来。他每次带着蜡烛进去看叶片的状态,连续观察了好几天,含羞草叶片都会表现出张开、合拢的节律。他仍然怀疑存在光泄漏的可能性,于是他把含羞草放到一个大箱子里,裹上毯子,再把箱子放到酒窖中的一个柜子里,在黑暗的层层包裹下,含羞草的叶片仍然有运动节律。

在排除了光泄漏的可能性后,迪蒙索又想到地窖里的温度在白天和夜晚会有微弱的变化,那么含羞草的叶片运动节律有没有可能是温度变化引起的呢?如果是,那么含羞草的叶片运动节律就并非是自发的。为此,他在一间温室里重复了这个实验,这间温室能够保持恒定温度,结果是含羞草叶片运动仍有节律。至此,他完全相信了迪马伦的实验结果。迪蒙索这种大胆怀疑和小心求证的不懈精神,正是从事科学研究所必备的基本素质。1759年,德国植物学家齐恩(Johann G. Zinn)也重复了迪马伦的实验,取得了与迪蒙索一致的结果。

在迪马伦的含羞草实验差不多169年之后,又有一个天文学家对生物钟发生了浓厚兴趣。阿伦尼乌斯(Svante Arrhenius)是化学家和物理学家,也被认为是天文学家。他认为,尽管光照、温度、湿度等条件可以保持恒定,但其他环境因子像大气的电场等的变化可能起作用,而这些环境因素的昼夜变化可能是引起叶片的节律性运动的原因,如果这一说法成立,那就意味着植物的生物节律仍然是外源而非内源的。此外,地球的自转还会造成气压、辐射、磁场、引力的改变,尽管这些因素当中有些变量的昼夜变化幅度很小,但是生物有可能具有感受到这些变化的能力。就辐射而言,白天太阳产生的紫外线和其他射线是地表辐射的主要来源,夜晚没有太阳,这些辐射自然就大幅度减少了。引力在昼夜间的细微变化是月球绕地球的运转产生的,当夜晚月球转到我们上方的天空时,月球对地球上物体的引力会抵消一小部分地球的引力。总之,我们很难找到一个真正的恒定环境,让所有的环境因子都保持不变。

进化论的创立者达尔文则持相反观点,他在《植物的运动》一书里认为,植物自己可以产生节律。19世纪最有名的植物学家普里弗(Wilhelm Preffer)起先是节律外源说的代表人物。他认为,前人的实验可能还是存在微量的光泄漏,于是他自己设计并做了更为精密的实验,发现植物仍然有节律。于是他抛弃了外源说的观点,转而接受和支持节律的内源说。

小弗兰克·布朗是认为生物节律来自外在的代表人物。他曾在1959年说:由于缺少远在地球之外的空间实验,所以无法避免地球表面各种地理和物理因素昼夜变化的影响,那就无法排除节律是外源而非内源的这种可能性。在地球上是难以摆脱地球昼夜环境变化的影响的,但是如果在南极点或北极点做实验可以抵消很多因地球自转而产生的环境变化。

1962年,为了探索节律究竟是内源还是外源的,有人把果蝇、真菌、植物和仓鼠带到南极的阿蒙森-斯科特科考站做实验。研究人员在南极点摆了张桌子,这张桌子是特制的,可以转动,每天转一圈,也就是周期为24小时,与地球的自转周期相同。但是桌子转动的方向是从东向西,与地球自转的方向刚好相反,可以抵消地球自转的影响。他们把生物放在这张桌子上的培养箱里,培养箱可以保持光照和温度的恒定。在这种条件下,果蝇、真菌、植物和仓鼠仍然具有节律,所以排除了地球自转对节律的影响。

后来,一种名叫粗糙链孢霉的真菌、沙漠里的一种甲虫以及眼虫藻等生物陆续被人类带上太空,人类在空间站里观察它们是否还有节律。在空间站的环境里,可以排除重力的变化,气压也不受地球的影响。在空间站里,这些生物仍然表现出明显的节律,尽管节律的振幅有所减弱。说明少了那些细微的环境变化,包括大气压、湿度、磁场、辐射等的变化,植物仍有节律。这些实验更为有力地支持了节律可能是内源的,而不是对环境的简单应激反应。

关于生物节律是内源还是外源的争论是不同科学观点的争论,这样的争论有利于推动科学的发展。不过既然生物钟是客观存在的,并且对各种生物的生理、行为都有重要的调节作用,与其无休止地争辩还不如花更多精力去研究生物钟的功能和调节机制。内源与外源之争从19世纪一直持续到20世纪70年代,此后人们都倾向于认为节律是内源的,但也会受到环境的影响。

用天平和尺子测量时间

在英国的历史上,曾经有过很奇怪的11天,在这11天当中,没有战争,既没有人出生,也没有人死亡。没有好的事情发生,也没有坏的事情发生。这是怎么回事呢?

公元前45年,罗马儒略·恺撒(Gaius Julius Caesar)大帝颁布儒略历,这种立法不是很精确,每年比太阳公转时间多出11分钟14秒,误差经过累积,每过128年就会多出1天。1582年罗马教皇采用新的格里历,这种历法比儒略历精确很多,每3300年才相差1天。但是,从公元前45年至1582年,儒略历已经累积了大量误差,导致时间多出来10天,所以罗马教廷直接删除了10天。

时间到了1752年,英国为了纠正和避免儒略历带来的错误,决定也改用格里历。为了去除以前的错误,在旧历9月2日结束后,直接改用新历,第二天直接跳到了9月14日,相当于删除了中间的11天。因为删除这11天只是为了历法需要,这11天实际上是不存在的,所以也就没有任何事情发生。

但是,英国一些民众对议会的这一做法非常不满,他们无法接受一觉醒来被剥夺了11天的感觉,而且在经济上也会带来损失——日历直接跳过了不存在的11天,但他们还得交这11天的税。于是他们纷纷进行抗议,甚至引发了骚乱。英国画家贺加斯(William Hogarth)有一幅名为《还给我们11天》的油画作品描绘了这一事件,在画面里,一大群人在议会里争论,前排拄拐杖席地而坐者脚边黑纸上写着一行字,翻译成中文就是“还给我们11天”。

贺加斯的画作《还给我们11天》。画中前排拄拐杖席地而坐者脚边黑纸上写着一行字，翻译成中文是“还给我们11天”

为了保证历法的精确性，国际天文学界在格林尼治时间的2016年12月31日23:59:59后面增加了一秒的时间。如果没有这个改动，下一秒出现的应该是0:00:00，增加了一秒就变成了23:59:60，接下来才是0:00:00。由于时区的差别，我国所对应的是在2017年1月1日7时59分59秒后增加了一秒。但是，由于一秒的时间非常短暂，几乎没人在意。

用天平称量时间

泰戈尔(Rabindranth Tagore)有一首小诗，“时间是变化的财富，然而时钟拙劣地模仿它，只有变化，而没有财富。”历法是根据天象和天体运转规律制定的，好的历法就是要能够精确地反映这些规律。时钟只是计量时间的工具，好的历法也是能够精确测量时间周期变化的工具。那么，测量生物节律的变化要用什么好工具呢？

生物钟与时间有关，时间的测量通常是用钟表。除了钟表，我们是否可以用其他指标来测量时间，比如用天平测量时间？这听起来非常荒诞，但是天平虽然不能测量时间，却真的可以用来测量节律的变化。

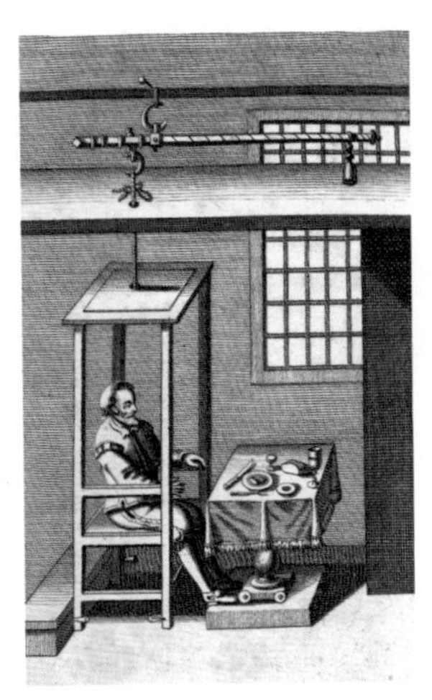

桑托里奥（左）和他的大秤。右图为桑托里奥坐在他的大秤盘里。图中可以看到大秤的秤砣、秤钩。秤盘很大，里面有桌子、椅子

1614年，意大利医生桑托里奥(Sanctorio Sanctorio)设计并制造了一个很大的台秤，并在秤盘上建了一个简易的小房间，可供人坐在里面进行日常生活。他在这个装置里，对饮食量的变化、人体的体重、尿液混浊度等指标进行了长达30年的检测。通过这些研究他发现，人体每天重量的减少数值远比通过粪便排出的重量要大，提示有部分物质可能是通过汗液蒸发和呼吸排出体外。此外，桑托里奥还发现人体的体重、尿液混浊度等指标呈现出昼夜节律或者月节律的变化，人的体重每个月都会呈现出1—2磅（1磅约合0.45千克）的规律性变化。桑托里奥兴趣广泛，他还曾与同时代的大物理学家伽利略(Galileo Galilei)共同发明了体温计。

奇妙的人体在许多生理指标上都镌刻有时间的烙印,表现出昼夜的节律,动植物也是如此。时间生物学先驱阿朔夫说过:“无论我们检测什么指标,例如排尿的体积、对药物的反应、进行数学计算的准确率和速度等,我们都会发现这些指标在一天当中某一时段表现出峰值,而在另一时间段表现出最低值。”

既然天平可以测量时间,那么我们就有可能用尺子测量时间,用温度计测量时间,等等。当然,更准确地说,这里是指测量生理指标的节律性变化特征而非时间本身。下面我们来看看如何用尺子测量时间。

用尺子测量时间

在古希腊神话里,有一个强盗叫普洛克路斯忒斯(Procrustes),凶残而古怪。他总是强迫被他绑架来的人躺在他的床上,如果被绑架者躺下来比他的床长,就会被截肢,变得和床的长度相同。如果被绑架者身躯长度比床短,就会被强行拉伸到和床相同的长度,当然这样“拔人助长”,被绑架者肯定非死即残。

普鲁士国王腓特烈·威廉一世(Friedrich Wilhelm Ⅰ)说过:“全世界的美丽女性对我都没有吸引力,但是高个子的士兵却是我的弱点所在。”威廉一世国王有个奇特的癖好,不爱红妆爱武装,而且青睐高个子的士兵,尽管国王自己的身高只有1.6米。威廉一世在与拿破仑交战被打败后,于1675年组建了普鲁士第6步兵团。该步兵团在招募士兵时,一个硬性指标是应征入伍的人身高不得低于1.88米,因此这支军队也被称为波茨坦巨人,其中有个叫柯克兰(James KirKland)的爱尔兰士兵身高甚至达2.17米。在威廉一世去世前这支军队的人数曾多达3200人。但是,在他死后这支军队不再受到重视,待遇变差,

被称为波茨坦巨人的普鲁士第6步兵团

不少士兵开小差逃跑。可他们个头太高，逃跑很容易被发现，该怎么办？

怎么逃跑是个问题，我们不管，有意思的是这些人非常关注自己的身高，他们发现，每天早晨醒来时身高会比睡前高出一些。人的身高在一天中存在明显变化，早晨测量值比晚上高1.5—1.8厘米。德国医生胡费兰在《延长生命的艺术》一书里，也提到人在每天早晨起床时身体会更高一些。

但是，只有躯干的高度变化是存在明显的晨昏差别的，而下肢、头颈部位的高度在早晨和晚上并没有什么明显差别，说明身高在早晚的差异是由躯干的变化引起的。人的脊柱由多块椎骨组成，在椎骨与椎骨之间有椎间盘，椎间盘由软骨和具有弹性的胶状物质组成。身体的重量会对椎间盘产生压缩作用。夜晚我们躺在床上的时候，由于脊柱不再受到垂直于地面的重力的作用，具有弹性的椎间盘厚度会由于压力的释放而增加。在空间环境里，由于缺乏重力，航天员的身高也会有所增加，在返回地面后会恢复。

用天平和尺子都可以测量节律的变化，反映出时间在我们生理上的烙印与影响。类似地，我们也可以用温度计、尺子、湿度计等来测量时间。例如我们的体温也具有昼夜的节律性，白天和夜晚大约相差1℃，因此可以用温度计来测量我们的体温节律。如果体温节律出了问题，那么从温度计的测量结果也可以反映出来。

与人身高的昼夜差别类似，植物的姿态在白天与夜晚也会存在差别。三维激光扫描成像系统可用于地形、建筑工程测量，可以鉴定被测物体形状的微小变化。芬兰等国的一些研究人员在无风的日子里，通过三维激光扫描成像系统对银桦树昼夜的枝条形态进行观察和比较，发现与白天相比，夜间整棵树的枝杈都会有所下垂，尽管下垂的幅度并不大，一棵5米高的树在夜间的变化只有10厘米左右。

银桦树枝条下垂的原因还不明确，可能有外因也可能有内因。一方面，夜间空气湿度较大，枝叶表面吸附了水分而重量增加。另一方面，树木细胞在夜间含水量也可能改变，导致细胞结构变化。在环境与生物钟的共同作用下，银桦树的枝条在夜间下垂，而在白天舒展。

时间的形状

说起时间，要理解这个概念确实非常困难。翻开《康熙字典》，我们会发现其中“时”字有多个解释，一是从《说文》，意思是“四时也”。又有解释说“时，期也，物之生死各应节期而止也”。然后还引用了《书·尧典》中“时”字的运用“敬授人时”、《礼·孔子闲居》中的“天有四时，春夏秋冬”，以及《淮南子·天文》中的“阴阳之专精为四时”。但是，这些解释都只是对时间一词在语境中的运用加以简单的描述，并没有告诉我们时间的概念究竟是什么。

沈从文曾经对时间有过一番精彩的描述，他说：“时间本身是个极其抽象的东西，无形，无声，无臭，从无一个人说得明白时间是个什么样子。”时间如此难以捉摸，那么怎么来记录？沈从文又说：“说明时间的存在，还得回头从事事物物去取证。从日月来去，从草木荣枯，从生命存亡找证据。”是的，我们可以通过各种生物的生理和行为的周期性变化去计算时间，也可以通过这些变化来研究生物钟。

竺可桢在1950—1964年间，每年都对北京地区的物候进行详细记录，包括北海公园的冰雪开始消融、山桃花开始绽放、柳絮开始飘飞、燕子归来、杜鹃（布谷鸟）开始啼叫等物候现象的时间。从他的记录情况来看，所记录的物候现象在每年春天开始变化的时间有所变化，但都比较接近。大致看来，在某些年份如果北海冰融的时间比较早，那么山桃、紫丁香等植物开花的时间也会提前。反之，某些年份如果北海冰融时间较晚，则植物开花时间会延迟。这些现象说明，动植物的生理变化与气候季节性的时间变化相适应，具有季节性的节律。

年份	北海冰融	山桃始花	杏树始花	紫丁香始花	燕始见	柳絮飞	刺槐盛花	布谷鸟初鸣
1950	3月10日	3月26日	4月1日	4月13日	4月21日	4月29日	—	—
1951	3月12日	3月28日	4月6日	4月15日	—	5月4日	—	—
1952	3月16日	4月1日	4月4日	4月18日	4月14日	5月6日	5月10日	5月12日
1953	3月10日	3月24日	4月5日	4月15日	4月23日	4月26日	5月9日	5月19日
1954	3月13日	3月29日	4月5日	4月19日	—	4月29日	—	5月19日
1955	3月15日	4月6日	4月8日	4月20日	4月12日	5月3日	5月6日	—
1956	3月29日	4月6日	4月12日	4月25日	4月20日	5月9日	5月14日	5月25日
1957	3月24日	4月6日	4月13日	4月23日	4月23日	5月4日	5月9日	5月22日
1958	3月18日	4月2日	4月6日	4月21日	—	5月2日	5月12日	5月27日
1959	2月24日	3月23日	3月27日	4月10日	4月19日	4月24日	—	—
1960	2月29日	3月24日	3月31日	4月9日	—	4月24日	—	5月23日
1961	3月3日	3月19日	3月26日	4月6日	4月19日	4月25日	5月3日	—
1962	3月2日	3月28日	4月5日	4月17日	4月20日	5月1日	5月7日	5月28日
1963	3月1日	3月18日	3月25日	4月11日	4月20日	4月30日	5月8日	5月27日
1964	3月16日	4月1日	4月10日	4月21日	4月23日	—	—	5月25日

竺可桢记录的北京地区连续15年的物候资料。“—”表示一些数据有遗漏

如何记录节律

上图展示了竺可桢记录的气候和动植物季节性变化情况，从中我们可以看到时间通过动植物的行为表现出来的踪影。研究生物钟的科研人员为了定量地观察和分析生物每天的节律变化，会通过一种叫活动图的形式来进行记录。

养过仓鼠当宠物的人都知道，仓鼠喜欢在转笼里跑步，实际上很多啮齿类动物都喜欢在转笼里跑步，例如实验室里的小白鼠和大白鼠。有人曾把转笼放在室外，发现野鼠也喜欢钻进转笼跑动，享受免费健身。

我们可以连续多天记录仓鼠在转笼里跑步的情况。例如，我们可以把1天的时间粗略地划分为6等分，即每个等分为4小时，如果仓鼠在某个4小时时间段里跑步的时间不到2小时，就画一只空的转笼；如果仓鼠在某个4小时里跑步超过2小时，就画一只有仓鼠的转笼。连续3天里，都是从头一天的中午12点一直观察、记录到第二天的中午12点。从下页图里可以看出，第1—3天仓鼠跑步的时间有所不同，第1天是从下午4:00至凌晨4:00；第2天是从晚上8:00至早上8:00；第3天

是从晚上8:00至凌晨4:00。图里还显示了连续8天的记录结果，从中可以看出，虽然每天的时间有所差异，但总体来看，仓鼠是在夜间比较活跃，经常跑步。

像这样靠画转笼和仓鼠来记录太麻烦，而且不准确，有点像古代一则小孩学写字的笑话：一个不识字的富翁的小孩跟老师学写字，第一天教他写“一”，用笔画一条横线。第二天教写“二”，用笔画两横。第三天教写“三”，用笔画三横。小孩觉得原来写字就是画横线，认为自己已经学会写字，就让老爸把老师辞退了。刚好这天

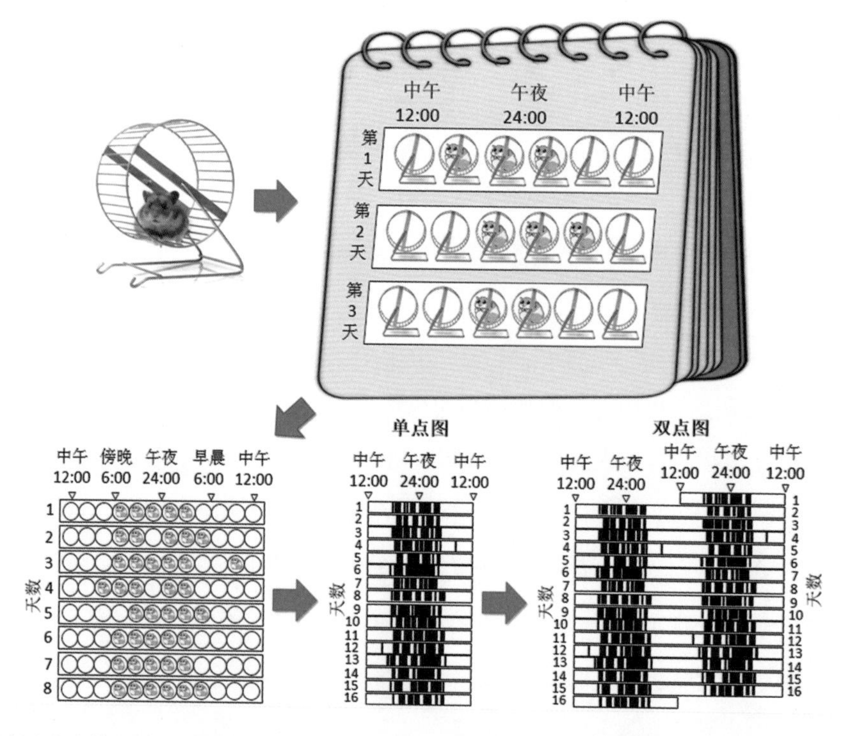

活动图的绘制方法。第一步，根据仓鼠每天哪些时间段跑轮、哪些时间不跑轮绘制成记录，记录按每天24小时做成横条的形式。一天24小时被划分为12个时间段，每个圆圈表示2个小时的时间段。圆圈里画仓鼠的表示在这2个小时的时间里仓鼠大部分时间在跑轮，空的圆圈表示在这个时间段里仓鼠主要都在休息或干别的，没有跑轮。第二步，把所有的记录从第1天开始从上往下排列，横坐标是一天24小时的时间，纵坐标的时间是天数。第三步，把上一步的结果变得抽象一些，不再用画圆圈的仓鼠来表示仓鼠的运动时间了，而是改用黑色条块来表示。还可以把上一步的结果复制、粘贴一下，这样单点图就转换成了双点图

富翁要请一个姓万的朋友来喝酒，他就让小孩写个请柬。小孩一大早就起来写，很长时间还没写好，富翁就去看是怎么回事。小孩说，这人姓什么不好，偏要姓万？我一横一横还没写完呢，一上午才写了五百多个横。

为了在记录仓鼠活动节律时不像这个小孩一样笨拙，我们来抽象一点，直接用黑色条块来表示仓鼠在某一时间处于活动状态，这样就可以画出被称为“单点图”的活动图，图里不再有转笼和仓鼠，但根据黑色条块和横坐标的时间刻度，我们就可以判断出什么时间仓鼠在跑步，由于不用画转笼和仓鼠，时间刻度也可以设置得更精细，这就变成了活动图。如果把单点图进行复制，然后再粘贴，但注意右边比左边高一格，这样就变成了双点图。单点图和双点图都是活动图，只是表现形式不同。双点图看上去更直观，更容易看出节律的变化。

改用黑色线条表示活动，还是得一下一下地去标记，其实还是有点像小孩写“万”字，但是毕竟比一只只画仓鼠省事多了。如果想了解一只仓鼠连续很多天跑转笼的情况，我们可以熬几天不睡觉进行记录，不过这样非常辛苦。为了减轻工作量，我们可以用摄像头拍下仓鼠所有时间里的活动情况，或者通过传感器进行记录，标记出在哪些时间里仓鼠跑到转笼里跑步。现在借助电脑，画这种活动图就更为简便了。

时间没有形状，但是时间作用于生物产生的节律却有着一定的模式。活动图通过记录连续时间里生物的生理或行为的变化规律，如同记录了时间的轨迹，也仿佛把时间的形状描绘了出来。

学会了节律的活动图画法，我们不仅可以看懂不同生物的节律情况，也可以绘制我们自己的节律活动图。我们可以将一天24小时的每个小时分为4等分，每一等分为15分钟，然后每天进行记录，每个15分钟里，如果在睡觉，那就将这个方格涂黑，如果没有睡觉那就留白。夜间的长时间睡眠最容易标记，因为除了半夜偶尔醒来，都可以直接涂黑。当然，多数情况下并不是正好睡15分钟，例如入睡和醒来的一头一尾，以及白天的打盹，醒来后也不一定能记得清楚自己睡了多久，在这种情况下，可以进行主观判断，感觉大约多于7.5分钟就整个涂黑，大约少于7.5分钟就不涂。这样连续记录几个星期下来，就得到了自己的节律活动图，可以从中判断自己的生物钟是否正常，是否需要进行调整。

这样每天要多次进行记录比较麻烦，在科研当中记录人体节律通常采用的最简便的方法是让受试者戴上一种腕表，这种腕表一次充电可以连续使用数十天，在此期间只要佩戴在手腕上，就可以连续不停地记录手腕的活动情况。在记录结束后，将数据从设备里导出置入电脑，就可以对我们的活动节律进行分析了。

单调的陈抟与阮籍

古今中外，总是有一些特别爱睡觉的人，有人将他们戏称为“起床困难户”，也有人称之为“特困户”。浮白斋主人在《雅谑》的《乜县丞》中记述了一则故事：“华亭丞谒乡绅，见其未出，座上酣睡。顷之，主人至，见客睡不忍惊，对座亦睡。俄而丞醒，见主人熟睡，则又睡。主人醒，见客尚睡，则又睡。及丞再醒，暮矣，主人竟未觉，丞潜出。主人醒，不见客，亦入户。”这两人好玩，各尽宾主之道，互相成全美梦。这两个人看起来很嗜睡，而且很容易就能够睡着，但是他们的睡觉功夫与下面提到的陈抟和阮籍两个人相比，简直是小巫见大巫。

说到睡眠，就不能不提我国民间传说中的一个著名人物陈抟。据《宋史·陈抟传》记载，陈抟“每寝处，多百余日不起”，意思是陈抟一觉能睡一百多天。陈抟年轻时也曾去考功名，但没有考中，于是他放弃了对功名的追求，而以游山玩水为乐。在民间故事里，陈抟被进一步神化成睡仙。他曾说：“臣爱睡，臣爱睡，不卧毡，不盖被。片石枕头，蓑衣覆地。南北任眠，东西随睡。轰雷掣电泰山摧，万丈海水空里坠，骊龙叫喊鬼神惊，臣当恁时正酣睡……”在神话故事里，陈抟可以从这个朝代睡到下一个朝代，甚至跨越几个朝代，睡他个沧海桑田、地老天荒。

当然，陈抟虽然确有其人，但如此的长寿是杜撰出来的，遑论酣睡数百年，因此不足为信。除了传说中的陈抟，历史上真实存在的一些名人也有特别能睡的，例如

藏于南京博物院的竹林七贤部分砖画，包括嵇康、阮籍、山涛、王戎等四人

竹林七贤的阮籍，此公既爱醉也能睡。晋文帝司马昭曾想让阮籍把女儿嫁给司马炎，派人去提亲。阮籍心里不愿意，但嘴上不好拒绝，于是天天饮酒，醉六十日，提亲的人都没有机会谈论这事，这件亲事就这么黄了。睡六十日可能夸张，多数时间处于昏睡状态或装睡还是有可能的，更何况阮籍还是个嗜酒如命的人，喝得酩酊大醉然后昏睡，醒了再喝喝了再睡也是有可能的，正所谓“醉后眠眠后再醉又眠”。

回到前面介绍的活动图上来，假设我们现在要画陈抟或阮籍的活动图，用黑色条块表示处于睡眠状态，那么画出来的活动图会是个什么样子？根据传说或故事，他们在很长一段时间里一直在睡觉而没有醒，所以画出来的活动图将是连续的黑色条块，漆黑一片——他们的活动图是不是看起来很单调？

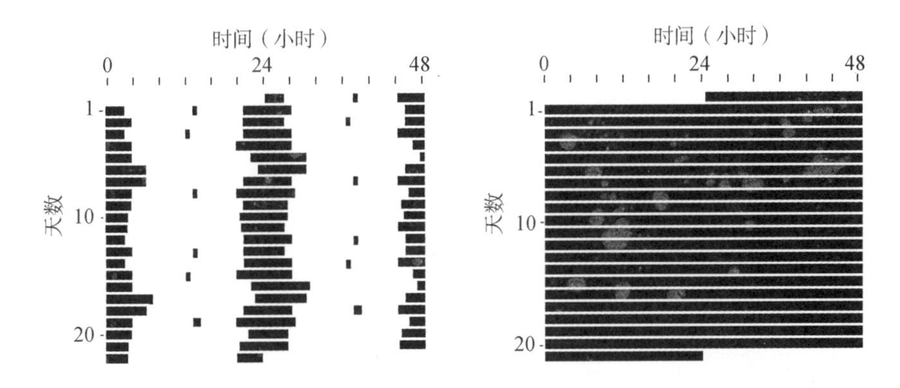

左图为普通人的活动图，右图为假想的陈抟或阮籍的活动图。黑色条纹表示处于睡眠状态

《搜神记》里提到一个叫狄希的中山国人，善造酒，饮者千日醉。醉上一千天当然是很夸张的说法，但是醉上几天或许可能，如果绘制喝他酒的人的活动图，也将是漆黑一片。

古人也有看不起贪睡之人的。李渔《闲情偶寄》中说到："有一名士善睡，起必过午，先时而访，未有能晤之者。予每过其居，必俟良久而后见。一日闷坐无聊，笔墨俱在，乃取旧时诗一首，更易数字而嘲之曰：'吾在此静坐，起来常过午。便活七十年，只当三十五。'" 意思是说，如果睡得太多，相当于人生少活了很多年。

走时不准的生物钟

当我们买了闹钟或手表，会非常在意它们是否准时。钟表总是走时越准确越好，越准确的钟表价格也越高。地球上的生物，无论是飞禽走兽、花草虫鱼，从微生物到植物、动物，包括我们人类，绝大多数的生物都有自己的生物钟。那么，我们的生物钟经历了亿万年的进化，是否也像钟表那样精确呢？

一条名叫八公的狗

八公是一条纯种白色秋田犬的名字，1923年出生于日本的大馆市。在出生两个月后，它被东京大学农业系教授上野英三郎抱回家中。上野教授孤身一人，小狗从此与他相伴。上野教授每天早出晚归，时间很规律。每天早晨，八公都在家门口目送主人上班，傍晚时分再跑到附近的涩谷站等候主人，一人一犬亲亲热热地相伴回家。

1925年4月21日，上野教授在学校里突发心脏病辞世，永远无法回家了。上野的亲友知晓他和八公感情很深，有人便将一岁半的八公领养回家。但在八公的心目中，它真正的唯一的主人依旧是上野英三郎，因此它仍然每天傍晚风雨无阻地前往涩谷车站，忠实地等候他的主人，期待有一天上野教授又会从车站里走出，和它一起亲亲热热地相伴回家。但是，每天八公迎来的都只是失望，每天它都带着希望而来，然后孤独地回去。

1933年，《朝日新闻》刊登了八公的感人事迹，八公对主人忠诚和眷恋的故事传

忠犬八公的照片

遍了全日本，它成为家喻户晓的忠诚的象征，人们还在1934年为它塑了一尊雕像。1935年3月8日，八公在泷泽酒店（滝沢酒店）北侧路地入口处死去。在11岁的生命历程里，八公总共等候了上野9年，9年后他们在天堂相聚。

八公在9年时间里，每天都在傍晚时去地铁站，这么看来八公的行为具有明显的周期性，而且周期基本保持在稳定的24小时。这是否意味着生物钟像钟表那样精确呢？每种生物的周期是否都保持准确的24小时呢？

不准确的生物钟

与含羞草类似，很多植物的叶片都是白天打开，夜晚合拢。因此，它们的叶片运动是有昼夜节律的，而且这种节律的周期基本维持在24小时。这样看来，这些植物和八公一样，都能够维持24小时周期。

1729年，迪马伦发现含羞草即使处于持续黑暗的条件下，叶片运动也会表现出昼夜的节律。到了19世纪，又有人对含羞草的叶片运动节律有兴趣了。1832年，瑞士植物学家德堪多（Augustin Pyramus de Candolle，1778—1841）重复了这些实验，他不但保证光照和温度不变，还保持了湿度的恒定。他发现，在光照、温度和湿度恒定的条件下，含羞草叶片舒张、合拢的运动周期并非24小时，而是介于22—23小时。

22—23小时这样的周期仍然非常接近24小时，但是如果日积月累就会产生很大的偏差。假设某株含羞草运动节律周期是23小时，比我们每天的昼夜24小时周期短一个小时，那么在持续光照环境里，每过一天，含羞草的叶片合拢的时间就会缩短1小时。12天后，持续光照环境里的含羞草叶片运动就与外界昼夜交替环境里的含羞草刚好相反了，也就是当外界含羞草叶片开始舒张时，持续光照下的含羞草叶片开始合拢。这就如同我们与美国人那样存在约12小时时差，昼夜颠倒了。

需要说明的是，含羞草在持续黑暗的环境里叶片运动也有周期特征。但是由于含羞草需要进行光合作用，长期没有光照会死亡，所以无法在持续黑暗下连续多日观察含羞草的叶片运动节律。因此，一般不在持续黑暗环境里检测植物的节律，而是在持续光照的条件下检测。

不只是含羞草，其他生物在恒定环境里周期也都与24小时有一些偏差。鹿鼠是一种在夜间活动的啮齿类动物，身体棕灰色，四只脚是白色的，看起来比较俏皮。鹿鼠在持续黑暗环境里仍然有节律，但周期不是准确24小时，而是略微长于24小时。人在持续黑暗条件下的睡眠/觉醒周期不再是24小时，而是大约25小时。麻雀在持续黑暗条件下的活动周期为23.5小时，可是在持续光照条件下为24.7小时。蟑螂在持续黑暗条件下的运动/休息周期为24.5小时。到目前为止，还没有发现哪一种生物在持续条件下的节律维持在准确的24小时，而是都有所偏离，一般范围在20小时至28小时之间。

其他一些生物节律的周期

物种	节律	条件	周期(小时)
斑马鱼	活动	持续黑暗	25.6
粗糙链孢霉	无性孢子释放	持续黑暗	22.5
棕色丽蝇	活动(20℃)	持续黑暗	23
	羽化(20℃)	持续黑暗	24.4
羚松鼠	活动	持续黑暗	24.5
		持续光照	23

美国明尼苏达大学的哈尔伯格(Franz Halberg，1919—2013)教授把伽利略的一段话作为座右铭：测量那些可以测量的指标，并把所测量的指标按时间轴来显示。如果我们测量生物的生理节律或行为节律，按照时间轴来显示就计算出周期。20世纪50年代，哈尔伯格发明了“circadian”这个词，翻译成中文是“近日节律”。“circa”是“大概”的意思，来自拉丁文“*circum*”。例如，“He was born circa

1600”意思是“他大约出生于1600年”。“dian”来自拉丁文“*dies*”，是“一天”的意思。两个词根组合起来，表示“大概一天”“大约24小时”，因此近日节律就是指周期接近一天(24小时)的节律。在日文里，近日节律被译为“概日节律”，与中文非常接近。

在恒定环境里生物所表现出来的节律称为自运行节律。如前所述，不同生物的自运行节律的周期不同，但都不是准确的24小时。具有自运行特征的节律在昼夜变化条件下，表现出24小时的周期，如果生活在恒定条件下，则这种节律仍然存在，但周期会稍微偏离24小时。

反对内源学说的人认为，我们可以保持光照、温度、湿度等因素不变，在这种条件下生物仍然具有节律，但是在地球上我们很难真正营造出恒定的环境——即使我们保持光照、温度、湿度不变，也难以让气压、磁场、引力也保持不变，因此在光照、温度、湿度保持不变的情况下，生物节律可能仍然是由于感知到气压、磁场、引力等因素细微的昼夜变化而随之产生的。对此，我们可以根据节律的自运行特征对这一推论进行反驳：如果节律是外源的，纯粹是由环境的周期性刺激而引起，应当都准确等于24小时。但实际情况是，在恒定条件下，有的生物节律的周期稍大于24小时，有的则略小于24小时，没有哪一种生物是刚好等于24小时的。因此，节律周期这种近似24小时的特性也是支持节律内源学说的一个证据。

除了光照和温度以外，湿度也会影响周期。例如，生活在持续黑暗环境里的蟋蟀，如果湿度分别保持在0%和25%的条件下，蟋蟀都会表现出接近24小时的活动周期，但是在0%湿度条件下周期小于24小时，在25%湿度条件下周期大于24小时。仔细观察活动图，不难发现：如果每天的活动从上至下垂直分布，那么周期等于24小时；如果整体趋势向左倾斜，那么周期短于24小时；如果整体趋势向右倾斜，则周期长于24小时。

既然各种生物的近日节律都不是准确的24小时，那么生物怎么适应外界环境周期的昼夜24小时变化呢？我们在日常生活里使用的钟表价格不贵，走时也非常准确。但是，几十年前人们使用的钟表质量都不太好，误差比较大，有的闹钟可能

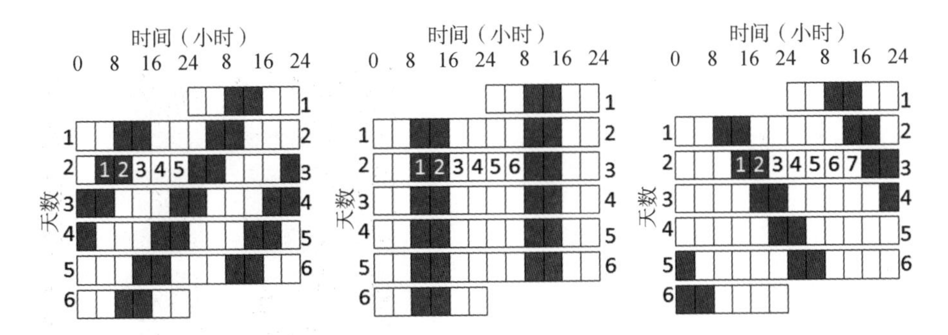

假想的不同周期的活动图。图中白色方块表示处于活动阶段，灰色方块表示处于睡眠阶段，为了简化起见和帮助理解，画得非常整齐，每格为4小时，实际情况可能每天都会有一些差异。左图中灰色条块从上到下往左倾斜，从某一次开始睡眠到下一次睡眠的时间间隔为5格，每格为4小时，所以周期为20小时。中图里睡眠趋势从上到下是垂直的，从某一次开始睡眠到下一次睡眠的时间间隔为6格，每格为4小时，所以周期为24小时。右图里睡眠的趋势从上到下向右倾斜，从某一次开始睡眠到下一次睡眠的时间间隔为7格，所以周期为28小时

每天都会差半小时甚至一个小时。但是，谁也舍不得把这些有误差的钟表扔掉，一方面是由于钟表价格昂贵，另一方面是因为我们只要每天晚上根据广播里的时间把指针拨前或拨后，调整到准确的时间，就可以继续使用了，这种调整钟表的操作叫作“对时”。另外，在那个年代，对时间准确性的要求也没有现在这样严格。

各种生物节律在恒定条件下的周期都不是准确的24小时，但是在现实环境里，我们并非生活在恒定环境里，而是生活在光照、温度等环境因素昼夜变化的环境里，必须对节律进行调整才能适应环境的24小时周期。对于内在周期小于24小时的某种节律，假设其周期为22小时，如果处于持续黑暗环境里，这种节律的周期就表现为22小时。如果处于正常的昼夜交替环境里，每天早晨太阳升起，光照会使得这种节律每天推迟2小时，这样就可以与环境的24小时周期保持同步。对于内在周期大于24小时的节律，情况则相反。可以想象一下：在昼夜交替的环境里，内在的生物钟每天都会说“我想保持我自己的周期”，但是外界的环境总是回答它“不！你不想”。

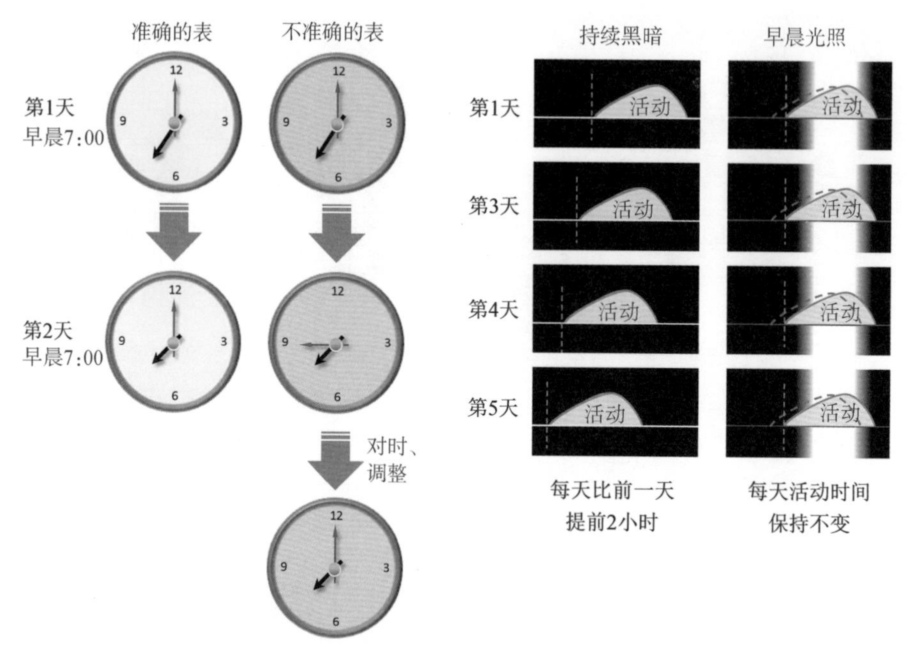

钟表的对时和节律的调整。左图表示钟表的对时,右图表示生物节律的调整

前文提到过,人的体温也存在节律。也许有人会质疑:我们白天要工作、吃饭或者活动,夜晚的时候休息,而身体的活动当然会产生热量,使体温升高,从这个角度来看,体温的节律应该不是一种内在或自发的节律。回答这一问题,其实也很容易。例如,让人整天躺床上,白天也保持不动,结果发现他们的体温仍然是白天高。聪明的读者又会提出新的问题:虽然他们保持不动,但是白天进食也可能导致白天时体温升高。聪明的读者也许还会说,人在清醒的时候会思考,会使大脑消耗更多能量,导致体温升高,在睡觉时则相反,那么体温的节律性波动可能是由于这个原因引起的。要回答这个问题也不难,可以让人保持一到两天不睡觉,每过两三个小时吃一些固定数量的饼干,喝定量的水,而不再是只在白天吃三顿饭,这样下来结果发现他们的体温仍然有24小时的节律特征。甚至有人对昏迷数日的人进行检测,发现他们的体温仍然有节律。这些现象都有力地支持了体温的节律并非因运动或饮食而起,而是自身调节和产生的。

节律也可以因环境的变化而改变，举一个简单的例子：我们乘坐飞机从中国去往美国旅行，到达美国后，我们的生物钟刚开始几天会很不适应，也就是时差令我们感到不舒服。但是过了十来天后，我们终究都能适应时差，这就说明我们的节律是可以调整和改变的。

前面讲过，忠犬八公每天都能在傍晚时分去地铁站，经年不变，说明它的周期可以相对稳定地保持在24小时。那么这是不是与牡蛎、含羞草的非24小时周期矛盾呢？其实不矛盾，因为八公并不是生活在恒定的环境里，它每天都会接触外界环境，而外界环境是按24小时周期变化的，因此可以每天调节八公的节律。如果八公生活在一个没有昼夜的环境里，它就难以准确地每隔24小时出现在地铁站了。

不会热胀冷缩的节律

生物节律还有一个奇怪的特点，为了帮助理解，我们先来谈谈别的事情。中学时我们在生物课上都学过唾液淀粉酶，它能够把淀粉转化为葡萄糖，从而使淀粉与碘酒混合液的蓝色褪去。淀粉酶是一种蛋白质，它的催化活性受到温度的影响，在一定范围内温度越高酶的活性越高。但温度过高会使蛋白质变性，导致淀粉酶丧失活性。在低于变性温度的范围内，淀粉酶催化活性随温度升高而升高。Q_{10}经常用以表示生理或生化过程受温度的影响程度，计算起来也很简单，算出在相差10℃条件下生理或生化的活性比值就可以了。例如，淀粉酶在40℃时相对的催化效率为0.12，在50℃时为0.28，那么Q_{10}值为0.28/0.12≈2.33。蜥蜴在20℃时心脏每分钟平均跳动21次，周期为频率的倒数，因此周期为1/21。蜥蜴30℃时心脏每分钟平均跳动41次，周期为1/41，Q_{10}值为(1/41)/(1/21)≈0.51。

生物钟是内在的，受到相关基因的调节。对生物钟有影响的蛋白质、RNA等调节因子有的是酶，具有催化活性，有的虽然不是酶，但也具有类似酶的特征。与淀粉酶不同的是，淀粉酶只是一个单一的酶，而生物钟可以看成是很多基因和蛋白质共同参与的复杂调节系统。那么这个调节系统是否也随温度变化而明显改变呢？

淀粉酶的活性用单位时间内转化的葡萄糖分子来表征，生物钟活性的一个重要特征可以通过生物节律的周期来体现。以持续光照条件下菜豆叶片的运动节律为例，当温度为15℃时，叶片张开、合拢的周期为28.3小时；当温度为25℃时，叶片张开、合拢的周期为28.0小时。菜豆在持续光照条件下叶片仍然具有张开、合拢的节律，在15℃时这种节律的周期是28.3小时，在25℃时是28.0小时，Q_{10}值为28.0/28.3≈0.99。我们可以看出，菜豆叶片运动节律的Q_{10}接近1，意味着这种节律基本不受温度变化的影响，而唾液淀粉酶活性和蜥蜴心率受温度影响非常显著。

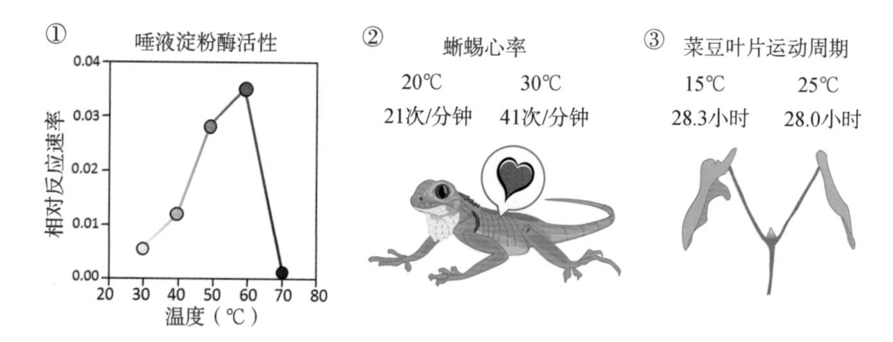

①，唾液淀粉酶在不同温度下的活性，在40—50℃温度区间里，Q_{10}值约为2.33；②，蜥蜴在20℃和30℃下的心率，Q_{10}值约为0.51；③，菜豆叶片在15℃和25℃持续光照条件下的张开、合拢周期，Q_{10}值约为0.99

生物节律的温度稳定性非常重要，如果这种稳定性丧失，就会带来很多麻烦。假设我们的生物钟像淀粉酶那样，在30℃时活性是20℃时的2倍，那么当天气变化时，比如冷空气突然来临，降温10℃，我们的生物钟周期就会改变2倍，变为12小时或者48小时，这意味着我们每天睡6小时醒6小时，或者睡24小时醒24小时，我们的节律就会混乱不堪。实际情况是，环境温度虽然改变，生物节律的周期仍然保持稳定，不会“热胀冷缩”，而这都是生物节律稳定性的功劳。

大千世界，总有例外。有人发现，在昼夜和季节温度变化都很小的热带地区，有些植物的生物钟的温度稳定性不明显，这可能与这些植物不需要适应大的温度变化有关。

计时器、生物钟与条件反射

爱因斯坦在解释相对论时，用了一个简单的比喻，这个比喻究竟在多大程度上能对我们理解高深的相对论有所帮助值得怀疑。这就是，当一个男人与美女对坐一小时，他会觉得时间不够用，好像只过了一分钟；但是如果让他挨着炙热的火炉坐，他会觉得时间难捱，即使只坐了一分钟，都会感觉像过了一小时那样漫长。

爱因斯坦这个比喻是关于不同环境下心理对时间的感受，那么如果在没有美女也没有火炉的情况下，我们对时间的体验是否就不会变化呢？

我们可以做这样一个小实验，按下秒表，然后根据自己的感觉数数，一秒钟数一个数，从1数到60，数满自己认为的1分钟。数完后我们再对着秒表，看与实际的1分钟时间相差多少。这种计时能力在一天当中是有变化的，也就是说，我们的时间感在一天当中呈现出节律性变化的特征。

1968年，美国洛克菲勒大学的普法夫(Donald Pfaff)教授发现，这种计时能力与人的体温有关。在正常情况下，我们的体温在傍晚最高，而在凌晨4:00左右最低，每天如此呈节律性变化，这就意味着我们的计时能力会有昼夜变化。人体体温较高时，我们判断的时间比体温较低时短。多数人在上午8:00—10:00以及下午4:00左右对时间的判断最为准确，接近实际时间。

当我们感冒发烧时体温也会改变，那么我们的计时能力是否也会变化呢？如果有变化，根据上面的实验，发高烧时体温升高，计时可能会变快，是否确实如此呢？霍格兰(Hudson Hogland)博士是美国马萨诸塞州沃切斯特研究所的科学家，他的夫人在音乐方面受过很好的训练，节奏感很强。有一次他夫人生病了，他特意拿着秒表，让夫人根据自己的感觉从1数到60，数满1分钟。结果显示她在生病期间对时间的估计变快了，从1数到60所花的时间短于实际的60秒，而烧退后她对时间的估计又变慢了，这与普法夫的实验结果是吻合的。当然，要解释体温变化影响计时能力的机制，还需要进行长期的研究。

也许有人质疑：生物节律怎么看起来像巴甫洛夫(Иван Петрович Павлов)的

条件反射？以八公为例，八公是否因为和主人在一起的时候建立了很强的条件反射，所以在余生中都保持了这种反射？如果两者并不是一回事，那么该如何区分是生物钟在起作用还是条件反射在起作用呢？

在武侠小说《神雕侠侣》里，小龙女落下绝情谷深潭无法上来，平日养蜜蜂消遣。抱着出谷的希望，她在许多蜜蜂的翅膀上刻下“我在绝”和“情谷底”几字。研究蜜蜂行为的科学家虽然没有小龙女在蜜蜂翅膀上刻字的本事，但他们会在蜜蜂背部画上不同颜色的斑点或数字，对蜜蜂进行编号以利于辨认。

1929年，瑞士自然学家福雷尔(August Forel)和他的学生贝林(Ines Beling)每天上午在蜂巢附近几百米的地方放置蜜糖，蜜蜂四处巡逻发现后，很快就会养成每天上午前来觅食的习惯，即使不再提供蜜糖，它们仍然会来，这说明生物钟与条件反射是不同的，因为条件反射必须给予刺激动物才会作出相应的反应。而且，动物一旦建立了条件反射，在每天不同时间给予刺激动物都可以作出反应，例如在巴甫洛夫条件反射实验中，上午或下午摇铃铛狗都会流唾液。但是，连续几天在早晨给蜜蜂饲喂蜜糖，然后突然改到下午，蜜蜂并不会马上也改成下午前来，而是需要经过几天才能改过来，这也可以反映出条件反射与生物钟的区别。并且，在条件反射实验里，既要有刺激也要有信号，例如在给狗食物刺激之前摇铃铛让狗听到声音。但是在生物钟实验里，是不存在这样的信号的，在蜜蜂实验里，在开始几天的训练时间里，只是给它们食物，而并没有给它们其他信号，在后来的几天里没给食物，也没有铃声等信号。如果非要说有信号，那么这个信号就是时间。此外，条件反射是建立在动物的神经系统基础之上，植物没有神经系统，也没有神经反射，可是含羞草叶片的开合是有节律的，这也是节律与条件反射的不同之处。

在这方面，八公不如蜜蜂那么聪明。主人已经不在，但它仍然每天前往车站等候主人，但正是八公这份很傻的执着才令人感动。

洞穴里的时间

古语云:洞中方七日,世上已千年。意思是指与外面的尘世相比,在神仙居住的洞穴里时间过得很慢。这句话来自东晋虞喜《志林》里的一则故事:“信安山有石室,王质入其室,见二童子对弈,看之。局未终,视其所执伐薪柯已烂朽,遂归,乡里已非矣。”其大意是,在一个古代石洞里,时间过得很慢。一个名叫王质的樵夫进了石洞,看见两个小孩在下棋,便在旁观战。一盘棋还没下完,他放在洞外的木柴已经腐烂。他出了山洞,回到家乡,发现家乡已经物是人非,很多年已经过去了。

那么问题来了:在山洞里居住,时间真的会变慢吗?

美国猛犸溶洞公园里的实验

美国肯塔基州有个猛犸溶洞国家公园,为喀斯特地貌,其已探明的地下溶洞长度为世界第一。看到公园的名字,游客可能会以为这里埋藏着很多猛犸象的化石,实际情况并非如此。猛犸象体型庞大,公园以猛犸为名只是为了形容地下洞穴之巨大,与猛犸没有什么直接关系。

克莱特曼(Nathaniel Kleitman)是一位美国科学家,他将全部身心都投入了睡眠科学的研究并取得了丰硕成果,被尊为睡眠研究之父。他曾在不同的严酷环境里,包括伸手不见五指的猛犸溶洞洞穴、二战期间的潜水艇以及寒冷的北极地区等,研究自己的睡眠。总之,为了研究睡眠,克莱特曼不惜把自己当成小白鼠。

1938年6月4日至7月6日,当时在芝加哥大学工作的克莱特曼和助手理查森

美国肯塔基州猛犸溶洞国家公园附近的景色，谁会想到在这些小山和农田的地下是错综复杂的洞穴呢

(Bruce Richardson)在猛犸溶洞里对睡眠的节律进行了研究。他们选择的这个洞穴高约40米，暗黑无光，洞里的温度也比较恒定，一直维持在12℃左右。待在里面，没有昼夜的光照、温度变化，也没有钟表，所以不会受到外界时间变化的影响。他们带到洞穴里的家具很简单，只有一张小桌子、两张简易铁架床，他们在洞穴里找个了小石室（高8米宽20米）安顿下来。洞里爬虫较多，像眼睛退化的灶马以及一些甲虫等，到处乱爬。为了避免这些虫子的骚扰，不至于第二天醒来发现枕边趴着几只摇头晃脑的虫子甚至被它们咬上几口，他们把每条床腿、桌子腿、椅子腿都套进盛水的桶里，这样虫子就没办法爬上去。这种办法简

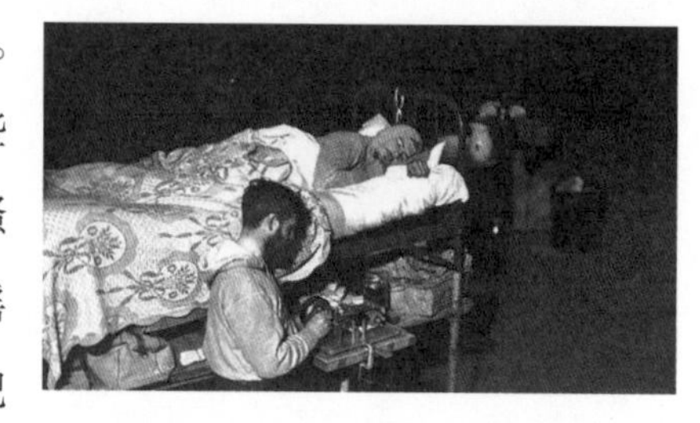

克莱特曼和理查森在猛犸溶洞国家公园的地下溶洞里。理查森躺在床上睡觉，克莱特曼在记录数据

单、有效，不过对付不了会飞的虫子。他们在清醒的时候每2小时测一次体温，睡眠时则每4个小时测一次。两个人的睡眠时间错开，相互测量。

他们在洞穴里度过了32天的时间。由于地球自转的周期是24小时，我们多数人每天都是按照24小时的作息来工作、学习和生活，如果强迫我们生活在非24小时的环境里，那么我们是否能够适应？克莱特曼和理查森这次实验的目的就是要看自己能否适应每天28小时的周期，每天工作和休息19个小时，睡眠9个小时。他们用较强的电灯光模拟白天，用较弱的电灯光模拟夜晚。如果这个实验仍在地面进行，那么外界的24小时周期环境会对实验造成干扰，所以他们选择在洞穴里进行这个实验。当时，年轻的理查森在28小时周期下很快就能适应了，而年长的克莱特曼则根本无法适应，每天都难以入睡。

不同的生物，节律周期适应范围也不同。对人类来说，这一范围非常狭窄，只有光照、黑暗循环的环境周期大于22小时、小于28小时，在这一区间里，人的节律才能随环境的变化而变化，如果超过了这一范围，就无法适应，会导致节律紊乱或者生物钟干脆不再理会环境的周期，而自顾自地运行，表现出如同在恒定条件下那样接近24小时而不是准确24小时的节律。

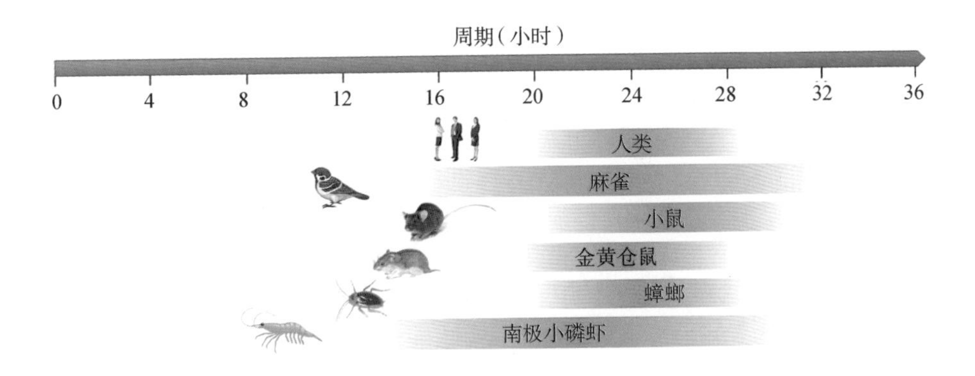

一些生物的节律导引范围

把自己关进隔离室的科学家

德国生理学家阿朔夫是时间生物学研究的奠基人之一。阿朔夫生于1913年，先后在格丁格大学、维尔茨堡大学工作，从事生理学研究。

德国海德堡的马克斯·普朗克研究所举世闻名，这个研究所在20世纪50年代决定建立一个新的生理学研究所，阿朔夫趁此机会把海德堡市安德希斯附近二战时修建的碉堡改建成了一个“与世隔绝”的隔离室。为了开展人的生物钟研究，这个隔离室带有一个小厨房、一个卫生间以及一个综合了客厅、餐厅和卧室三种功能的房间。与他同时代的另一位时间生物学研究的奠基人、美国科学家皮登卓伊(Colin Pittendrigh)与阿朔夫过从甚密，还设法让美国国家航空航天局从科研项目里拨款给阿朔夫用于地下室的改造工程。

受试者从入口进入工事改造而成的隔离室后，首先进入的是缓冲间，里面

阿朔夫把废弃的碉堡改建成隔离室。照片显示的是隔离室的入口

有一个冰箱，用来存放食物和实验样品。缓冲间有两扇门，研究人员可以进入缓冲间给受试者提供食物等补给，受试者也可以进入这个缓冲间领取补给。但是两扇门被设计成不能同时打开，当一扇门打开时另一扇门就会自动锁上，这样可以确保研究人员和受试者不会相遇，避免隔离室里的人在实验过程中受到干扰。研究人员进入缓冲间提供补给的时间是随机的，这样受试人员就无法从食物补给的提供时间推断出外界的时间。受试人员也会将他们的尿液样本存放到缓冲间的冰箱里，研究人员在进入缓冲间时取出，带回实验室进行分析。

边滑冰边演奏手风琴的阿朔夫(日本北海道大学本间研一教授惠允使用)

隔离室里的人没有钟表，不能与外界联系，总之他们无法获知外界的时间信息。在遵守这些规定的前提下，受试人员可以自由支配时间，做自己喜欢的事情消遣时间。

1961年，在隔离室竣工后，为了研究人在隔离且环境保持恒定条件下的节律，阿朔夫首先把自己关进了地下室，检测自己在缺少时间线索条件下的节律变化。实验进行了一段时间后，阿朔夫患了肠胃疾病，不得不中途停止。但是在实验的前半段时间里，仍然记录了他连续多日的节律变化信息，从中可以看出他的睡眠/觉醒节律周期变长了，变得接近25小时。

除了严谨的科学家身份外，阿朔夫也是一个逗比。他喜欢滑冰，也喜欢演奏手风琴，还喜欢一边滑冰一边演奏手风琴。

西弗尔和他的洞穴探险

50多年前，法国年轻的探险家西弗尔(Michel Siffre)打破了一项世界纪录：他在法国阿尔卑斯山一个114米深的洞穴里独自生活了2个月。

西弗尔和他的朋友们先在洞穴的一间石室内存储了够2个月的食品、一顶帐篷、一盏靠电池供电的灯、一部战地电话以及一本记事本。1962年7月16日，朋友把他一个人留在了洞穴里，并带走了他的手表。洞穴里温度很低，只有零摄氏度左右，他终日瑟瑟发抖。除了他携带的微弱灯光外，周围一片漆黑，他每天靠阅读、写作和做一些科学实验来打发时间。他没了手表，无从知道时间，但每次吃饭、上床睡觉他都要通过电话告诉在洞外安营扎寨的朋友，由朋友将他的吃饭、睡觉时间记录下来。西弗尔保持着写日记的习惯，将自己每天的活动进行详细记录。

西弗尔发现，虽然生活在地下时所有与时间有关的线索都被切断，但是他的起居和睡眠仍然具有周期性。西弗尔说："很久以前，早在1922年，人们已经发现大鼠有内在的生物钟。我的实验表明，与其他哺乳动物类似，人也有自己内在的生物钟。"这里说的1922年大鼠内在生物钟的发现，是指约翰斯·霍普金斯大学教授里克特(Curt P. Richter)，他在自己的著作里报道了发现大鼠的筑巢、饮水、摄食都有节律，甚至在持续光照条件下仍然表现出大约24小时周期。但是需要指出的是，在里克特的实验里，喂食的时间是固定的，所以并不是严格的恒定环境。

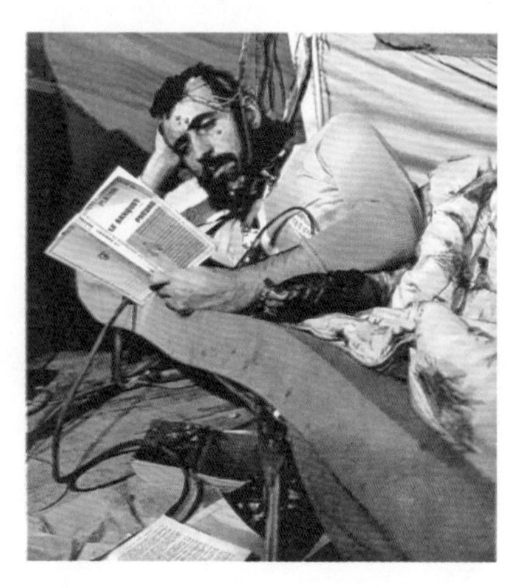
西弗尔在洞穴里读书，头上连接了很多导线用于采集电生理数据

按照西弗尔的日记记录，他在洞里度过了难捱的37天时间。到了8月20日，穴居生活终于结束，朋友们从洞穴上方把绳梯放了下来，他爬出洞穴，朋友们立刻祝贺他："你做到了！你做到了！今天是9月14日。"

喂！停停，是不是哪里出错了？就算在黑暗的洞穴里节律出现自运行，每天的时间比洞外多出约1小时，2个月下来也只会少掉2天多的时间，不至于像他在日记里记录的那样少掉25天的时间。为什么西弗尔自己在洞穴里日记记录的时间和洞穴外的时间差了那么多？整整差了25天啊！难道在洞穴里的时间变慢了？

一种可能的解释是，西弗尔在洞穴里要记录自己每天的睡眠，每次醒来就认为是过了1天。但是，长时间待在洞穴里，睡眠可能出现片断化，每天出现多次睡眠。在这种情况下，他可能认为自己只是打盹而并非真正睡眠，所以就不作记录。这样日积月累起来可能就少记很多天。

西弗尔在冰河溶洞里时，每天还要进行计数测试，凭着自己对时间的感觉，从1数到120，一秒钟数一个数。如果时间感准确的话，那么数完120应该刚好为2分钟。实际情况是，洞穴里的西弗尔数完120竟然用了5分钟的时间！这意味着西弗尔的时间感觉变慢了很多。

在洞穴当中，由于无法感知地面上光线的昼夜变化，并且温度也较为稳定，因

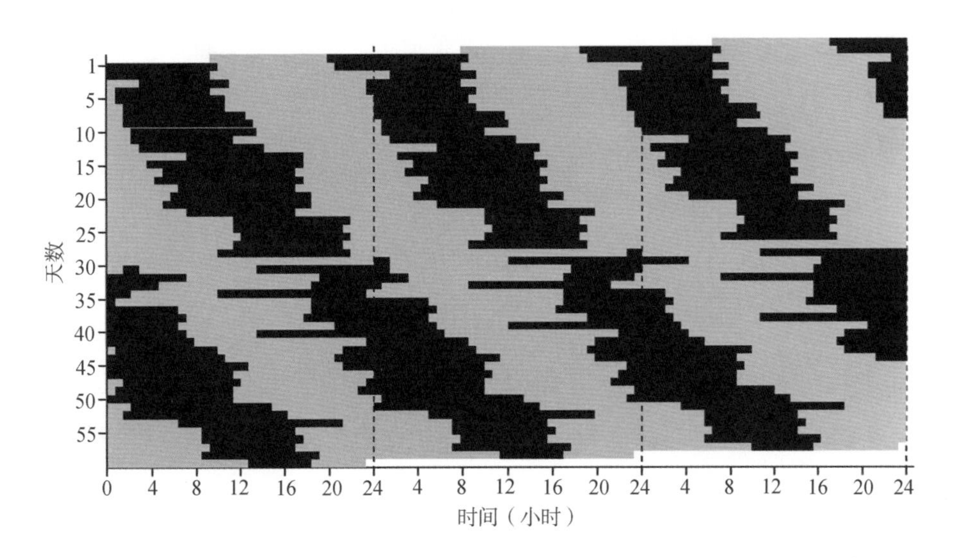

西弗尔在溶洞里的睡眠活动图。黑色条块表示处于睡眠状态，粉色区段表示处于觉醒状态（据Dunlap et al，2004绘）

此可以认为是恒定环境。在恒定条件下,生物钟仍在运转,表现出接近24小时的周期性,并会持续多天。尤其值得注意的是,在恒定的环境下,节律的周期不再是准确的24小时,而是接近24小时。对不同生物或同种生物不同个体而言,某些节律在恒定条件下所表现出来的周期大于24小时,而其他一些节律的周期则小于24小时。对人类而言,绝大多数人在持续黑暗的环境里,会表现出约25小时的周期,但也有少数人会偏离25小时,有的甚至会短于24小时。还有一些更为极端的例子:西弗尔和其他一些探险家都曾经发现自己长期居住在洞穴里时,起居周期有时甚至会变成大约48小时,目前对这种现象尚无法解释。

时光荏苒,距离西弗尔在阿尔卑斯山的洞穴探险已经过去了近半个世纪。2008年,一位名叫弗尔(Joshua Foer)的记者采访了西弗尔,下面是他们的一些对话。

弗尔:在地下生活时,什么东西既吸引我们又令我们感到恐惧?

西弗尔:是黑暗。你需要有光。如果灯火熄灭,那么你就死定了。在中世纪时,人们认为地下是魔鬼待的地方。但同时,地下也是一个充满希望的地方。我们在地下挖掘矿物和宝藏,地下世界也是我们能够探险和获得新发现的地方。

弗尔:1962年时,你刚刚23岁。是什么原因让你下定决心在与世隔绝的地下生活了63天的时间?

西弗尔:你们应该可以理解,我是一名训练有素的地质学家。在1961年时,我们在阿尔卑斯山下距离尼斯大约70千米远的地方发现了一个地下冰河。起初,我只是想进行一次地质学勘探,花上大约半个月时间对这一地下冰河进行研究,但是,几个月之后,我对自己说:“好吧,15天时间太短了,我啥也发现不了。”于是,我决定在那里待上两个月。我产生了这个想法——这个想法也成为我后来一生的想法。我决定像动物那样,生活在黑暗里,没有钟表,无从知晓时间。

洞中一日，世上千年？

我们上面所介绍的这些在洞穴里的研究，都是不受外界环境影响的，洞内的人没有手表，无从知晓外界的日出日落，也无从感知外界白天的喧嚣和夜晚的宁静。如果让洞里的人戴上手表，或者通过电话等通信方式告知他们外面的时间，那么他们的节律就会受到外界环境的影响，可能不会表现出自运行的状态。这也就是为什么阿朔夫、西弗尔在隔离环境里生活时，都要采取措施尽可能避免外界的干扰。

在金庸的武侠小说《笑傲江湖》里，魔教头头任我行被关在西湖底下的地牢里，里面的光线很弱，任我行的节律也可能出现自运行。不过，因为每天有人按时给他送饭，所以他仍然可以接收到外面环境昼夜交替变化的信息。武侠小说里的故事当然无法验证，但是从这一点来看，他有可能借助送饭、饮食的时间维持24小时的周期。但是，另一方面，在各种环境因子当中，光照作为物理因子对节律的影响作用最为明显，而送饭、饮食等社会因素对于节律的调节作用非常有限，从这个角度来看，住在西湖底下的任我行节律很可能会出现问题。

我们在这里所提的时间变化，不是物理学范畴里的时间，更不是要讨论黑洞里的时间变化，而是人体生物钟的变化以及人对时间的感知变化。“洞中方七日，世上已千年”是神话里的说法，世上并没有住着神仙的山洞，也就不存在山洞里的物理时间比洞外过得慢的事情，毕竟山洞又不是黑洞。但是，由于与外界隔绝，山洞里的光照、温度等条件恒定不变。在这种环境里，人表现出的周期接近25小时，比在洞外昼夜交替环境里的周期长出约一个小时。因此，在洞穴里人的睡眠、起居周期会变慢，仿佛时间也慢了。

长期以来，人类以及地球上的其他生物都是适应24小时的昼夜周期的，在洞穴里，周期偏离24小时，会造成身体不同组织、人的多种生理和行为的节律之间出现不同步的状态，而这对健康是不利的。

对于探险家来说，在洞穴里生活要面临很大的风险。据西弗尔说，1964年，他的一个同事头上戴着一个麦克风在地下洞穴里生活。有一天，这个人在地下连续

33个小时未与地面联系，以至于地面上的同伴在想他是不是已经死了。西弗尔下到洞穴里进行确认，发现他只是在熟睡。在第34小时的时候，这个人在睡梦里的鼾声通过麦克风传到地面上，同伴们才松了口气，确定他还活着。

除了探险家以外，一些特殊行业的劳动者也有很多时间在地下度过，比如从事地下工作的煤矿工人、金矿工人等。在路遥的长篇小说《平凡的世界》里，田晓霞随孙少平来到煤矿井下，她“眼前只是一片黑色；凝固的黑色，流动的黑色，旋转的黑色……”。后印象派大画家梵高，在成为专职画家之前曾经在比利时博里纳日的矿工社区进行传教工作。他甚至还曾经下到马格斯煤矿，去感受矿工恶劣的工作环境。他在给弟弟特奥（Theo）的信里这样描述矿井里的情形：工人们穿着粗糙的尼龙工作服，借着探照灯微弱的光线拼命地采煤。有些矿洞里的矿工是站着的，有些干脆躺在地上工作。这个矿井有500—700米深，从井底向上看的时候，顶部的洞口看起来像天上的星星那样小。

由于井下光照强度弱，并且工人经常轮班，因此矿工的生物节律容易发生紊乱，这进一步损害了他们的健康，降低了工作效率。有调查显示，在金矿工人中，常年在矿洞里工作的工人比在地面工作的工人患前列腺癌的风险高。井下矿工们在不见天日的弱光环境里，生物节律可能会受到影响，例如他们褪黑素的分泌会受影响，这可能是导致他们健康受损的原因之一。当然，其他诸多因素也会对矿工的健康造成损害，例如劳动强度很大，矿井里存在多种有害气体、粉尘等。

在洞穴里，人的节律会出现自运行，周期变长，为25小时左右。这么看起来，时间似乎是变慢了，但也没慢很多，远远达不到“洞中一日，世上千年”那么夸张的程度。从另一方面讲，在地下洞穴里，严酷的环境只会干扰人的生物节律，损害人的健康，而不会延长寿命。

寻找生物钟的“发条”

两军对垒，如果想找到并捣毁敌方的司令部，可以采取不同的策略，可以派出侦察兵一座营房一座营房地挨个找，也可以追踪敌方军队的信息网络，顺着外围往核心找，最后锁定中心位置所在，因为中心位置是发号施令的地方，位于通信网络的中心。这两种策略各有优缺点，前一种策略费时费力，但只要假以时日总能达到目的；后一种策略目标明确，省时省力，但是必须有足够的情报、资料作为依据。

人类的认知和探索是永不停步的，在发现生物钟对于各种生物适应周期性变化的环境的重要性之后，找出负责调节生物钟的核心器官就成了下一个重要的探索目标。

我们小时候经常会对滴答行走的钟表感兴趣，总想把它们拆开来看看它们为什么会走。有这么一个笑话：一位父亲回到家里，年幼的儿子告诉他说刚才把闹钟给拆了，想看看它为什么会走。父亲问，那你拆完后，把钟重新装好了吗？儿子说，装好了。父亲问，有没有少掉什么零件？儿子说，不但没有少，还多出来几个零件。

零件如果多出来，说明这个儿子肯定没有装好，基本上得等着挨揍了。对于过去的机械钟表来说，里面的发条是它们的节律发生器；对于现在的石英表来说，里面加上电压的微小石英片是产生周期的核心零件。那么，对于生物钟来说，身体里什么组织或者器官是生物钟的发条、钟摆或者石英片呢？

在人的一生中，心脏从胚胎时候起就一直在跳动，直到生命终止。人的心脏每分钟大约跳动70次，将约5700毫升血液输送至全身各处。但是每分钟心跳的次数在白天和夜晚是不同的，具有昼夜节律的特征。心脏每一次跳动都是先从心脏的窦房结开始搏动，然后其他部位按照一定的次序传递至心脏的其他部位，先后搏动，完成收缩和舒张。如果这种次序乱了，我们的血液循环就会出现问题，甚至危及生命。如果心脏出现严重的心律失常我们就会安装一个人工的起搏器，通过导入电脉冲刺激，使心脏按节律搏动，从而达到治疗心脏功能障碍的目的。

言归正传，我们来回顾寻找的生物钟起搏器历程。刻克罗普斯蚕蛾（*Hyalophora cecropia*，又名罗宾蛾）是一种蚕蛾，也会吐丝结茧。它的一生要经过几个阶段：卵发育成白嫩的蚕宝宝，然后吃树叶不断长大，再吐丝结茧，躲在里面变成蛹，蛹经过发育然后破茧而出，长出翅膀，成为一只成熟的蛾子。从蛹发育到长出翅膀、长为成虫的这个过程叫作羽化，罗宾蛾的羽化在清晨进行。事实上很多昆虫的羽化都在清晨进行，因为清晨时空气湿度大，对羽化有利。当然也有一些昆虫在其他时间羽化，例如一些蚊子会在傍晚时羽化。

接下来，罗宾蛾为科学研究牺牲的时候到来了。科学家将它们的头割下，并将伤口进行处理，这些缺少了头的蛾子仍然会继续发育，并且羽化。但是它们的羽化变得失去了规律，不再是只在清晨羽化，而是在一天当中任何时候都可能羽化。这说明罗宾蛾的脑对生物的同步化具有重要作用，脑可能是生物钟的发条。如果把羽化后罗宾蛾的头切下接到羽化前被切除头的罗宾蛾头部，后者的羽化就会出现节律，这就进一步证明了脑是罗宾蛾生物钟的起搏器。

然后，科学家做了更加脑洞大开的实验，他们把罗宾蛾割下来的头接回其身体上，接头部当然会让节律恢复，而让人惊讶的是，即使把头接到罗宾蛾的肚子上，罗宾蛾的羽化也会恢复节律。当时人们已经认识到，动物调节生理和行为主要是通过神经和激素两种途径进行的。由于头部的神经无法与腹部的神经相连，所以这就排除了神经调节的可能性，说明罗宾蛾生物钟的起博器是通过激素来调节身体各组织的节律的。

万人嫌的蟑螂也被用于生物钟研究。蟑螂脑部一左一右两个视神经叶是生物钟的起搏器。蟑螂有不同品种,有的蟑螂在持续黑暗条件下的活动节律周期大于24小时,有的蟑螂在持续黑暗条件下的活动节律周期小于24小时。科研人员曾将这两种蟑螂的一对视神经节切除,然后把短周期蟑螂的视神经节移植到长周期蟑螂的脑里,同时把长周期蟑螂的视神经节移植到短周期蟑螂的脑里,也就是进行了互换。由于视神经叶是生物钟的起博点,而新的视神经节移植进来后短时间内与脑之间的神经连接还没有形成,因此在移植后的一段时间里两种蟑螂的活动都是没有节律的。但是,蟑螂神经的再生能力很强,经过大约四个星期,移植的视神经叶就会生成新的神经连接。这样,两种蟑螂都出现了新的节律,但是它们的节律周期和移植前相反,移植了短周期蟑螂视神经叶的原长周期蟑螂现在周期变短了,而移植了长周期蟑螂视神经叶的原短周期蟑螂现在周期变长了——是不是很拗口?像不像绕口令"提着塔嘛的喇嘛要拿塔嘛换别着喇叭哑巴的喇叭,别着喇叭的哑巴不愿意拿喇叭换提着塔嘛喇嘛的塔嘛"?

美国约翰斯·霍普金斯大学的里克特在他长期的科研生涯里多数时间都致力于生物节律的研究。我们现在养仓鼠用的跑轮最早也是他发明的。后来,他不再满足于只是发现各种各样的生理节律和行为节律,他更想知道身体里什么组织对节律起着关键的调节作用,也就是寻找生物节律的起搏器。

当时,人们已经认识到,神经和内分泌是调节生理和行为的两种重要方式。为了找到起搏器,里克特采取的办法很简单,推测哪个内分泌器官可能是生物钟的发生器官,就把这个器官切除,如果切除后节律消失,那说明这个器官就是生物钟的起搏器;如果切除后仍然有节律,那么说明这个器官不是起搏器。他先后切除了垂体、肾上腺、甲状腺等内分泌器官,但是大鼠仍然有节律。他尝试给大鼠吃一些药物、电击大鼠、把大鼠淹个半死、让大鼠喝酒,结果发现在这些条件下大鼠的节律仍未消失。

既然内分泌器官不是生物钟的起搏器,他又把目光转向了神经系统。他把脑的各部分逐一切除,最后发现,把下丘脑前端切除后,大鼠的进食节律消失了。经过大量的筛选与鉴定,里克特于1967年确定控制活动节律的大脑区域位于下丘脑前端。

其实早在里克特之前，就有人关注下丘脑前端这块组织，但关注者并非是研究生物钟的人，而是研究睡眠的人。在20世纪二三十年代，一些科学家发现，部分下丘脑前端邻近位置长了肿瘤的病人，其睡眠都有明显问题，因此这个部位当时被认为是睡眠的中枢。

芝加哥大学的穆尔(Robert Y. Moore)等人采用了不同思路寻找生物钟的起搏点。既然眼睛是生物钟的感光器官，那么起搏点应该是与眼睛相连的，从眼睛开始顺着神经通路往下游找，也许就能找到生物钟的起搏器。功夫不负有心人，他们最后发现视网膜上有一部分神经通向了位于视神经交叉上方的一个核团——视交叉上核。

里克特通过不断的切除和验证实验找到下丘脑前端的组织，研究睡眠的人发现睡眠的中枢，穆尔等人从眼睛鉴定出视交叉上核，科学家们通过不同的策略最终都找到了生物钟的司令部——起搏器。这正可谓殊途同归，他们的实验结果可以互为验证。

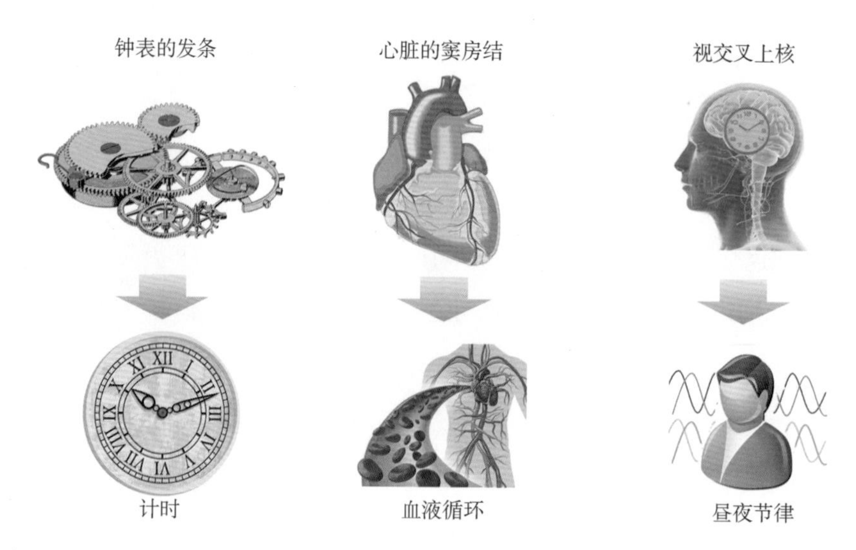

发条是钟表的起搏器，窦房结是心脏跳动的起搏器，视交叉上核是人体生物节律的起搏器

作为哺乳动物，小鼠和人生物钟的起搏器都位于下丘脑前端的视交叉上核。1991年，美国马萨诸塞大学医学院和佐治亚大学的研究人员报道了一位34岁的女性患者，她的脑部长了肿瘤，去医院接受手术，在切除肿瘤的同时，不得不把周围的组织切除了一些，其中包括下丘脑前端的一部分组织，这里是视交叉上核所在的位置。手术后，令人意想不到的是，与肿瘤一起消失的还有她的生物节律：她的起居不再有明显的24小时的规律性，甚至连体温的节律都丧失了。于是她又来到医院，在住院期间，医生通过各种手段帮她进行调整，起居节律有明显改善。

在人的大脑里，总共约860亿个脑细胞，也就是神经元。在这天文数字的细胞当中，两个视交叉上核总共只有20 000个细胞，仅占大约五百万分之一，但它们的功能非常重要：调节着全身的节律。

鸟类的情况比较复杂，在有些鸟类中，松果体是生物钟的起搏器，如果把视交叉上核切除，麻雀仍有节律，但如果切除松果体，麻雀则丧失节律。有些鸟类中视交叉上核是生物钟的起搏器。另外，还有一些鸟的松果体和视交叉上核是生物钟共同的起搏器。

生物钟的感光器官

对于动物来说，眼睛是高度复杂而精巧的器官。尤其是高等哺乳类的眼睛，其构造如同一架精巧的照相机。瞳孔相当于光圈，可以控制进入眼球光线的强度，晶状体相当于镜头，晶状体外缘一圈睫状肌可以调节晶状体的曲度从而起到调节焦距的作用，而眼睛后部的视网膜相当于相机后面的底片。

当然，现在用底片的相机已经非常罕见了，我们用的都是数码相机，在数码相机的后部，用来感光和成像的不是底片而是CCD图像传感器，是一种半导体器件，能够把光学影像转化为电信号。

视网膜上的第三种感光细胞

动物和人的眼球结构非常精妙。人的眼睛能看到东西，依赖于视网膜上的许多感光细胞将光信号由视神经传递到大脑中一个叫作外侧膝状体的核团，然后到达大脑的视觉皮层产生视觉。如果人的视网膜上缺少了视锥细胞和视杆细胞这两种感光细胞，那么人的视觉就会丧失。除了视锥细胞和视杆细胞以外，从视网膜传递至外侧膝状体的视神经束或者外侧膝状体受损或发生病变，也会影响视觉，严重的会导致视觉丧失。

我小时候家里养过鸡，没事会逗它们玩。那个时候，鸡都是散养，每天早晨从鸡舍放出去，到了傍晚，鸡就三五成群地回家来，嘴里低声“咯咯”叫着，准备回鸡舍睡觉。到了天快黑的时候，光线很暗，我们人类还可以比较清楚地看见周围的景物,但是鸡就不行了。它们在晚上视力很弱,你把手在它们脑袋前晃动它们也不会有什么反应。

为什么鸡到了夜晚就什么也看不见了呢?在感光细胞中,视锥细胞需要较强的光刺激才能兴奋,负责产生亮视觉;视杆细胞是在较弱光线下发挥功能,负责产生暗视觉。对于鸡、麻雀等昼行性鸟类来说,它们眼睛的视网膜上只有视锥细胞,视杆细胞很少甚至没有。因为缺乏视杆细胞,鸡在夜晚的视力当然就很差,成了睁眼瞎。人如果饮食中缺乏维生素A或因某些消化系统疾病影响维生素A的吸收,致使视网膜视杆状细胞缺少合成视紫红质的原料,也会造成夜盲症,也叫"雀蒙眼"。夜盲症是暂时性的,只要多吃胡萝卜、猪肝、鱼肝油等,补充维生素A的不足,很快就会痊愈。

除了视锥细胞和视杆细胞外,在视网膜的内层还存在第三种感光细胞,是一种神经节细胞,这种神经节细胞里含有视黑蛋白,视黑蛋白是一种感光色素,因此这种细胞也可以感受到光线的刺激。这种细胞叫内在光敏感视网膜神经节细胞,视网膜上只有3000个这样的细胞。与视锥细胞和视杆细胞不同的是,内在光敏感视网膜神经节细胞虽然可以感受到光线的刺激,但不像视锥细胞和视杆细胞那样将信号传递到外侧膝状体产生视觉,而是传递到一个叫作视交叉上核的核团,进而对生物节律进行调节。

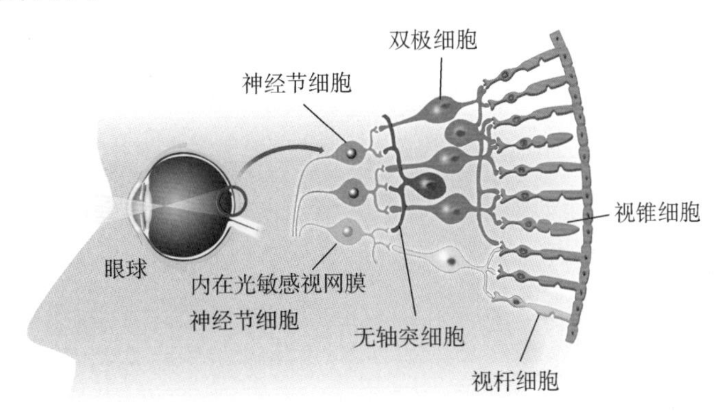

视网膜的结构及内在光敏感视网膜神经节细胞

由于含有的感光色素不同，视锥细胞、视杆细胞以及内在光敏感视网膜神经节细胞的感光波谱也是不同的。视锥细胞对波长在555纳米附近的黄绿光最为敏感，视杆细胞对波长在506纳米附近的蓝绿光最为敏感，内在光敏感视网膜神经节细胞则主要感受波长为460纳米左右的蓝紫光。

盲人的节律

在威尔斯（Herbert George Wells）的奇异小说《盲人国》里，描述了一个与世隔绝的国度，在这个国度里所有人都是盲人，他们看不到光线，只能通过温度的变化来辨别白天和夜晚。温度降低了就工作，温度升高了就睡觉。那么盲人真的是通过温度来感受昼夜变化和调节生物节律的吗？

在现实中，有些盲人的节律是正常的，虽然他们无法产生视觉，但是他们仍然过着24小时的作息生活。而另一些盲人，不仅无法产生视觉，他们的节律也无法维持在正常的24小时，而是接近25小时。

1977年，美国《科学》杂志发表了一篇论文，报道了一位28岁研究生的节律。这位研究生由于患有晶状体后纤维增生症，一出生就是盲人。他在去医院就诊前几年开始觉察到自己的作息有问题，无法适应24小时的社会生活。每过两到三个星期，他就会出现夜晚失眠而白天困倦的症状，学业和生活都受到很大影响，这样下去会与多数人的24小时规律的社会生活脱轨。为此，他经常使用安眠药和兴奋剂，但是并没有见到什么疗效。威尔斯在《盲人国》里说，盲人靠温度变化来感知昼夜，但是这位盲人研究生生活在温度昼夜变化的环境里，却并不能保持正常的节律。

温度对人生物节律的影响很有限。有研究发现，把从脑中切下来的视交叉上核（生物钟的起搏器）放在培养皿里培养，视交叉上核受温度变化的影响很小。由于视交叉上核对全身各组织的生物钟起统领作用，因此整个人体虽然可以感受到环境的温度变化，节律却不会受到明显影响。当然，温度的昼夜变化可能会影响一些非哺乳类生物的节律，可以让节律与环境保持同步。需要提醒的是，在这里温度影响的是节律的相位，而非周期，因此与前面提到的生物节律周期的温度补偿并不矛盾。

褪黑素是由松果体分泌的一种激素，具有促进睡眠的功能。对人类而言，褪黑素主要在夜晚分泌，而夜晚的光照会抑制褪黑素的分泌。盲人没有视觉，但是不同的盲人的节律可能是不一样的，有些人可以保持24小时的周期，与周围环境同步，有些盲人则做不到。进一步的研究发现，对于可以保持正常24小时周期的盲人，如果在夜晚给他们光照，然后检测他们血清里的褪黑素含量，就会发现有明显的降低。但是，对那些周期接近25小时或没有明显节律的盲人来说，夜晚的光照对他们血清里褪黑素的水平没有明显影响。这些结果意味着，对于那些可以保持24小时周期的盲人来说，他们虽然看不见事物，却可以感受到光！他们视网膜上的视锥细胞、视杆细胞丧失了功能或者视神经出了问题，但内在光敏感视网膜神经节细胞仍然可以感受到光并将信号传递至视交叉上核，调节生物节律。

反过来，如果视网膜上的视锥细胞视杆细胞功能完好，但内在光敏感视网膜神经节细胞或者从内在光敏感视网膜神经节细胞传至视交叉上核的神经出了问题，或者视交叉上核功能异常，都会导致这些人虽然视觉正常，可以看见缤纷的世界，却不能感受到对生物钟有影响的光线。在这种情况下，他们的节律也会出现异常。有一个名叫约翰（John）的美国大学生，尽管生活在昼夜交替的24小时环境里，并且周围的人也都是按照24小时的周期在生活，但是他始终无法适应24小时的周期。他努力尝试，却仍然表现出接近25小时的作息周期。他的女朋友玛丽（Mary）曾努力调整自己的生物钟，希望自己的起居、作息时间能够与他同步，但悲催的是，她发现自己根本做不到。无论如何努力，两人的节律还是难以同步。

约翰的周期无法与24小时环境周期保持一致，说明他的光感受器即视网膜上的内在光敏感视网膜神经节细胞或者其至视交叉上核的神经通路出了问题，因此尽管他视觉正常，但是他的生物钟无法被外界的光线变化所调节。玛丽在24小时的昼夜交替环境里无法与约翰一起保持接近25小时的周期。

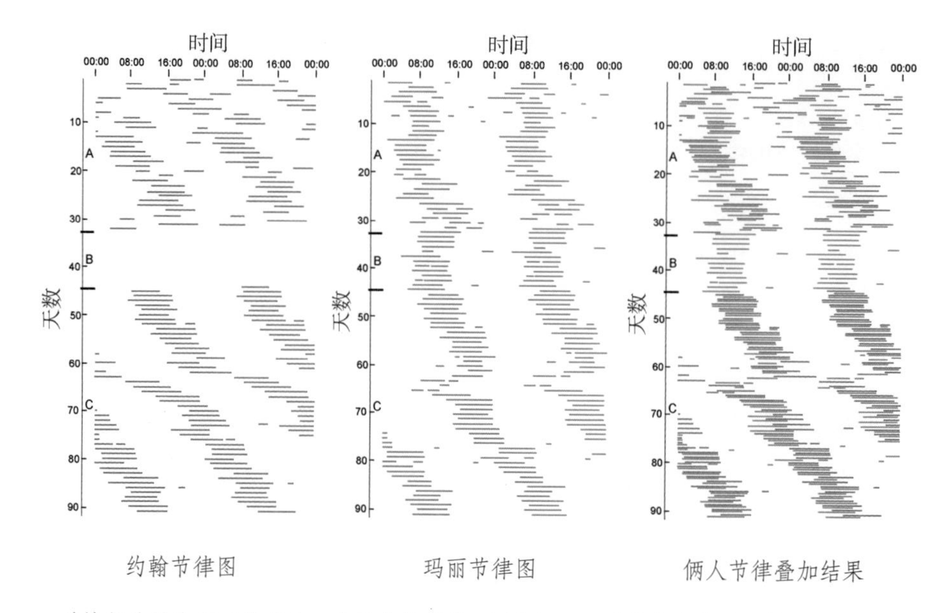

一对情侣约翰和玛丽的节律。约翰节律异常，生活在24小时昼夜交替的环境里，他的睡眠周期仍然是接近25小时。他的女友玛丽试图与他的节律保持一致，但很难做到。约翰有一段时间缺失了数据，这是因为他出差了，这段时间未记录。但是，在这段时间里，玛丽的周期是正常的，接近24小时（据Weber et al，1980绘）

看来，男女在一起，不仅八字要相符，节律也得符合才能更为融洽相处——开个玩笑。生辰八字是封建迷信，但是节律的合拍还是很重要的，先不说这个男生的节律是异常的，在正常人群里，就存在着猫头鹰型和百灵鸟型的人，他们的作息规律在相位上存在明显的差异，百灵鸟型的人早睡早起，而猫头鹰型的人晚睡晚起，这两种不同类型的人想生活在一起，必然需要很大的迁就与包容。

在脊椎动物的脑内，有个结构叫作松果体，前面已经提到松果体可以分泌褪黑素。法国哲学家、物理学家笛卡儿（René Descartes）认为，人的第三只眼是灵魂所在的地方，也就是我们思想产生的地方。迄今，我们还没有在松果体里找到灵魂，但是松果体对于人类来说，它可以分泌褪黑素，调节人体的节律。松果体自身也受生物钟的调节，褪黑素的分泌是有昼夜节律的。

《山海经》里的刑天，五官长在躯干上。有趣且巧合的是，在欧洲传说中有一种布勒米人，长相与刑天类似，没有脑袋，五官也长在胸部

人的膝盖后面的凹陷部位叫腘窝，有人曾经报道说只对腘窝进行光照而让其他部位都隔离光照，会对人的节律产生影响。腘窝部位血管丰富，有人提出假设认为光照可能通过改变血液中的激素而影响节律。尽管听起来很有趣，但是这个实验后来无法得到进一步证实，因此并不可信。人体究竟是否还有眼睛之外的感光器官并能够影响节律？也许有，但是需要有说服力的证据。

与哺乳动物不同，鸟类、爬行类和两栖动物除了眼睛之外，还存在其他感光器官，包括松果体以及其他一些位于脑部深处的光受体等，可以导引节律。以麻雀为例，将麻雀眼球摘除后，麻雀仍然可以维持正常的节律，但是如果将松果体摘除，麻雀的节律就丧失了。在一些鸟类和爬行类动物的松果体里，存在具有感光功能的视蛋白，这些视蛋白的作用也不是产生视觉，而是生物钟的感光器。植物每个细胞都可以合成具有感光能力的蛋白，因此每个细胞都具有感光功能，因此植物的生物钟系统不像动物那样有一个专门的起搏器。

生物钟交响乐队

音乐会就要开始了，指挥和音乐家们已经准备就绪。所有观众和音乐家的目光都投向了乐队指挥，指挥拿着指挥棒的手缓缓举高。突然，指挥棒倏然落下，开始划出不同的弧线，美妙的乐声响起。在演奏过程中，指挥的姿态时而舒缓，时而激昂，乐曲也随之变化，不同声部有序、准确地交替演奏。乐曲临近终点，指挥拿着指挥棒的手向前平缓但有力地推出，然后如雕塑般静立不动。演奏结束了，但是余音绕梁，乐曲似乎仍回荡在大厅和每一位观众的内心。

交响乐团是一个大型的音乐团体，一般由80多位音乐家组成，有的乐队人数甚至多达上百。交响乐队由弦乐组、木管组、铜管组和打击乐组等四个部分组成，包含了多种乐器。在乐队里，指挥的角色非常重要，他们的工作是将自己对音乐的诠释传达给乐团，协调各个声部，调整所有成员的音色、音量、节奏以及现场的回响效果。

生物钟“乐队”的指挥

人以及其他生物的生物钟系统与交响乐队很相似。交响乐队里每一个人都是训练有素的音乐家，自己可以拿起乐器独奏，水平也很高；人体的各组织、器官都有各自的生物钟，自行调节相应的生理功能，例如，心脏的生物钟调节心脏的搏动，肺的生物钟调节呼吸，消化器官和脂肪组织的生物钟调节能量的摄入和代谢，淋巴结的生物钟调节免疫力，肌肉和骨骼生物钟参与调节运动等。乐队没了指挥，演奏就

一支交响乐团在演出

不成曲调；每个细胞、组织和器官里的生物钟，如果缺少“指挥”，各行其是，也无法“演奏”出协调的人体节律。

对于人类来说，眼睛是唯一的感光器官。光线进入眼睛，可以被内在光敏感视网膜神经节细胞感受到，然后信号经过视神经传递至视交叉上核，视交叉上核是人的生物钟的起搏器，也就是人体生物钟的“指挥”。乐队指挥通过指挥棒统领乐队，生物钟的起搏器则通过神经系统或内分泌系统调节周身的生物钟，神经系统和内分泌系统是它的“指挥棒”。

人体的肝脏、胰脏、肌肉和脂肪是几种重要的代谢器官或组织，它们的功能都受到生物钟的调节。胰岛素、胰高血糖素、瘦素等参与代谢调节的重要激素在血清里的含量具有明显的昼夜节律，受这些因素的影响，人的很多代谢过程也具有明显的节律。例如在脂肪组织中，脂肪生成、脂连蛋白合成在白天进行，脂质的分解代

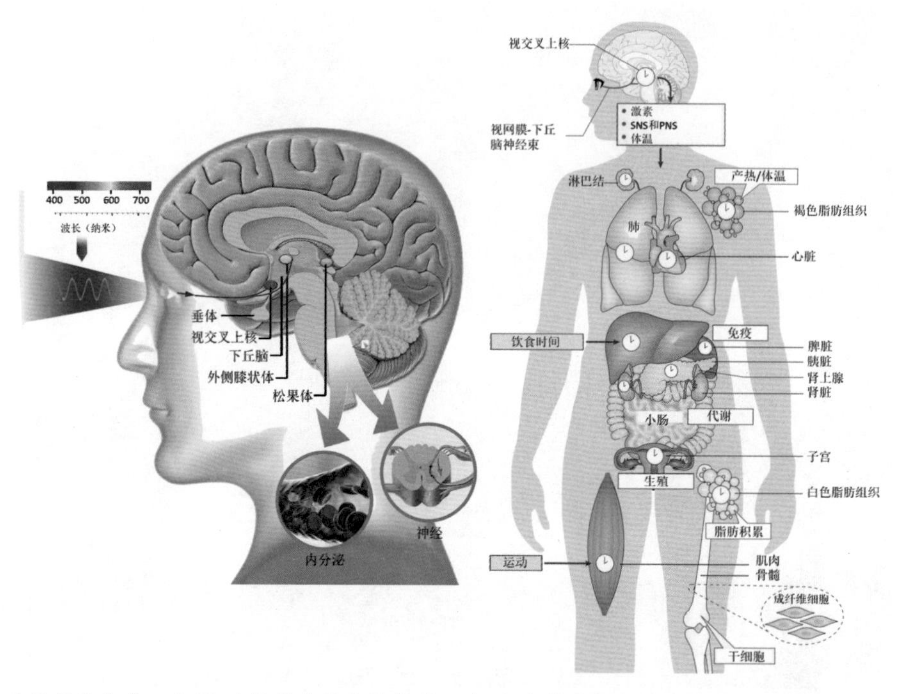

生物钟的构成。左图：生物钟在脑中的传导。右图：身体各组织的生物钟。身体各组织、器官、细胞都有自己的节律，如同一支乐队，但只有经过视交叉上核的指挥，才能产生和谐的节律

谢在晚上进行；在肝脏里，糖原在白天合成，胆酸在白天分泌较多，而胆固醇合成在白天下降，夜间肝脏的糖异生过程占上风，同时糖原分解，线粒体开始生成；在肌肉里，白天主要进行糖酵解代谢，夜晚主要进行氧化代谢。人体的代谢过程受到生物钟的动态、有序调控，如果我们因为倒时差或者其他原因导致节律紊乱，我们机体代谢的节律也会受到干扰。

值得注意的是，在肝脏和肌肉等负责代谢的组织或细胞里，一些代谢过程是反向的。我们在用餐后，淀粉经过消化，会分解为葡萄糖，这些葡萄糖分子一下子用不完，会一个个相连，聚合成糖原储存起来，饥饿时糖原可以通过水解释放能量，为细胞里的生化反应提供能量，因此糖原的合成与分解是两个相反的过程。这样截然相反的过程，如果在细胞里的同一位置同时发生，就会导致能量的浪费和做无用功。这就如同想要把游泳池灌满却在进水的同时又放水。也就是说，生物钟在时

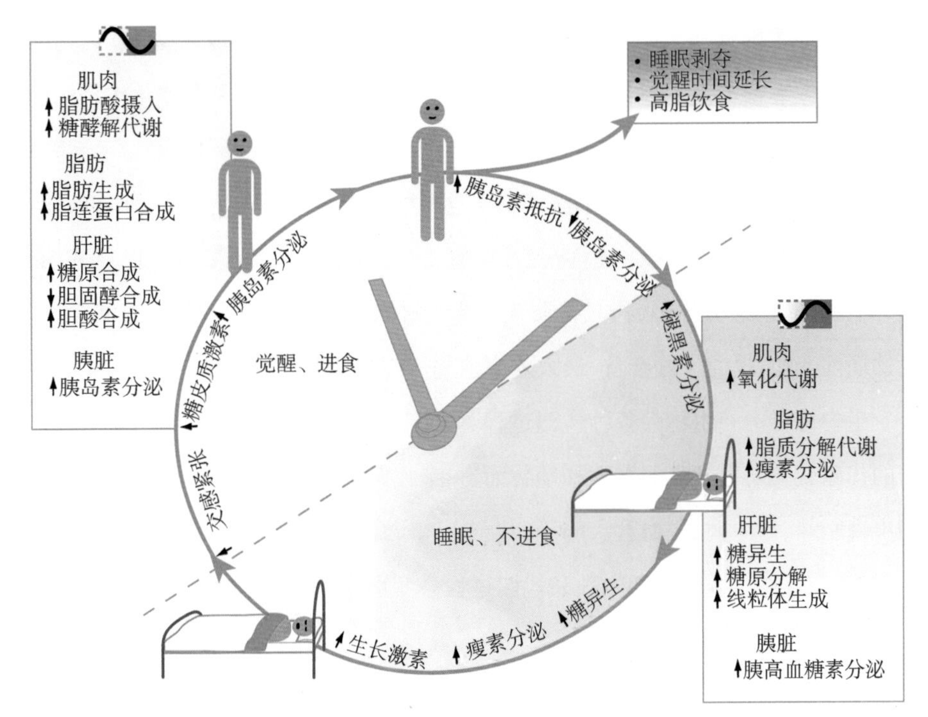

一天中人体代谢的变化情况。生物钟对不同的代谢途径有协调作用，可以调节白天/黑夜期间的代谢过程，并将同化过程和异化过程在时间上阻隔开来，以提高能量的转换及利用效率。箭头指向上表示代谢过程升高，箭头指向下表示代谢过程降低（引自Bass and Takahashi，2010）

间上把同一空间位置发生的两个相反过程隔离开来，保证了代谢的高效进行。

在划龙舟的时候，所有人要劲往一处使，还有一个人站在船头，按一定节奏擂鼓。鼓声可以给所有人整齐的节奏感，使得大家动作一致，同步化。漫画家邝飚有一幅划龙舟的漫画作品，画面上很多人在奋力划龙舟。但是可笑的是，这些人有的往前划，有的往后划，不是同舟共济，而是互相掣肘。生物钟乐队如果没有了指挥，也会如此。如果身体各器官之间的节律没有协调同步，那么在我们应当吃饭的时候消化系统的生物钟没有准备好，在我们应当工作的时候心血管系统没有准备好，就乱套了。

光合作用是植物的一种重要代谢过程。光合作用在白天进行，具有明显的昼夜节律。为了能够在太阳出来后尽快开始光合作用，植物早在天亮之前就已经开始悄悄地做准备工作了。光合作用在叶绿体里进行，需要一些具有催化作用的酶，编码这些酶的基因要先转录成mRNA，再翻译成蛋白质，然后蛋白质经过一系列的加工，才能成为具有生物活性的酶。如果这些酶在天亮后才开始合成，那就耽误工夫了，白白浪费阳光。因此，植物在天亮前几个小时，这些酶的基因就已经开始表达，到天亮时已经万事俱备，只待阳光。生物钟赋予植物预测的能力，能够预测环境的周期变化，提前作好准备，最大效率地利用阳光，吸收和积累能量。

生物钟对不同生物的各种代谢过程具有广泛的影响，如果生物钟出现问题，生物的代谢就会发生紊乱。对人和动物而言，节律紊乱通常会导致代谢方面的问题，如出现肥胖、糖尿病、心血管疾病等，甚至影响寿命。对植物来说，如果生物节律受到干扰，光合作用等重要的生理和代谢过程会变得混乱，对植物的生长发育带来不利影响。

和谐的乐章

同样的乐队，换不同的人来指挥会有不同的效果，即使是同一作品、同一乐谱，不同指挥因对乐谱的解释和音乐观的不同，演奏出的音乐也会有明显的不同。如果把生物钟的起博器给换了，生物钟的节律会不会受到影响呢？我们在前一篇文章里介绍过，把周期不同的蟑螂的起搏器——视神经节——进行互换，结果受体的周期改变了，变得与供体的周期相近。与此类似，有人把长周期小鼠的视交叉上核切出来，移植到剔除了视交叉上核的小鼠的脑中，后者也出现了长周期；把短周期小鼠的视交叉上核切出来，移植到剔除了视交叉上核的小鼠的脑中，后者也出现了短周期。

其实，乐队并不一定非要有指挥。闻名全球的美国奥菲斯室内乐团不设指挥，照样可以完美地演奏出海顿（Franz Joseph Haydn）和莫扎特（Wolfgang Amadeus Mozart）等音乐家的高难度乐曲。但是生物钟的情况与此不同。对于生物钟交响乐队来说，起搏器的作用更为重要，不可或缺。少了起搏器，尽管每个器官细胞还有各自的节律，但整个生命体的节律就会变得杂乱无章，影响健康甚至生存。

在一个乐队里，指挥的作用很重要，但每个部分的作用也很重要。如果把弦乐器组或打击乐器组去掉，那么交响乐听起来就会大打折扣，对生物体交响乐队来说也是如此。有人曾把小鼠肝脏里的生物钟破坏掉，这些小鼠其他器官里的生物钟仍然是正常的。结果显示，这些小鼠的血糖浓度明显降低，甚至难以满足脑部供能的需要。因此，视交叉上核和身体其他各组织的生物钟共同存在，才能演奏出完整而和谐的生命乐曲。

美国指挥家、作曲家伯恩斯坦(Leonard Bernstein)曾经说过："指挥家也是雕塑家，只不过他的材料不是大理石，而是时间。"这个比喻很有意思，用于形容生物钟的交响乐队也很贴切。

基因驱动节律

地球自46亿年前诞生伊始，就开始了有规律的自转，并因自转而形成昼夜。为了适应地球自转而造成的昼夜变化，很多生物都进化出了生物钟系统。我们人体各种生理活动都是受到基因控制的，那么生物钟是否也是如此呢？既然生理和行为的节律具有明显的周期性，那么基因的表达是否也具有周期性呢？

试管里的生物钟

蓝细菌也称蓝藻，是一种可以进行光合作用的细菌。蓝藻非常小，要在显微镜下才可以看得见单个的蓝藻，但是在地球上，它的历史却古老得超乎我们的想象。智人在地球上出现的历史大约有20万年，并且从非洲出发，分布到了世界各地。这在我们看来已经非常久远了，但是和蓝藻的历史相比则是小巫见大巫了——根据澳大利亚的化石记录，蓝藻大约在35亿年前就已经出现在地球上。

单个的蓝藻要在显微镜下才可以看见，但是如果大量蓝藻聚集在一起，那么肉眼就可以看见了。大量蓝藻聚集，会形成大片绿色的水华，导致整个湖泊、河流的水体恶化。2007年，太湖曾遭遇污染，从卫星上也可以看见原本清澈的太湖水变成一片令人触目惊心的绿色，所幸经过连续多年的治理，太湖污染已经大为改观。

蓝藻也具有生物钟，可以调节细胞里生理水平（如光合作用）和分子水平的昼夜节律。最早的时候，1988年，两位台湾学者发现蓝藻的固氮作用具有明显的昼夜节律特征。

蓝藻生物钟的核心蛋白分子包括三个蛋白：KaiA、KaiB和KaiC。Kai读作“开”

葛饰北斋的浮世绘画作《尾州不见二原》。画面里的人在箍桶，如同在制造一个时间循环

(kāi)，是日本文字“回”，表示“循环”(cycle)的意思。《康熙字典》里对“回”的解释其中一条是回转的意思，并举例“天周地外，阴阳五行，回转其中也”，这个意思与“循环”较为接近。用Kai给蓝藻生物钟蛋白命名的人是日本名古屋大学的近藤孝男(Takao Kondo)教授，他在蓝藻生物钟研究领域作出了卓越贡献。

KaiA、KaiB和KaiC三个蛋白在蓝藻细胞里，能够互相调节，其中KaiC最为变化多端，它能把自己磷酸化，也能把自己去磷酸化。所谓磷酸化，就是在蛋白的特定氨基酸加上磷酸基团，而去磷酸化就是把磷酸基团从氨基酸上去掉。KaiC蛋白上有两个氨基酸可以被磷酸化，所以KaiC存在三种不同的磷酸化形式，即某一个氨基酸被磷酸化或者两个氨基酸同时被磷酸化。无论是哪种磷酸化，由于添加了磷酸基团，都会使得蛋白的相对分子质量变大。如果通过电泳按相对分子质量大小对KaiC进行分离，那么其中没有被磷酸化或者被去磷酸化的KaiC在电泳中就会跑得快，而带有磷酸基团的KaiC跑得慢。

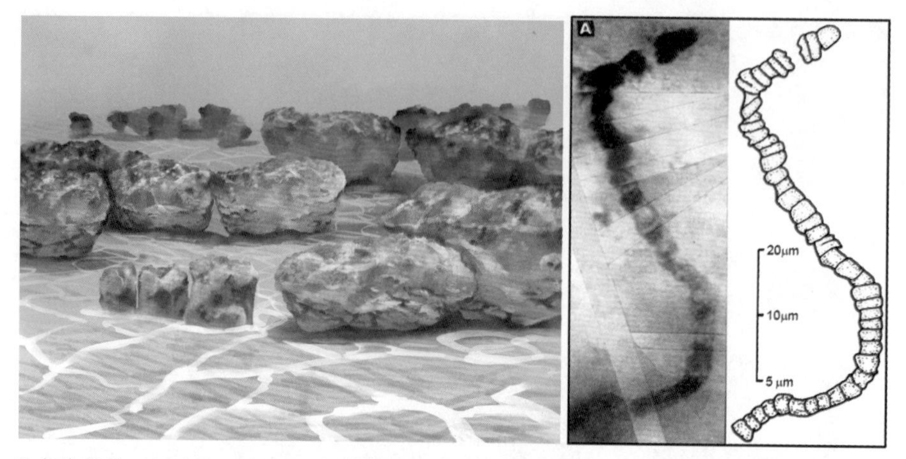

现代的层叠石(左)和35亿—30亿年前的蓝藻化石(右)(右图引自Schopf,1993)

在三个蛋白里,KaiA可以促进KaiC的磷酸化,而KaiB可以削弱KaiA对KaiC磷酸化的促进作用,也就是相当于KaiB可以抑制KaiC的磷酸化。KaiC磷酸化被抑制后,就开始去磷酸化,丢掉磷酸基团。这样,通过KaiA和KaiB的有序调节,KaiC的磷酸化呈现出周期性的变化规律,并且这一周期接近24小时。

2005年,近藤教授的课题组成功进行了一个非常有趣的实验:把KaiA、KaiB和KaiC蛋白按比例混合,再加入ATP,让它们在试管里进行化学反应。ATP可以提供化学反应所需的能量,同时可以为磷酸化提供磷酸基团。实验结果发现,在试管里这三个蛋白仍然可以相互作用,有序地发生KaiC的磷酸化、去磷酸化反应,使得KaiC的磷酸化表现出周期接近24小时的节律。

需要指出的是:这个反应体系不是在蓝藻细胞里进行的,而是三种蛋白在脱离蓝藻的离体环境下进行的。也就是说,他们在试管里建立了蓝藻的生物钟系统,并且可以运转。

前文提到在人类制造的钟表里存在擒纵器结构,其作用是维持振荡和节律的稳定。在蓝藻中,近藤发现生物钟蛋白也具有类似钟表擒纵机构的机制,使得蛋白分子的催化反应维持稳定的周期——大自然的神奇力量不仅体现在造就大好河山的鬼斧神工上,也体现在微观的分子世界里。

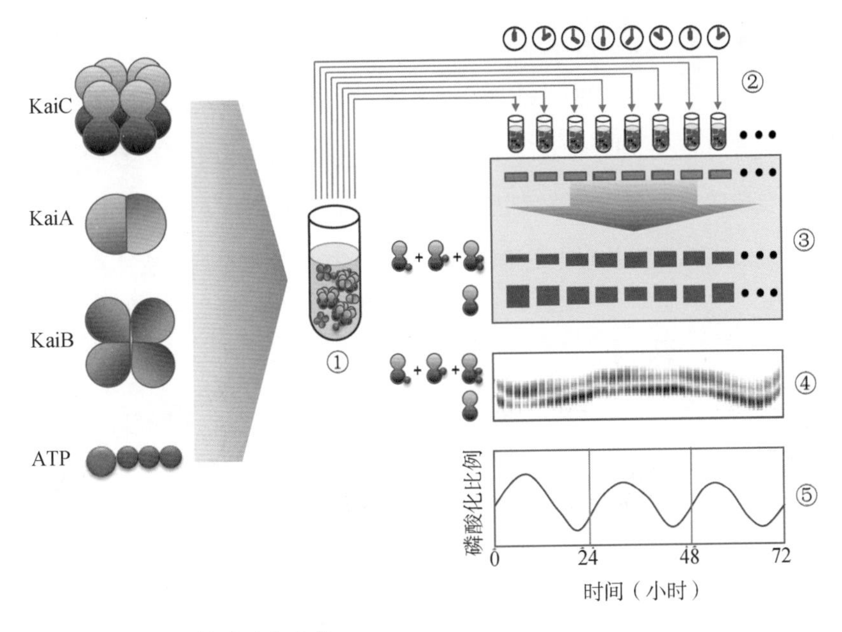

蓝藻生物钟蛋白KaiC的磷酸化节律。
①,把蓝藻的三个生物钟蛋白KaiA、KaiB、KaiC和ATP在试管里按比例混合。KaiC是六聚体,每个哑铃形是1个KaiC蛋白,6个KaiC形成六聚体。KaiA是二聚体,KaiB是四聚体。
②,每隔一段时间(例如图中的2小时),从混合的总管中取出一小部分。从总管中每次取出的所有样品的体积相同。后面的三个黑点是省略号,表示还可以收集更多的样品。
③,把收集的样品电泳,将样品里的蛋白按照相对分子质量大小进行分离。KaiC蛋白上两个不同位置可以被加上磷酸基团,所以相对分子质量会加大,电泳时移动速度会变慢,而没有被磷酸化的KaiC蛋白由于相对分子质量小,电泳时移动速度较快。后面的三个黑点是省略号,表示还可以通过电游检测更多的样品。
④,电泳是在像果冻那样的凝胶里进行的,蛋白按照相对分子质量分离后,肉眼仍然是看不见的,通过标记和显色的方法可以让它们现出原形。图中有上下两条黑色的条带,上面那条表示的是带有1个或2个磷酸基团的KaiC蛋白;下面那条带表示没有被磷酸化的KaiC蛋白。其结果是每2小时收集一次样品,共收集了36个样品,也就是说实验总共持续了72小时。从图中可以看出无论是带有磷酸基团还是没有磷酸基团的KaiC都在节律性地变化,但是它们的趋势相反,当带有磷酸化基团的KaiC增加,没有磷酸基团的KaiC就会减少,反之亦然。
⑤,根据④里带有磷酸化基团KaiC的黑色条带信号强弱绘制出曲线,显示其节律性的变化特征

惊鹿与生物钟

在日本一些庭院的水池边,有时会看到一种名为惊鹿的装置,由几根竹筒制作而成。惊鹿的工作原理很简单,利用储水室里水的重量变化驱动竹筒上升或下降。当惊鹿顶端储水室的水被倒空后,带有重物的底端便会下沉并撞击石头,发出声响,用以惊走闯入庭院的野生走兽或飞禽等不速之客,这也是这种装置名字的由来。

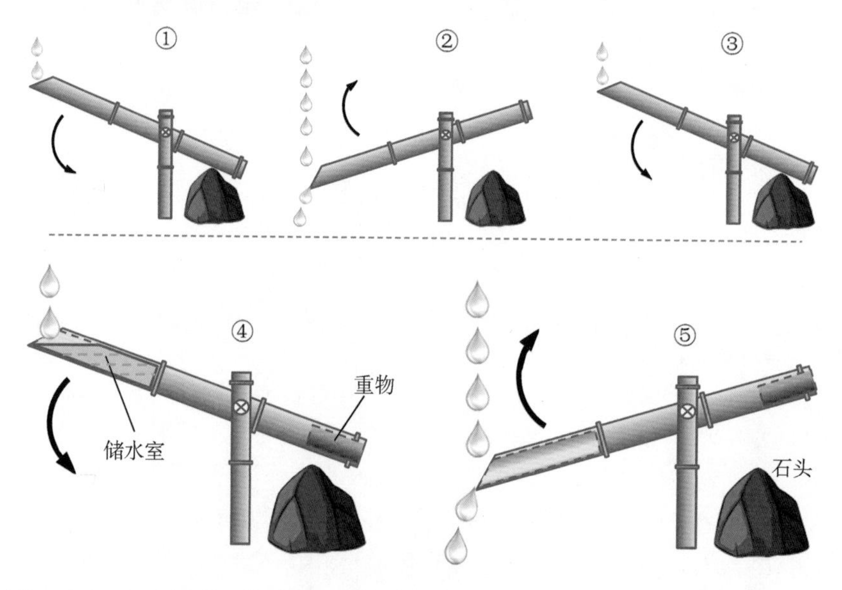

惊鹿的工作原理。图中①、②、③是惊鹿工作方式的示意图,④、⑤显示了惊鹿的剖面图及其工作原理。惊鹿的长竹筒底部有重物,在顶端的储水室没有水的时候,底端较重,顶端就会翘起。流水灌入翘起的顶端储水室,当水灌满后,顶端的重量大于底端时,顶端就会下降,并倒出储水室里的水。当水倒空后,顶端又边轻了,由于底端重量大,顶端又会翘起,如此循环

除了惊鹿以外,还有我们熟悉的一些玩具也都具有循环往复的特征。例如,饮水鸟也可以利用液体冷却和蒸发的原理,实现低头饮水和抬头的交替动作;我们小时候荡过的秋千,利用动能和势能的转换实现来回往复的摇荡。维持惊鹿和饮水鸟的循环,都要消耗能量。对荡秋千来说,由于存在空气阻力,要维持它的振荡,同样也要补充能量——每过一会我们就得再给秋千一些推力。

生物钟也是如此，要维持一轮一轮的振荡，同样需要输入能量。在离体的蓝藻生物钟里，添加ATP的目的是提供能量来源，对于其他生物的生物钟系统，也需要分子水平的能量供给。

蓝藻是一种细菌，它的生物钟调节过程比较简单，在试管里就可以搞定，而比细菌高等的植物、动物和真菌的生物钟都无法在试管里实现循环。但是，蓝藻和动植物以及真菌的生物钟在调节方式上具有很大的相似性。

不同生物的生物钟调节方式高度相似，因此了解一种生物钟的调节机制，有助于了解其他生物的生物钟。生物钟基因的编码产物是负调节元件，生物钟基因前面有一个启动子，启动子如同一个开关，如果开启，基因就会转录生成RNA，这些RNA进一步翻译成蛋白，也就是负调节元件。在一天的傍晚时分，生物钟的正调节元件结合到生物钟基因的启动子上，与RNA聚合酶一起开启生物钟基因的转录，转录出的RNA结合到核糖体上，核糖体是专门翻译蛋白的机器，翻译出的蛋白就是负调节元件。到午夜时段，转录出的RNA越来越多，翻译出的负调节元件也越来越多。到早晨时，翻译出来的负调节元件进入细胞核，结合到正调节元件上，抑制正调节元件的作用，正调节元件从启动子上脱离下来，于是生物钟基因的转录和翻译都被关闭。

同时，从早上开始，生物钟基因转录的RNA及翻译出的蛋白逐渐降解、减少。到傍晚时，负调节元件没有了，正调节元件所受的束缚解除，又结合到启动子上，开始启动转录和翻译，如此不断循环。这样循环的一个周期大约为24小时，在基因水平上控制生理活动和行为的周期。

在上述生物钟调节过程中，正调节元件负责开启生物钟基因的转录，负调节元件负责抑制正调节元件的作用，这也是分别称它们为正调节元件和负调节元件的原因。这种调节方式称为负反馈调节。再来看惊鹿的工作原理，水流注入竹筒，相当于正调节；当水灌满储水室，重力让竹筒倒下来将水排空，相当于负调节。正是由于正调节元件和负调节元件的协同作用，惊鹿才能够不停地起、落，循环往复。

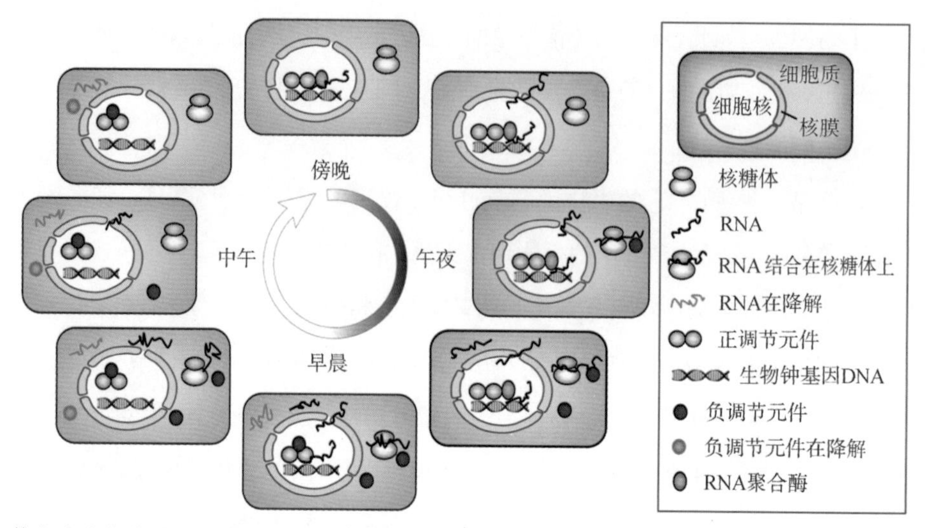

简化的生物钟基因调节模式图(据Roenneberg and Merrow,2005绘)

蓝藻的生物钟蛋白是KaiA、KaiB和KaiC,但其他生物并非如此。植物、动物和微生物的生物钟基因各不相同,但都是通过这样的负反馈系统来工作的,因此具有高度的相似性。

世界上会飞的动物很多,共同的特征是它们都有翅膀,例如蝙蝠的翅膀、鸟的翅膀、蜻蜓的翅膀等,不同动物翅膀的来源和结构并不相同,但是它们的功能是相同的,都是负责飞翔。在进化上,这种来源不同但功能相近的进化称为趋同进化。生物钟的基因尽管在不同生物里是不同的,但是调节方式相近,所以也是趋同进化。

负反馈系统的重要性不言而喻。假设我们吹一个气球,如果缺少负反馈系统,一直吹下去,必然会破裂。小到生物钟,大到社会和国家,都需要负反馈系统进行监督和调控,才能保持系统的稳态,实现良性循环。

这里介绍的调节机制可以实现生物钟基因的周期性表达,它们的RNA、蛋白质在一天里不同的时间分别达到高峰和低谷。这些基因表达的周期性也会影响其他基因的表达,使很多下游基因的表达也出现节律特征。在哺乳动物的基因组内总共有大约2万个编码蛋白的基因,其中大约40%基因的表达受到生物钟的调节。生物钟通过这些基因进一步调节生物各种生理和行为,使之产生节律性,以适应环境的昼夜变化。

需要说明的是，这里所介绍的蓝藻和哺乳动物生物钟的调节过程都是非常简化的模型，实际的调节过程要复杂很多。

飞速发展的生物钟研究

从1729年迪马伦发现含羞草叶片的自发运动节律开始，人类就在探索生物钟奥秘的道路上不断前行。1935年，德国科学家宾宁(Erwin Bünning，1906—1990)发现菜豆的一些节律表型可以遗传，他将周期一长一短的两种菜豆进行杂交，发现子代的周期介于第一代两种菜豆周期之间，说明生物节律特征是可以遗传的，也就是说生物钟是受基因控制的。到了20世纪60年代，科学家筛选出了节律特征变异的衣藻、仓鼠、果蝇、一种叫粗糙链孢霉的真菌等生物，为生物钟是由基因决定提供了关键的证据。例如有人通过诱导基因突变，让果蝇的节律发生了改变，有的果蝇周期变长了，有的果蝇周期变短了，还有的果蝇丧失了节律。其中周期变短果蝇在持续黑暗条件下的周期只有19小时，当时有媒体戏称这是来自火星的果蝇。后来，人们陆续从果蝇、真菌、鼠等生物里克隆出与生物钟有关的基因，为生物钟的存在提供了分子水平的直接证据。

2017年，诺贝尔生理学或医学奖颁发给了霍尔(Jeffery C. Hall)、罗斯巴殊(Michael Rosbash)以及杨(Michael W. Young)等三位美国科学家，他们因为首先在果

2017年诺贝尔生理学或医学奖获得者霍尔(左)、罗斯巴殊(中)以及杨(右)

蝇里克隆出生物钟基因而获此殊荣。随着不同物种的生物钟基因陆续被克隆出来,人们对生物钟的调节通路和基因网络也揭示得越来越清晰。基因能够驱动节律,而生物钟基因又可以进一步驱动很多下游基因的表达,使得生物的生理和行为产生周期性节律以适应环境。另一方面,环境的变化也会影响节律。基因与环境之间的相互作用,都会对生物钟起到调节作用,并影响着生物的生理和行为。今后,对于生物钟与代谢、生物钟对环境的适应、生物钟与睡眠、生物钟与神经系统的相互调控等重要问题的理解也会越来越深入。

第三篇

生物钟让我们适应环境

一朵玫瑰并非是固定不变的。也就是说,在中午和夜晚的时候,玫瑰花里的化学成分其实是有很大的差异的。

——皮登卓伊

第四维度的适应

说到生物的适应与进化，我们脑海里通常出现的是沙漠的干燥与荒芜、高山的湿润与寒冷、极地的冰川与严寒、海洋的深蓝与波涛，随之而来我们会想到能够与这些环境相对应的一些动植物：坚韧耐旱的骆驼、高山植物针叶林、浑身披着厚密白毛的北极熊和自由游弋的鲨鱼，这些动植物都能极好地适应各自所在的环境。

在想到这些环境时，我们通常想到的都是空间特征，而往往忽略了这些环境的时间特性——无论是沙漠还是高山，在这些地方白天有光照、温度较高，夜晚则没有光照、温度也会降低。动植物不仅要适应沙漠的荒芜与高山的寒冷，还要适应这些环境的昼夜变化，否则也是无法生存的。因此，谈及适应性，除了要考虑环境空间的三维特性，也需要考虑时间这个第四维度。

节律与环境的谐振

蓝藻生物钟基因如果发生突变，会导致周期改变。有的突变造成周期变长，有的突变造成周期变短。周期长短对蓝藻的生存竞争力有什么影响呢？为了回答这一问题，美国范德堡大学的卡尔·约翰逊（Carl H. Johnson）教授将长周期（28小时）和短周期（22小时）的蓝藻等比例混合，培养在不同的条件下，分别为11小时光照：11小时黑暗以及14小时光照：14小时黑暗两种条件。我们正常的昼夜环境周期是24小时，如果环境变成11小时光照：11小时黑暗，相当于每天缩短成了22小时；如果环境变成14小时光照：14小时黑暗，则相当于每天延长成了28小时。在11小时光照:11小时黑暗的条件下培养两种菌的混合液,一个月以后,混合液里的短周期蓝藻数量大大增加,而长周期的蓝藻消失殆尽。混合液在14小时光照:14小时黑暗条件下培养一个月后,结果与前面相反,长周期的蓝藻繁荣昌盛,短周期的蓝藻则一片凋零。

有人把番茄幼苗分为三组,在不同的条件下培养。这三组的差别在于光照/黑暗循环条件的不同,第一组是6小时光照:6小时黑暗的循环,也就是相当于每天不再是24小时,而变成了12小时。第二组是24小时光照:24小时黑暗的循环,相当于每天变成了48小时。第三组则是12小时光照:12小时黑暗的循环,这个周期是24小时,是我们所处的正常环境周期。在这三组实验里,只有第三组的番茄幼苗苗

在不同光照、黑暗周期条件下生长的番茄。左边的四盆番茄生长在光照6小时:黑暗6小时周期的环境;中间四盆番茄生长在光照12小时:黑暗12小时周期的环境;右边四盆番茄生长在光照24小时:黑暗24小时周期的环境里。生长一段时间后,把这三种条件下生长的番茄放在一起,进行比较(引自Highkin and Hanson,1954)

壮成长，另外两组的生长基本停滞了。也有研究人员用杨树树苗做过类似的实验，也取得了类似的结果，即只有在24小时周期的环境里，杨树苗才表现出最佳的生长状况。更多的研究显示，在24小时周期的环境里，植物叶片里的叶绿体数量最多，与之相应的是光合作用效率也最高。生长在非24小时光照条件下的番茄，产量也会显著下降。

通过上述蓝藻和番茄的实验，我们可以看出，生物内在周期与所处环境一致时，能够具有更强的生存优势，如同物理里的谐振。反之，如果生物内在周期与所处环境不一致，则难以生存。

生物钟影响生存

上面介绍的是细菌和植物的情况，那么动物的生物钟是否也与它们适应环境有关呢？时间生物学家德库西（Patricia J. DeCoursey）等人把哈氏羚松鼠的视交叉上核（SCN）切除，放回自然环境里，同时放归自然的还有视交叉上核未被切除的哈氏羚松鼠，作为实验的对照组。视交叉上核是哺乳动物下丘脑前端的一块组织，这块组织对于生物节律非常重要，如果把这个组织切除，那么哺乳动物的生物节律就会紊乱。

在自然环境里，哈氏羚松鼠是很多天敌眼里的美味，像狐狸、土狼、猫头鹰等。正常情况下，哈氏羚松鼠只在白天活动，到了夜晚，就成了睁眼瞎，很容易被擅长在夜间活动的天敌捕食。视交叉上核被切除的哈氏羚松鼠，由于生物钟被破坏了，白天出来活动，晚上也出来活动。结果显示，一个月以后，正常的哈氏羚松鼠大约有25%被天敌捕食，而视交叉上核被切除的哈氏羚松鼠被捕食率高达75%。

在现实生活中，我们都希冀能够在正确的时间碰到正确的人。在自然界，动物不但会遇到正确的人（同类异性动物），也会遇到冤家对头（竞争者、天敌）。如果在正确（对自己有利）的时间碰到天敌，那么动物仍然有逃脱的机会；如果在错误的时间碰到天敌，则是一种厄运，可能成为盘中餐。哈氏羚松鼠是昼行性动物，白天视

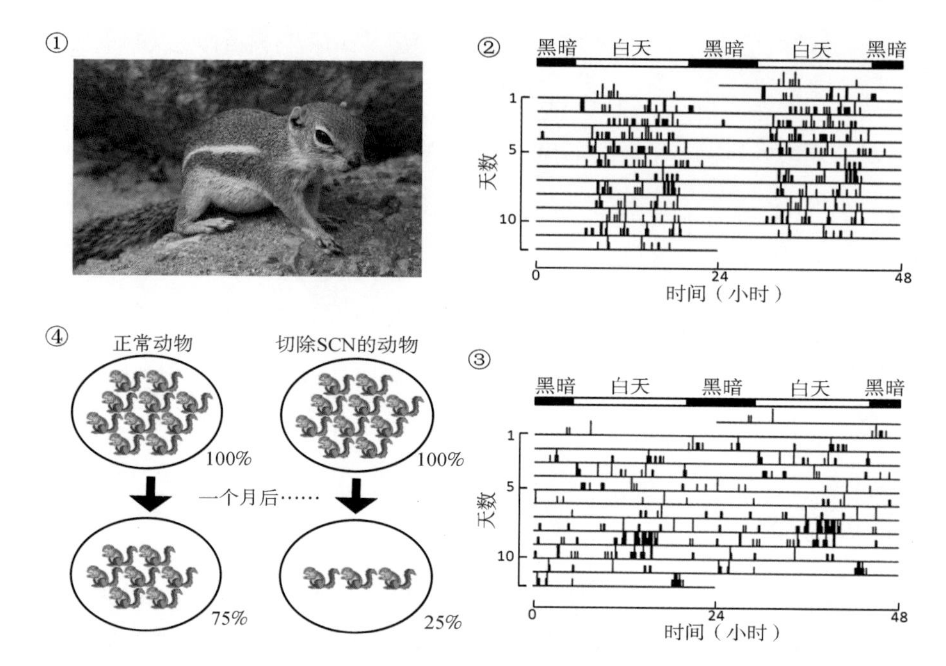

哈氏羚松鼠的生存实验。①，哈氏羚松鼠的图片；②，正常哈氏羚松鼠的活动图；③，切除视交叉上核(SCN)哈氏羚松鼠的活动图；④，正常哈氏羚松鼠和切除SCN哈氏羚松鼠放归野外一个月后，被天敌捕食的情况(活动图引自Decoursey，2014)

力好，体力充沛，即使被天上翱翔的老鹰盯上，仍有逃生的可能。但如果在夜晚出来活动，则如同睁眼瞎，很容易落入狐狸、猫头鹰、蟒蛇等天敌之口。因此，哈氏羚松鼠等昼行性动物夜里干脆找个安全的地方睡大觉去了，夜晚的世界不属于它们。

生物钟是对星球运转的适应

地球的自转造成地球表面环境的昼夜周期变化，白天阳光照射，温度升高，而夜晚一片黑暗，温度降低。此外，我们所处的环境湿度、辐射、气压等因素也会呈现出明显的昼夜差异。既然环境是动态变化的，那么生物也必须适应这种昼夜的动态变化，才能够生存。环境的昼夜变化源自地球的自转，因此，生物钟研究的先驱之一皮登卓伊说过：所有生物钟都是生物对地球自转的适应。

生物发光是自然界的一种神奇现象，除了常见的萤火虫以外，其他一些生物也

白天(左)和夜晚(右)的发光蘑菇

会在夜晚发出荧光。发光生物有自己发光的,也有“借光”的,例如松球鱼和夏威夷短尾乌贼是靠身体里的细菌来发光的。自然界里的一些真菌也会发光,到目前为止,已经发现了70余种会发光的真菌,主要是小菇属、脐菇属和蜜环菌属的真菌。后印象派画家高更在塔希提岛时,曾夜探位于岛屿中心的塔马努高原。他在笔记里写道:“黑夜昏暗,睁眼不见一物。我的头旁边有一团细尘似的磷火,叫我诧异不止。当我想到好心的毛利人早先对我讲述过的这些山鬼故事,不禁笑了起来。后来我知道这团发亮的灰尘是一种小菌类植物,长在湿地的枯木上面。”当然,真菌并非植物,画家可能生物学知识还有所不足。在我国,早在梁代和唐代,就有人记述过发光的真菌。清代徐珂的《清稗类钞》里也记载了发光蘑菇:“蕈面于夜间放绿色之磷光者,皆有毒,不可食。”实际上,蘑菇是否发荧光与是否有毒,并没有直接关联。

马勃也是一种真菌,与常见的蘑菇不同,蘑菇的孢子长在伞盖下面,而马勃是个球形,孢子长在里面。由于马勃看起来是个圆球,所以俗称牛屎菇、马屁泡或药包子。马勃成熟后,失去水分,外观由白色变成深褐色,外壳变薄变脆。我小时候经常拿成熟的马勃玩,只要摔破外壳,里面黑褐色的孢子就会像烟雾一样飞出来,很好玩。当然,我在玩耍的同时也无意中帮马勃传播了孢子。

真菌的孢子就是真菌的后代,孢子飞得越远,真菌就可能传播到更远的地方。在树木稀少的平原或草地上,风力较大,蘑菇可以借助风力传播孢子,可是在茂密的树林里,风都被树木挡住了,蘑菇难以靠风力传播孢子,蘑菇该怎么办呢?

一个研究小组对巴西脐菇属的一种发光蘑菇进行了研究,发现这种蘑菇其实在白天和夜晚都可以发出绿色的荧光,但是由于荧光微弱,所以在白天是看不到的,只能通过仪器测量出来。而在夜晚,这种蘑菇发出的荧光强度要比白天高很多。研究小组猜想,蘑菇的荧光可能是吸引昆虫前来帮助它传播孢子。为了证明这个假设,他们制作了能够发出绿光的LED灯泡,其绿光的波长与光强都与蘑菇发出的荧光非常接近。然后他们将LED灯泡放在树下,通上电,成为一个能够发光的假蘑菇。他们还在灯泡下设下了一个小陷阱,昆虫如果前来就会掉进去。第二天,他们对假蘑菇和真蘑菇吸引来的昆虫种类进行了比较,发现最多的都是双翅目和膜翅目的昆虫。他们通过这一简单而巧妙的实验,证实了这种蘑菇发出绿色荧光的主要作用是吸引昆虫来帮助蘑菇传播孢子。当然,除了发光以外,气味可能也是发光蘑菇吸引昆虫的重要手段。

甲藻等一些藻类也会发出荧光。在夏季海滨的夜晚,如果运气好的话,我们会看见海滩附近的海水发出幽蓝色的光,如果我们伸脚去搅动海水,荧光会更亮。这种蓝光是由甲藻发出的,甲藻的发光受到生物钟的调节,主要在夜间发出荧光。游客看见甲藻发出的神秘蓝光可以一饱眼福,但如果甲藻泛滥,则会带来危害。甲藻泛滥会形成"赤潮",因为甲藻会产生毒素,并导致水中氧含量降低,从而危害其他海洋生物。

在沙滩上钻洞的沙蚕,长得不好看但据说味道鲜美。有人对太平洋中萨摩亚群岛沙蚕的产卵行为进行了长达78年的观察与记录,虽然数据不是很完整,但仍然很有价值。对这些资料分析的结果表明,沙蚕在一年中,只在10月和11月产卵,说明它们的产卵有季节性周期。另一方面,如果把沙蚕在10月和11月产卵的数据进行统计,又会发现沙蚕是集中在每个月的上弦月前后几天产卵的,这又说明沙蚕具有明显的月周期。

海边的生物因栖息地与潮位的关系而存在明显区别。涨潮水位和落潮水位之间的沙滩称为潮间带,生活在潮间带的甲壳类小动物通常同时具有昼夜节律和潮汐节律。生活在低潮水位以下的海水里或者生活在高潮位以上地带的动物则不具有明显的潮汐节律,只有较为明显的昼夜节律。

湿度也具有昼夜变化的特征,一般来说夜晚湿度较高而白天湿度较低。泰戈

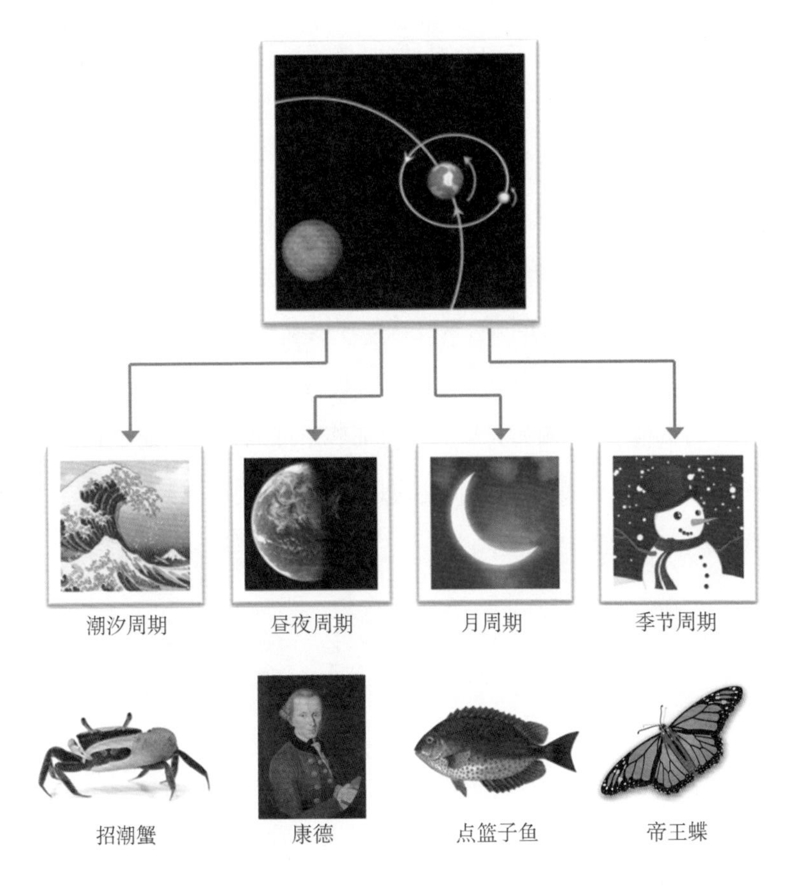

由太阳、地球、月亮运转形成的一些周期，以及具有相应周期的一些生物

尔有一首小诗："黑夜对太阳说：在月光下，你把你的情书送给了我，在草地上，我已带着斑斑泪痕回答你了。"早晨的时候由于气温较低、湿度较大，所以会有露水。

果蝇、蝉等昆虫从蛹长出翅膀的过程称为羽化，一些昆虫的羽化与空气的湿度有关。果蝇的羽化是在清晨露气较重的时候，一方面，湿润的空气有助于果蝇在羽化过程中慢慢展开折叠的翅膀；另一方面，刚刚从蛹里褪出来的果蝇身体外壳还没有硬化，如果暴露在干燥环境下，容易失水死亡，而在清晨空气湿润时可以避免这一问题，这也是对环境昼夜变化的一种适应。果蝇的拉丁文名叫作 *Drosophila*，就是"喜欢露水"的意思。

光照、温度和湿度的昼夜变化，是地球自转引起的。所以，人的体温、发光的真菌、羽化的果蝇以及其他生物生理活动和行为的昼夜周期性变化都是对地球自转的适应。

各种生物在24小时周期的环境里具有最佳的生存竞争力，是它们亿万年来适应地球环境和不断进化的结果，也正因如此，要想改变生物的节律也很难。但是，在地球上还存在一些特殊的环境，这些特殊环境或自然形成，或因人为而成。在这些特殊环境里，人的节律是否可以适应呢？再者，人类一直向往宇宙，并将不断踏上地球以外的其他星球，例如火星。但是那些星球的自转周期并非24小时，那么人类未来在进行太空移民时，该如何适应那里的环境周期呢？

这些问题都值得我们深思。

太阳罗盘

很多动物会在不同的季节进行迁徙。我们人类同样也会迁徙，在北美洲，有一部分人会从寒冷的加拿大或美国北部跑到暖和的佛罗里达去过冬，北方天气回暖时才回去，这些人被称为雪鸟(snow bird)。

近年来，我国北方的一些人也会在冬天时为了躲避寒冷与雾霾，跑到海南等地过冬。从北方跑到南方过冬，这是受自然环境的影响。人类迁徙也会受到社会因素的影响，例如，每到春节，数亿人从工作的城市乘坐各种交通工具去往其他地方，与家人团聚，纵然是“人在囧途”也在所不惜，春节后又浩浩荡荡地分赴工作的地方——这是世界上最大规模、一年一度的人类大迁徙。

帝王蝶的旅程

生活在美洲的黑脉金斑蝶(*Danaus plexippus*)，有人曾以其斑斓的橘黄特色来纪念英国国王威廉三世，所以也被称为帝王蝶。威廉三世也是奥兰治公国的亲王(Principality of Orange)，奥兰治的英文orange，是橘黄色的意思。

帝王蝶每年秋天都要长途跋涉从美国北部迁飞到墨西哥中部山区过冬，第二年春天再向北往回迁飞。乌拉圭诗人加莱亚诺(Eduardo Galeano)有一首诗，题目是《时光的飞翔》，描述了美洲帝王蝶的季节性长途旅行：

秋天到了，数百万只蝴蝶离开北美的冰冷土地，踏上了飞向南方的漫长旅途。

于是，一条长河在天上流动：上下翻飞的翅膀在沿途的高空中洒下了橘黄色的光辉。蝴蝶飞过高山,草原,海岸,城市和沙漠。

它们没比空气重多少。在四千公里的穿行中,一些蝴蝶因疲惫或风雨跌落,但众多坚持下来的蝴蝶最终降落在了墨西哥中部的森林里。

在那儿,它们看见了从未见过的王国,那片曾远远呼唤它们的疆域。

它们为飞翔而生,为了这次飞翔。后来,它们回到了北方的家,也在那里死去。

第二年,秋天到了,数百万只蝴蝶踏上了漫长的旅途……

很多动物在每年的特定季节都会迁徙,其中包括翅膀很长、飞行能力超群的信天翁和身体硕大的哺乳动物鲸等。迁徙数千或上万千米在我们看来应该不算什么

帝王蝶从卵到成虫的发育过程。中间的植物是马利筋,是帝王蝶幼虫的美食(壹鸺绘并授权使用)

大事。可是，帝王蝶虽然名字听起来很强大，身体却很纤小，一阵风雨就可以令它们香消玉陨，因此我们很难想象美丽但孱弱的它们竟然能够长途跋涉4000千米，最多的时候它们一天可以飞160千米。诗人加莱亚诺为帝王蝶迁徙过程中历尽艰险的长途跋涉所震撼，故而写下这首诗。

每年秋季，分布在加拿大和美国交界地区的帝王蝶开始集群并向南飞行，最终到达中美洲墨西哥东部的米却肯州的山区，这里是埃尔罗萨里奥帝王蝶自然保护区，位于墨西哥城西北大约100千米的地方。每年深秋，从北美来的蝴蝶成群结队到达这里，山上彩蝶飞舞，如同绚丽的时光河流。入冬以后，这些蝴蝶密密麻麻、层层叠叠地聚集在树干、枝条上，树木也因之变得色彩斑斓。如果有蝴蝶不幸从树上落下，就会被冰霜冻死。

第二年春天，这些蝴蝶从冬眠中醒来，成群结队地踏上归途，飞向北美。需要指出的是，加莱亚诺的这首诗里也存在错误，诗里说帝王蝶第二年回到了自己的家，这种说法不准确。第一代帝王蝶从秋季出发，迁徙至墨西哥，第二年大批蝴蝶

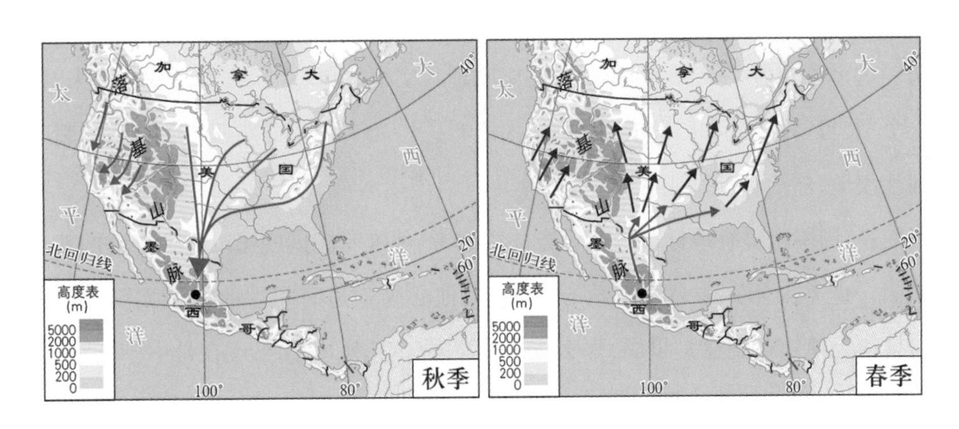

帝王蝶秋季和春季迁徙路线图。红色椭圆区域表示墨西哥东部的米却肯州的山区。由于落基山脉阻隔，美国的帝王蝶可以按地域大致分为两大群，一群分布于落基山以西，另一群分布于落基山以东。落基山以西的帝王蝶迁徙路线较短，文中讲述的是指分布于落基山以东的帝王蝶。红色箭头表示第一代蝴蝶的迁徙路线，黑色箭头表示第二代或第三、第四代蝴蝶的迁徙路线（据Zhan et al，2011绘）

幸存者向北飞行，它们会在途中死去，它们的后代继续向北飞行，第三代甚至第四代蝴蝶会在春末回到美国和加拿大交界的北方。至于这些未曾去过墨西哥的蝴蝶是如何教会后代迁徙的，是一个非常有趣而又值得思考和研究的问题。

时间补偿的太阳罗盘

弱小的蝴蝶经历千难万险、长途跋涉的顽强精神令我们非常钦佩，此外，它们有一项本领也令我们由衷赞叹，那就是这些蝴蝶在秋季的迁徙过程中能够识别和保持正确的方向，始终向南飞翔，而在第二年春天又保持向北飞的方向。迷路对于它们来说意味着要消耗更多能量，飞错地方，意味着死亡。随着对全球定位系统（GPS）日益依赖，人类中的路痴越来越多。小小的帝王蝶没有GPS，却具备出色的定向能力，这一点令我们为之汗颜。

帝王蝶既没有GPS，也不能像孙悟空那样搞不清状况就随时叫出土地公公来询问，它们究竟是如何确定方向的呢？原来，蝴蝶虽然没有GPS，但它们的体内有胜似GPS的精妙"装置"：它们使用的是随身自带的时间补偿的太阳罗盘，以此来定向。这个东西名字很长，但基本的工作原理其实很简单。顾名思义，从词义来看，这个"装置"肯定既和时间有关，也和太阳有关。如果把一个熟睡的人蒙住眼睛带到沙漠里，然后让他睁眼，告诉他往南走可以走出沙漠，他该怎么办？这个人没有指南针，周围也没有地标可以作为方向的参考，他唯一能借助用以判断方向的就是太阳。但是太阳并非总位于南方的天空，他必须知道时间才能根据太阳确定方向。如果他知道现在是早晨，那么太阳应该位于东南方；如果现在是中午，太阳应该为正南方；如果在下午太阳应该位于西南方。也就是说，要根据太阳来判断方向，必须知道时间，对于蝴蝶也是如此。

假设蝴蝶在早上9点出发，此时太阳在东南方，与正南方向的夹角为30°，那么蝴蝶体内的生物钟会告诉蝴蝶现在是9点，应该朝太阳偏右30°飞行才能保证是南方，而如果正对着太阳飞则不是南方了。在中午时分，蝴蝶的生物钟会告诉蝴蝶现在应该正对着太阳飞才是南方。到了下午3点，太阳与正南方向的夹角为30°，蝴蝶的生物钟会告诉它现在应该朝向太阳的逆时针方向约30°飞，才能保证是飞往南方。

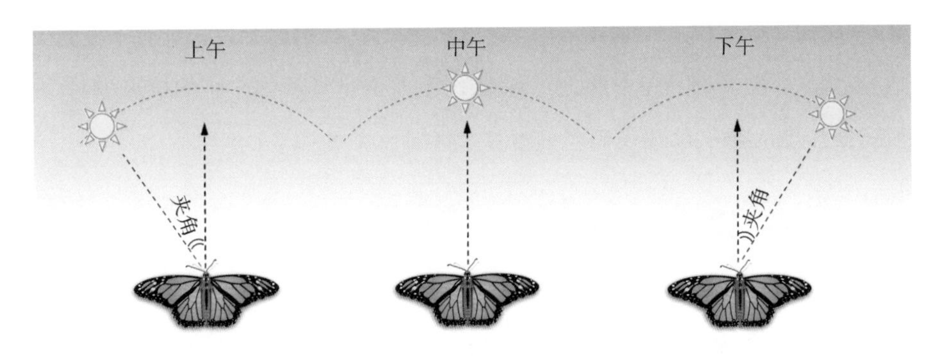

在一天当中不同的时间，帝王蝶根据生物钟和太阳方位来确定方向

这样同时靠生物钟和太阳方位来确定方向的机制称为时间补偿的太阳罗盘。我们驾车出去游玩携带的GPS是花钱买的，而且如果没电就不能用了。与此不同，时间补偿的太阳罗盘是蝴蝶自带的。我们刚才说蝴蝶的生物钟会告诉它时间，这当然是拟人化的形象说法，实际上生物钟存在于蝴蝶体内，由基因控制，赋予蝴蝶通过还不清楚的生化、生理作用途径判断时间和方向的能力。总之，靠着时间补偿的太阳罗盘，蝴蝶在迁徙过程中就不会迷失方向了。帝王蝶的触角对于维持稳定的生物钟很重要，如果把蝴蝶的触角剪掉，或者用颜料把它的触角涂黑，就会干扰蝴蝶的节律，其定向能力也会受到影响甚至丧失。作为对照，用透光的颜料涂布触角的蝴蝶，其定向能力不受影响。

如果帝王蝶缺少了生物钟系统，那么就无法根据时间和太阳的位置来校正飞行方向，就会变成路痴。试想一下，如果蝴蝶只是盲目地朝向太阳飞，它还能保持向南飞行的正确方向吗？如果没有了生物钟系统，早晨太阳在东方，蝴蝶就飞向东方，中午太阳到了南方，蝴蝶再飞向南方，下午太阳转向西方，蝴蝶又朝着西方飞，第二天又是如此——如果是这样，蝴蝶整天都是在兜圈子，而不是径直朝南飞。

《山海经》里有一则"夸父逐日"的传说。相传在黄帝时代,夸父族首领心很大,想要把太阳摘下。于是他开始不停地追着太阳跑,由于被太阳炙烤,他非常口渴,喝干了黄河、渭水之水。结局并不美好,夸父最终在路途中渴死,他的手杖化作桃林,身躯化作夸父山。"夸父逐日"只是一个神话传说,但这个传说确有不尽完美的地方:如果夸父真的只是一味地追着太阳跑,那么他还不如小小的蝴蝶聪明,因为他缺少自己的判断,结果反而会搞不清方向,走很多弯路。

不同动物的罗盘

自然环境千变万化,异常复杂。动物在长途跋涉或飞行过程中需要确定方向,如果是路痴的话就会被大自然无情淘汰。帝王蝶并不是唯一能够使用时间补偿的太阳罗盘的动物,很多鸟类、蜜蜂等昆虫以及生活在海滩边上的沙蚤等低等动物,也都具备根据生物钟和太阳方位进行定向的本领。当然,有些鸟类是依靠地球的地磁场来定位,或者在晴天时采用时间补偿的太阳罗盘、在阴天采用磁场来定向。还有一些鸟类在夜晚还可以根据夜空的星辰来确定方向。

椋鸟是一种社会性鸟类,经常成千上万只聚在一起飞翔,飞行时还不断变换群体的形状,场面蔚为壮观。更为神奇的是,那么多鸟在一起飞,却不会相互撞上。在长途飞行时,椋鸟也能通过太阳罗盘来定向。

有人把几十只椋鸟关在圆形的大仓库里做实验,仓库的墙上有六扇窗户(如下页图)。在第一组实验里,窗户上只有玻璃,阳光可以通过两个窗户直射进入仓库。把椋鸟罩在一个盒子里,放在仓库中央。然后通过遥控装置把盒子打开,放飞掠鸟,并记录它们在仓库里的飞行方向。采用遥控装置操纵盒子,是为了避免人工操作对椋鸟造成惊吓。从图①中表示椋鸟的黑点的分布情况可以看出,所有的椋鸟都朝向背对阳光的大约11点半的方向飞。

在另一组实验里,先对仓库的窗户进行了改造,给每个窗户的内侧安装了镜子,并可以推转,这样就能反射太阳光。在与下图①中实验相同的时间开始第二组

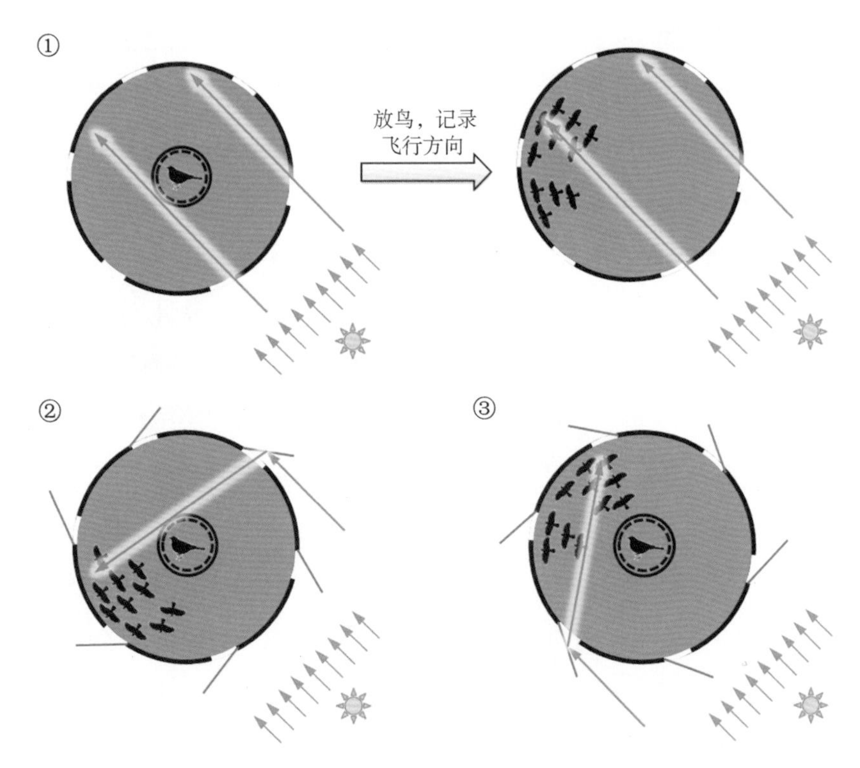

在仓库里做的椋鸟定向实验。箭头表示光照及反射方向。①中的圆形为一个空置的圆形仓库剖面图，墙上有六扇窗户，用蓝色的线条表示，外面的光可以通过窗户照进仓库，箭头表示阳光照射或被镜面反射的方向。实验开始前，把鸟罩住，放在仓库的中间。然后通过遥控将鸟放飞，每次放飞一只鸟，记录所有鸟飞的方向。②中实验方法与①相同，但是对仓库设施进行了改造，在六扇窗户上各装了一面反光镜，当将镜面打开到图中角度时，放飞鸟，并记录飞行方向。③中实验方法同上，但镜子的打开角度与②不同，放飞鸟，记录飞行方向（据 Schmidt-Koening et al，1991 绘）

实验，首先按下图②中显示的顺时针方向打开窗户，所有的阳光都无法直射进入仓库，但是有一束阳光会被镜子反射进入仓库。接下来通过遥控装置放飞椋鸟，这些椋鸟的飞行方向与下图①中明显不同，如果我们对飞行路线进行分析，会发现它们的飞行方向是背对光线大约11点半的方向。显然，这些鸟看不见真正的太阳，而把镜子里反射的阳光作为了判断方向的依据。

在第三组实验里，也是在仓库的窗户内侧安装了镜子，但是这次是如图③所示，按逆时针方向打开镜子。在这种情况下，阳光也无法直射进入仓库，但也有一束阳光通过镜子的反射进入仓库。接下来放飞椋鸟，椋鸟飞行的方向又与前两组实验结果不同。但是，如果我们仔细分析掠鸟的飞行方向与照入仓库光线的夹角，会发现它们的飞行方向也是在背对光线大约11点半左右，说明这些鸟也被镜子欺骗，错把反射的光线作为定向的依据了。这几个实验都说明，椋鸟确实是通过时间依赖的太阳罗盘来确定方向的，同时也说明人工光照可能对椋鸟的定向产生干扰。

蜜蜂是一种社会性昆虫，只要有一只蜜蜂在某个地方发现蜜源，很快就会有大批同伴“蜂拥”而来。早在古希腊时期，亚里士多德就注意到了蜜蜂的这种特性。同时，蜜蜂也具有很强的方向感。将蜂巢放置在一个陌生的地方，并在离蜂巢100米的西北方放一张小桌子，下午时在桌子上放置蜜糖水，便可招引蜜蜂前来饱餐。接着，当天夜晚，将整个蜂巢迁至一个新的地点，周围环境完全不同，并在西北、东北、西南、东南四个方向距离蜂巢180米处都放置小桌子和蜜糖水，在翌日早晨将蜜蜂放出来，早晨太阳的位置与前一天下午太阳的位置不同，而四周的景物也是陌生的。实验结果发现，绝大多数蜜蜂仍会飞向西北方的饲喂点。

在北半球，如果面对南方，则看到的太阳是每天东升西落，走的是顺时针方向。与此相反，在南半球面对南方，太阳每天东升西落但走的是逆时针方向。一些研究者将蜜蜂从北半球带至南半球或者从南半球带至北半球，观察蜜蜂的“太阳罗盘”是否还能发挥正常功能。实验结果显示，在从北美洲带至巴西后，蜜蜂想当然地按照北半球太阳的运动规律来定向，这样的定向当然是错误的。进一步的研究发现，从北美洲带至巴西的蜜蜂的后代，不再按照北半球的太阳运动轨迹来定位，而是按照南半球太阳的运行规律来正确定位。这些实验说明，蜜蜂的太阳罗盘是一种内在的机制，但蜜蜂要想具备正确的定向能力，还要经过学习，将太阳的运动轨迹、速度等和体内的生物钟联系起来。

企鹅也会利用太阳来确定方向。1959年，有人在极昼时将5只成年雄性安德烈企鹅用车从南极威尔克斯站带到1900千米外位于罗斯海湾的麦克默多站，然后把它们放掉。10个月后，已是第二年春天，当威尔克斯站附近德安德烈企鹅开始集结的时候，有3只被“流放”的雄性企鹅沿着海岸线回到了自己的族群。为了避免引起伤感，另外2只的下落读者就不要过问了。

被释放时，企鹅有的站在原地发懵，有的会小憩一会。适应几个小时后，这些背井离乡的企鹅摇摇摆摆地踏上寻找故乡的旅程。当然，企鹅也会胸脯贴地，依靠两只脚推动，在雪地、冰面上迅速滑行。极地的气候多变，在有太阳的晴天，一天24小时太阳都在头顶盘旋，当然中午时分太阳在天空的位置会更高一些。因此，这些企鹅只要背对着太阳走，就肯定是朝北的方向。这些企鹅会一直往北走，但是如果碰到阴霾蔽日、大雪纷飞的坏天气，这些企鹅就会失去方向感，说明企鹅是通过太阳来确定方向的。

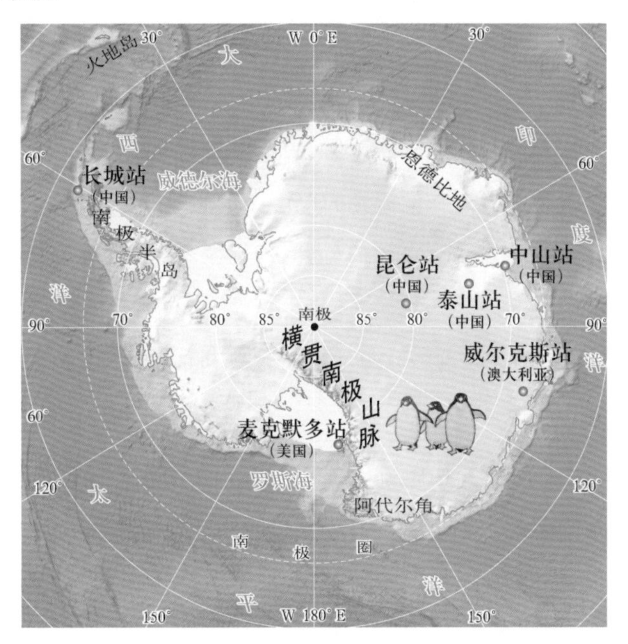

企鹅定向实验。地图上标出了威尔克斯站和麦克默多站，也标出了中国后来在南极建立的几个科学考察站

尽管这些重获自由的企鹅都会向北方前行,但前进的方向并不一定是它们族群的方位,在四面全是一片白茫茫的环境里,它们似乎也无法确定自己的族群在海岸线的什么地方。这些企鹅只管向北走,依靠太阳罗盘一路跋涉到海边,这样就能尽快下海捕鱼捉虾,填饱肚皮。在饱餐之后,它们再顺着海岸线寻寻觅觅,直至找到自己的族群。

阴天如何定向

了解了时间补偿的太阳罗盘的工作原理,我们也可以用这种方法进行定向。在白天的不同时间标出南方的位置与太阳位置的夹角,把数据列成一个详细的表格,然后戴上一块走时准确的手表,我们就可以出发了。即使在一片完全陌生的环境里,我们也可以根据表格和手表指示的时间在任意时刻准确判断方向。

可是,一个重要的前提是,必须是有太阳的晴天,这种方法才管用。如果碰上阴雨天,这个办法就失灵了,我们就不再能够通过表格和手表辨认方向。那么,帝王蝶等依靠生物钟和太阳罗盘来定向的动物在阴雨天是怎么定向的呢?

3D电影有多种类型,其中一种就是利用偏振光的原理来实现。我们可以用看3D电影的偏振光眼镜或者带有偏振光的墨镜做个简单的小实验:把眼镜对着液晶电视屏幕、电脑屏幕或者手机屏幕慢慢旋转,你会发现转到某个角度时屏幕会变得很暗。

太阳等很多发光物体发出的光线具有偏振性,如果能看见偏振光,那么虽然看不到太阳,也可以判断出云层外面太阳的方位。一些动物可以不用戴偏振光眼镜就可以看见偏振光。即使在阴雨天,天空里的偏振光仍然是有方向性的,所以这些动物仍然可以利用偏振光来判断太阳的方位,并由此来确定飞行方向。当然,我们前面提到的企鹅似乎没有这种本领。

玫瑰的24小时

争奇斗艳的花朵是植物的婚房。世界上花草树木种类繁多,它们的花朵也千姿百态,千娇百媚。盛开的花吸引众多的授粉动物,也吸引人类。授粉动物趋骛于花,是为了得到花蜜或花粉,人类则是陶醉于花的绚烂与芳香。在泰戈尔的笔下,连上帝对花儿也是垂青有加,他在《飞鸟集》里这样写道:"上帝对于庞大的王国逐渐心生厌恶,但从不厌恶那小小的花朵。"

研究时间生物学的先驱之一皮登卓伊说过:一朵玫瑰并非是一成不变的,也就是说,在中午和夜晚的时候,玫瑰花里的化学成分其实是有很大差异的。这句话仿佛一下子把我们从缤纷的自然界拽到了抽象而枯燥的化学啊、生物学啊、研究啊什么的里面来了。不过,走过路过,既然被拽来了,就不妨进来看看,花朵在一天里是如何变化的。

林奈的花钟

林奈是瑞典的一个牧师,为了振兴瑞典的经济,曾经从世界各地移植多种植物,例如他曾成功地将香蕉引种到欧洲。当然,最为我们熟知的还是林奈在植物的分类方法上作出的杰出贡献。在国内外很多地方都可以看到林奈的塑像,比如美国的芝加哥大学和中国广州的华南植物园。

林奈观察到不同花卉每天花瓣开放或合拢的时间相对固定,根据花开判断时间,一般误差不会超过半小时。他按不同的开花或花瓣合拢的时间顺序将一些花卉列了一张表。在这张表里,每天以斑点假蒲公英猫儿菊开花宣告清晨的开始,月见草的开放则意味着夜晚的降临。林奈以这种方式将植物进行排列,如同鲜花的时钟。

早晨6点:斑点假蒲公英猫儿菊(Spotted Cat's Ear)开放

早晨7点:非洲万寿菊(African Marigold)开放

早晨8点:鼠耳山柳菊(Mouse Ear Hawkweed)开放

早晨9点:带刺苦菜花(Prickly Sowthistle)合拢

早晨10点:常见稻槎菜(Common Nipple Wort)合拢

早晨11点:伞形虎眼万年青(Star of Bethlehem)开放

早晨12点:西番莲(Passion Flower)开放

下午1点:粉膜萼花(Childing Pink)合拢

下午2点:绯红色紫繁缕(Scarlet Pimpernel)合拢

下午3点:蒲公英(Hawkbit)合拢

下午4点:小旋花(Small Bindweed)合拢

下午5点:白色睡莲(White Water Lily)开放

下午6点:月见草(Evening Primrose)开放

林奈可能曾经绘制过不同版本的花钟,在1751年出版的《植物哲学志》里他还提出把花钟变成现实想法:在公园里专门设立花钟花坛,把不同时间开放的花卉像表盘那样按次序种植,这样在一天中的不同时间,花草就会依次开放,就可以组成一个“花钟”。但是林奈只是提出了这个想法,他生前可能从未建成过这样的花钟。后来有不少人在园林里建立了花钟,实现了林奈的想法。

植物不仅开花具有节律,其他的生理活动或行为也具有昼夜节律的特征。在白天,含羞草叶片被我们手指触动后会收缩,如果不去碰它,它是不会动的,只静悄悄地张开叶片吸收阳光进行光合作用,到傍晚才收拢叶片。还有一种叫跳舞草(*Codariocalyx motorius*)的植物,叶片也能运动,与含羞草不同的是,跳舞草

林奈绘制的一个花钟[施莱歇-本茨(Ursula Schleicher-Benz)绘]

的叶片白天自己会在空气中翩翩起舞，这也是它名字的来历。阴天的时候，跳舞草的运动方式更为奇特——两个相对的小叶片会靠在一起舞动，因此跳舞草也被称为情人草。到了晚上，持续了一天的舞蹈表演便落幕了，这位可爱的舞蹈演员该休息了。

古人观察到了不少花草的昼夜节律特征，但也有讹传，关于何首乌的说法即是一例。何首乌也叫夜交藤，它的藤蔓像红薯秧一样，蔓延生长，能长到几尺长。自古以来流传的说法认为，每株何首乌上面只长两根藤秧，这两根藤在白天时方向总是相反的，如果一根朝南那么另一根就朝北，如果一根朝东那么另一根就朝西。但是到了夜里，这两根藤会渐渐靠拢，头挨头，尾接尾，相互缠绕，如胶似漆，并随风抖动，俨然一对亲密恩爱的情侣，故名夜交藤。《本草纲目》这样描述何首乌："有雌雄，雄者苗色黄白，雌者黄赤。根远不过三尺，夜则苗蔓相交，或隐化不见。"医学著作《大明本草》记述："因何首乌见藤夜交，便即采食有功，因以采人名尔。"但是，有人专门对何首乌进行了长时间的观察,并未发现何首乌有这种行为。因此,这种说法属于子虚乌有,以讹传讹。

花落花开自有时

其实,在每天特定时间开花的植物很多,远不止林奈花钟里提到的那些。有一种原产于南美洲热带雨林的植物,名字就叫作时钟花。时钟花的名字来历有不同说法,有的说法认为它的花形似钟表的表盘,这个其实看起来很牵强,时钟花通常有五片花瓣,呈圆形排列,但如果说圆形就像表盘,那么其他圆形的花为什么不叫时钟花呢?还有一种说法认为,时钟花的花朵可持续开放一周左右,然后才凋谢。在开花的一周时间里,时钟花花瓣的舒张、合拢都很有规律,每天早上张开、晚上合拢,这种说法更可能是它名字的来历。更为有趣的是,一株时钟花不同花枝上的所有花朵每天花瓣张开、合拢的时间都很一致,是同步进行的。

花瓣的昼夜运动现象其实在很多植物里都存在。景天科的矮生伽蓝菜(*Kalanchoe blossfeldiana*),学名大家听起来可能觉得陌生,但它的俗名很多人都知道,叫作长寿花。与景天科的多数植物类似,长寿花的叶子也是肉肉的,叶片肥大、光亮。长寿花的花朵其实很小,很多朵小花聚成圆锥状聚伞花序。长寿花花色很丰富,有粉红色、橘黄色、深红色、紫色等不同品种,每朵花约有4—6层花瓣。长寿花名字的由来,并非指整个植株的寿命很长,而是指花期很长。每一朵小花从绽放到最后衰败、凋落,可持续2—4个月。在如此长的花期里,每一朵开放的小花的几层花瓣都是在夜晚合拢而在白天张开。

有的植物白天开花,也有植物夜晚开花。牵牛花也叫喇叭花,在英文里叫morning glory,点明了它的开花时间是在早晨。紫茉莉有紫色、黄色和白色等品种,花朵看起来也有些像喇叭,但与牵牛花不同,紫茉莉都是在傍晚时开花,第二天上午凋落。紫茉莉的俗名叫"晚饭花",就是指它的开花时间在晚饭前后。夜合花(*Magnolia coco*),又名夜香木兰,原产岭南,据《广东新语》载,罗浮山夜合含笑花大至合抱,开时一谷皆香,古时也称为合昏花。从名字上看,就可推断夜香木兰的开花时间是在夜晚。岭南画派著名大师居巢把它称作大含笑,还为它写了一首诗:"夜合夜正开,征名殊不肖,花前试相问,叶底唯含笑。"这首诗同样描述了它夜晚开花的特征。

昙花非常美丽,但只在夜间绽放,而且开花持续时间很短,清晨来临之前就已凋谢。玉蕊[*Barringtonia racemosa*(L.)Spreng]被称为植物中的"夜猫子",它与昙花类似,只在夜晚开花,黎明前就凋谢了。与昙花很相似的姬月下美人(*Epiphyllum pumilum*)也是仙人掌科的花卉,花如其名,在秋季的夜晚开花,白色的花朵冰清玉洁,馥郁芬芳。与昙花相比,姬月下美人的花朵稍小,但是开花时间长达15—16小时,从夜间一直持续到次日午时。因此,睡懒觉的人第二天也可以欣赏它美丽脱俗的风姿,感受它沁人心脾的芳香。

夜合花(左)和玉蕊(右)

很多花从含苞待放到花瓣完全展开的时间很短,例如月见草不到20分钟,洋常春藤不到5分钟。这些植物虽然花朵开放耗时短,但是其过程受到非常复杂的调节,包括花瓣细胞的迅速膨胀、花瓣的运动,并受到外界环境和内在生理的调控。花瓣展开的方式也各不相同,有的是向外旋转展开,有的是弹开。一些花也可以开合很多天,夜晚张开、白天合拢。例如,罗比石豆兰在没有授精的情况下可以持续开放9天,每天都会舒张、合拢,但是在这9天里,开放合拢的幅度越来越小。有的花开完即凋谢,结束其美丽而短暂的过程,例如昙花和玉蕊。

花朵的绽放与花瓣两面的生长速率差异有关。早晨开放的花,花瓣的内外两面对温度的反应不同。当温度升高时,花瓣的内侧面生长比外侧面快。在郁金香的花瓣里,叶肉细胞是主要的生长细胞,上皮细胞只是随着叶肉细胞的生长而膨胀或延伸。这两种细胞对温度的敏感度相差很大,前者比后者低10℃就能生长。金盏花、秋水仙和多榔菊等植物的花朵绽放与郁金香类似。牵牛花在开放过程中花瓣的展开主要是依靠花朵上中肋的生长。

花朵也可以通过控制花瓣内的水分含量来调节花瓣的张开与合拢。蝇子草的花开放后可以保持五天,在这五天里花瓣白天合拢、夜晚张开。花瓣在白天会失去一些水分,而使得花瓣合拢;夜晚时花瓣细胞里的水分增加,使得细胞膨胀,花瓣张开。由于蝇子草花瓣的开放与合拢受水分的影响大,所以当处于连续干燥的几天时间里,蝇子草的花会保持始终张开,在持续潮湿的天气里花瓣则是始终合拢。

花瓣的张开和合拢也受到乙烯、赤霉素和生长素等植物激素的调节,其中乙烯对开花起到促进作用,赤霉素则是起抑制作用。在很多植物里,这些生长相关激素的合成和分泌都受到生物钟的调节。

细心的艺术家也观察到一些花卉的花瓣的合拢与张开具有昼夜的节律性。著名工笔画家俞致贞在《工笔花卉技法》一书中谈到花草的写生,她也注意到了牡丹花瓣张开、合拢的节律特征。在此书里,俞致贞详细讲解了花卉的画法:

牡丹、芍药是春天开放的复瓣大花,花瓣大而薄,它在早晨阳光初曦时开放,到晚上日落后收拢,在中午天热时花瓣就发蔫了,所以这两种花在上午7点至11点,下午3点至5点多钟最好看(花苞枝叶随时可画,不受时间限制)。荷花怕热,早上开,中午闭,次日再开,再闭,第三日凋谢。牡丹、芍药、荷花开花时,都是由花蕊逐渐向外松开、合拢时是从花心向内收拢,外边的瓣子逐渐向内收,所以画半开花是上午初开的,还是下午已收拢的,懂花的人一看就知道,所以要表现朝气蓬勃,欣欣向荣,必须懂得花在清晨时的形和神,方能画出朝气来,所以古人有“未从看花先起早”之说,什么花都是在早晨精神最好,由于清晨朝露未退,晨光初曦,花叶支挺带露凝香,赏花人在这种情况下曾闻到过香味。这花开放时的优美姿态和香味打动了画者,画者方才能画出花芳香时的姿态,去打动看画人,让观者由视觉引起嗅觉的共鸣,似乎闻到花的香气,达到画中“花香”的较高境界。

在分类上,睡莲的属名是*Nymphaea*,意思是水中的女神,反映了睡莲的美丽神韵。在我国,最早对睡莲的描述见于唐代段成式的《酉阳杂俎》:“南海有睡莲,夜则花低入水。”意思是睡莲的花在夜晚会缩入水中。明代张岱的《夜航船》里也说,睡莲白天开花,“晓起朝日,夜低入水”。但是,这种说法也是臆断和误传,睡莲的花朵不会在夜晚沉入水中,而睡莲开花后结出的果实确实会沉在水中继续生长。

睡莲也被称为午时莲或子午莲,这样命名可能与它们的开花时间有关。实际上,睡莲有很多品种,有的在白天开放,有的在夜晚开放。印象派大师莫奈(Claude Monet)在如痴如醉地欣赏和绘画池中的睡莲时,应该也注意到了睡莲花瓣开合的昼夜节律性。事实上他的确画过夜间开放的睡莲,其中有一幅名为《睡莲·夜间效果》,画中的睡莲就是花瓣展开的。

莫奈的作品《睡莲·夜间效果》

一天里不断变化的玫瑰

除了上面提到的时钟花、紫茉莉、姬月下美人，其他一些花草也因开花时间而有一些有趣的别名。草原上的蒲公英在清晨日出后大约一小时开花，在傍晚时闭合，在国外的传说里被称为牧人钟（Shepherd's clock）；草地婆罗门参从清晨开放至中午闭合，被称为杰克午休（Jack-go-to-bed-at-noon）；伯利恒之星在接近中午11点左右开花，加之花瓣素洁淡雅，所以被称为11点公主。

植物的许多代谢过程都受到生物钟的调节，其中包括叶绿素合成、光合作用、淀粉代谢、生长、叶片运动、气孔开闭，以及众多基因的表达。花的很多生理特征的变化，包括花瓣开放、花的颜色、发出气味以及为授粉动物提供花蜜和花粉等，都是有节律的。花朵在开放时会为前来授粉的动物奉上花粉和花蜜作为酬劳，不同植物恪守自己的开花时间，是经历长期演化后花朵与授粉动物之间形成的约定与默契。授粉动物包括蜜蜂、蝴蝶、蛾子等昆虫，以及靠花蜜、花粉为生的蝙蝠、鸟类等。对不同的植物来说，在开花时节，授粉动物前来用餐，享用花粉、花蜜，或将食物打包带走。植物和授粉昆虫之间是一种协同进化的关系，相互适应、共同进化，甚至出现了"私人定制服务"，某些昆虫只为特定种类的植物授粉，例如榕小蜂只为榕树授粉。

对人类来说时间就是金钱，对蜜蜂而言时间就是花蜜。毛蕊花（*Verbascum sinuatum*）在清晨开放，开放时间很短，只有几小时。这种花没有花蜜，只是以花粉吸引昆虫。每天早晨6点左右，气温还比较低，熊蜂就已经出来觅食。到了7点以后，当地的蜜蜂才姗姗来迟，此时花蜜已所剩无几。这种熊蜂在当地是一种入侵物种，由于觅食早，而抢了当地蜜蜂的饭碗——早起的蜂儿有蜜吃。

玫瑰的花骨朵在生长过程中，每天清晨时花瓣的生长速率最快，即使在被剪下插在花瓶里也是如此。玫瑰花瓣的开合、香气的释放都有节律。即使是花店里卖的玫瑰切花，它们的花瓣开合和香味释放仍然具有节律。玫瑰花能够合成和分泌很多气味芳香的挥发性物质，包括乙酸香叶酯、大根香叶烯、橙花醇、香茅醇、橙花醛、类单萜、氧化类单萜、乙酸乙酯等，这些芳香物质主要在白天至傍晚的时间段里合成和释放，因此，玫瑰花在白天时香气比夜晚更为浓郁。在这些芳香物质里，乙酸香叶酯是一种有玫瑰和熏衣草香气的无色至淡黄色的液体，可用于配制玫瑰型、橙花型、桂花型等不同气味的香精。

金鱼草的花朵能够分泌芳香物质苯甲酸甲酯，吸引熊蜂等昆虫前来授粉。苯甲酸甲酯的分泌量白天高、夜晚低，这与熊蜂的活动节律一致。即使在持续黑暗条件或者持续光照条件下，金鱼草的花朵也能连续几天保持分泌的节律性，并且周期接近24小时。与玫瑰和金鱼草不同，很多种百合花主要在夜晚释放各种挥发性芳香物质。

皮登卓伊发现了玫瑰的时间，而我国的诗人北岛在他的诗里将时间比喻为玫瑰："当鸟路界定天空，你回望那落日消失中呈现的是时间的玫瑰。"玫瑰生活在时间里，而时间又像玫瑰那样美丽且神秘。

鸟儿的时钟

泰戈尔写了很多单纯而富于智慧的诗歌，歌颂伟大自然里的弱小生灵，他对露珠、落叶、云霞等本无生命的东西也赋予生命的气息，对于自然界里的各种生命更是满怀热忱。在《流萤集》中，泰戈尔描写了鸟儿在天将破晓的凌晨时分开始歌唱：

信仰，

是在未明的破晓，

便感觉到光

唱起歌来的小鸟。

读这首小诗，很容易让我们想象在清晨的森林里，各种带翅膀的精灵展开歌喉，鸟鸣啁啾，森林里一片和谐，预示着生机盎然的一天。在长篇魔幻现实主义小说《百年孤独》中，马孔多小镇的人们最早是在笼子里养了各种各样的鸟，通过它们的欢快歌声来报时。但是后来改用更准确的音乐钟了，这种钟不但走时更准确，而且每过半小时就会奏响华尔兹。

无论我们住在城市抑或乡村，如果我们偶尔睡眠不好在天未亮时醒来，就有机会听到各种鸟儿的清晨合唱。起先只有一两只鸟儿开始鸣叫，很快所有鸟儿都被唤醒，不同种类的鸟加入进来，独唱变成了合唱，持续十几至几十分钟。参加合唱的鸟种类繁多，在世界的不同地区，鸟的种类不同，“合唱团”的成员也有所不同。总的说来，“合唱团”成员以鸣禽为主，但其他很多鸟类也会参与其中。

《瓦雀栖枝图》(宋代佚名画家)。麻雀常栖息于檐瓦之下,故也称瓦雀

我们熟悉的公鸡总是在早晨打鸣,家鸡的祖先是源自东南亚地区的原鸡,成年的雄性原鸡也会在早晨打鸣。甚至在分类上同属鸡形目的雄性孔雀早晨也会打鸣,不过与其美丽的外表相反,它们的叫声实在算不上美好。

在鸟儿合唱时,天空的东方先是出现一丝微曦,然后露出鱼肚白,天空逐渐亮起来,接下来朝霞登上天幕,去迎接升起的太阳。鸟儿如同天使,每天在黎明前迎接日出,因此,泰戈尔说:“鸟鸣是曙光返回大地的回声。”

清晨森林里的鸟儿大合唱,主要目的是为了宣誓领地或者吸引异性。合唱团的成员多数是雄鸟,它们在履行保护家人和争夺领地的职责。在早晨,环境里的噪声较低,鸣叫声可以传播到更远的地方。有人认为雄鸟通过鸣叫显示自己的强壮,吸引异性、吓走竞争者,甚至有人认为雌鸟会依据谁的叫声传得更远来选择雄性伴侣。鸟儿刚醒来时,还没吃早餐,空着肚子鸣叫,如果叫得响亮、动听,那是身体健壮的体现。不过,合唱的时间也会受到天气的影响,在阴雨天或者气温低的时候,“合唱团”的规模可能会减小或者临时取消演出。鸟儿的合唱也与季节有关,在春季时它们的演出更是盛况空前。

居住在城市里或者城市边缘地区的鸟类,会受到人工光污染的影响。有人对受到光污染影响的几种鸟类早晨的合唱行为进行了研究,发现在欧洲知更鸟、乌鸫、欧洲歌鸫、白脸山雀、蓝山雀、苍头燕雀等六种鸟中,除了欧洲知更鸟和苍头燕雀以外,其他四种鸟早晨的鸣叫时间都明显提前了。

广州地区有首童谣:趷跛跛,跳跳脚,噔噔噔,噔噔噔,上跳下跳似麻雀。如我们所见，麻雀喜欢在地面或树上一边蹦蹦跳跳，一边唧唧喳喳地叫。在我国20世纪50年代，麻雀由于被认为经常偷吃粮食，而与苍蝇、蚊子、老鼠一起被称作四害。无独有偶，在美国等国家，麻雀也曾被认为是害鸟。因此用麻雀来做生物钟的实验，一方面因为数量多而唾手可得，另一方面在当时也被认为是在“为民除害”。对麻雀的研究，大大丰富了人们对鸟类生物钟的认识。

不少鸟类喜欢在树枝上栖息，猛禽在捕食前通常也会飞落到猎物附近的树枝上然后伺机下手，这个特点甚至被猎户用来捕捉猛禽。例如，猫头鹰除了抓老鼠，有时嘴贱了也会偷食农户养的鸡。为了抓捕猫头鹰，有人将鸡养在空旷的地方，然后在鸡舍边竖两根高高的竹竿，上面系一条较粗的松紧带(橡皮筋)。猫头鹰在偷

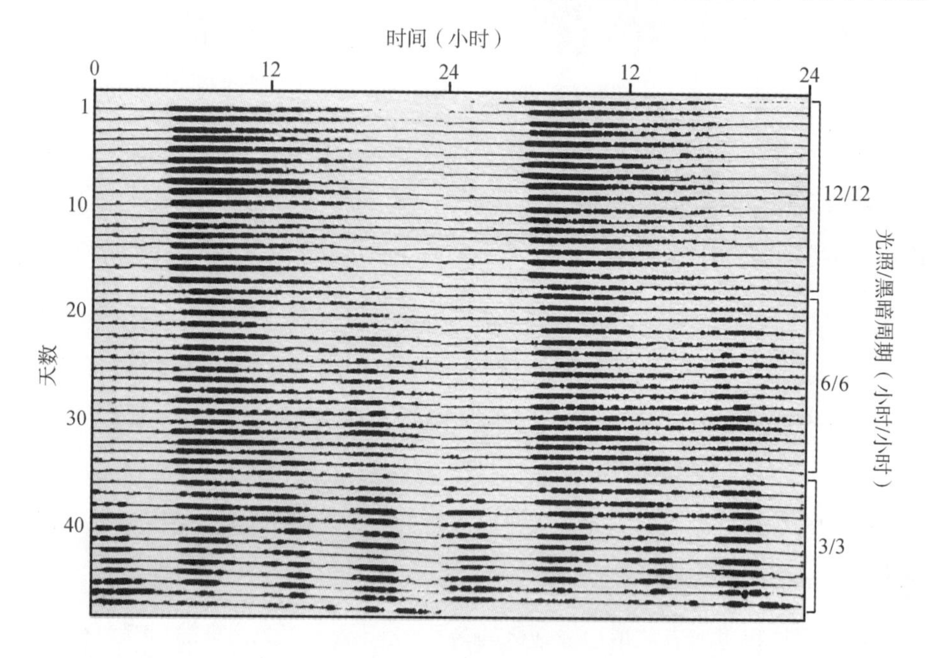

麻雀在不同条件下的活动节律，黑色的间断粗线表示麻雀处于活动状态。在实验的第一阶段，麻雀处于光照12小时∶黑暗12小时的交替环境里，相当于1天为24小时；第二阶段，麻雀处于光照6小时∶黑暗6小时的交替环境里，相当于1天为12小时；第三阶段，麻雀处于光照3小时∶黑暗3小时的交替环境里，相当于1天为6小时。在这三种条件下，麻雀的活动都能表现出与环境一致的节律，但是它们体温等生理指标却难以适应非24小时的周期(引自Binkley，1989)

鸡前会先降落到松紧带上，由于松紧带是软的，会导致猫头鹰头朝下挂在那里，而它怕被摔死又不敢松脚，这样农户就可以轻松地把猫头鹰抓获归案了。

麻雀也喜欢栖落在树枝上休息。在养麻雀的笼子里装上一根横向的木条，麻雀在活跃的时候就会经常在木条上跳上跳下。如果在木条上装个传感器，再接上导线，麻雀每次落在木条上就会被记录下来。连续记录多天，就可以记录下麻雀的活动节律，并绘制出麻雀的活动图。

鸟类的生物钟当然不只是与鸣唱、睡眠和活动有关，还控制着其他很多生理和行为，例如视觉功能、定向和觅食等。例如我们在前文介绍过鸡的眼睛里由于缺少视杆细胞，所以晚上的视力不好，在另一篇文章里我们介绍了椋鸟可以根据时间补偿的太阳罗盘确定飞行的方向。

泰戈尔对鸟儿充满了喜爱，他在另一首诗里写道：

晨鸟在歌唱。
破晓的时分尚未到来，
夜的巨龙还将天空盘在自己冰冷黯黑的身躯里，
鸟儿的晨曲歌词是从哪里来的呢？

鸟儿的歌词是什么我们不清楚，但是，我们已经知晓的是：鸟儿在清晨的歌唱是源自内心的鼓点——生物钟的节奏。

公鸡的江湖

鸟儿是有翅膀的精灵，不同种类的鸟儿各有各的长处，有的歌喉婉转动人，有的羽毛艳丽，有的能够搏击长空。还有些鸟虽然相貌平凡，歌声也不嘹亮，却能捕食害虫，为维持生态的平衡默默地作贡献。当然，并非所有的鸟都长有翅膀，例如生活在新西兰的几维鸟就没有翅膀。

在古希腊神话里，各路神仙以及长着翅膀的天使之间为了利益和情欲常纷争不断；在长着翅膀的鸟类王国中，为了领地、食物以及配偶，鸟儿们同样会争斗不休。宋徽宗赵佶的名画《鸲鹆图》中绘有八哥，其中两只雄性八哥为了争夺一只雌性八哥而在空中盘旋、鏖战，相互啄击，羽毛飞零，雌性八哥则高踞在松树枝头观战，等待与胜出者共结连理。

由此看来，鸟类的世界并非像我们想象得那样单纯，鸟儿也会互相掐架。当然，鸟类的这种争斗可以理解：自然界的环境是残酷的，资源有限，为了生存和繁衍，各种动物包括鸟类都不得不使出浑身解数，争出个高低上下来。

啄序与等级

鸡与人类生活关系紧密，既可打鸣报晓，也可以被烹饪为美味佳肴。鸡很受文人墨客的青睐。著名画家黄胄、齐白石、王雪涛、陈大羽等都画过鸡。北大学者金岳霖爱养斗鸡，甚至和斗鸡一起吃饭。每到用餐的时候，斗鸡伸着长长的脖子在他餐桌上啄食，也是校园一景。从世界范围看，鸡为人类生存空间的拓展作出了重要贡献。在南太平洋一些岛国部落里,会客的一项重要礼仪就是向贵宾奉上一对鸡。

西汉初年的韩婴在《韩诗外传》里这样描述公鸡:“头戴冠者,文也;足傅距者,武也;敌在前敢斗者,勇也;见食相呼者,仁也;守时不失者,信也。”韩婴显然非常喜爱公鸡,因此这段话充满溢美之词。其中“足傅距”是指,公鸡的小腿后面长有角质突起,可以在争斗时用作武器攻击对方。这段话里的“守时不失者,信也”,说的是公鸡每天早晨会按时打鸣,信守时间,所谓鸡司晨是也。

与很多雄性鸟类一样,公鸡总是一副威风凛凛、斗志昂扬的样子,碰到竞争者毫不怯懦,勇敢拼杀,嘴啄、爪子抓、翅膀扇,鲜血淋漓、鸡毛乱飞,不分胜负绝不罢休。因此俗话说,好斗的公鸡不长毛。英文有个单词 crestfallen,其中 crest 的意思是指鸟的冠,crestfallen 的意思从表面上看就是鸟冠耷拉,像斗败的公鸡那样鸡冠低垂、萎靡不振。

在同一群鸡中,存在类似于人类社会的等级,等级高的鸡有进食优先权和与母鸡的交配权。如果地位较低的鸡胆敢违反规则,就会被啄咬警告,因此这种等级次序被称为啄序。《鸲鹆图》里的雄性八哥为了争夺配偶会发生争斗,这在其他鸟类中也同样会发生,都是为了争夺较高的等级。啄序在其他动物里也存在,例如在一群猴子里存在几只公猴和多只母猴,这几只公猴经过争斗,会确立其中一只为猴王。猴王可以与猴群里的母猴交配,其他

宋徽宗赵佶《鸲鹆图》。现藏于南京博物院

公猴则没有这个权利。

与动物相比，人类社会经过长期的发展，已经形成了法律和道德等体系，同时在法律之外的范围里也存在各种各样的规矩或者地位尊卑。在鸟类的世界里，由于啄序的存在，同样有着类似的各种江湖与规矩。

公鸡打鸣的节律

公鸡打鸣是公鸡节律的体现，鸡被古代中国人民褒称作“知时畜也”。《诗经》里也有诗云“女曰鸡鸣，士曰昧旦。子兴视夜，明星有烂”，是说公鸡很早就开始打鸣。在二十八星宿的神话当中，昴日星官住在上天的光明宫，本相是六七尺高的大公鸡，所以在《西游记》里对付蜈蚣精和蝎子精不费吹灰之力。不消多说，作为大公鸡，昴日星官的神职自然是“司晨啼晓”，也就是在早晨啼叫，唤起黎明。母鸡尽管不打鸣，但也是具有节律的，例如母鸡产卵与体温都具有明显的节律性。

刘宪木刻版画《无题》

在1700多年前东晋时期，国家处于内忧外困的纷争年代，两位心怀济世救国大志的青年励精图治，每天早晨听见鸡鸣就起床练习武艺，他们就是刘琨和祖逖。一般人睡觉被鸡叫打扰了肯定不高兴，但刘琨当时听到鸡叫就说“此非恶声也”，是提醒他们起来苦练武功以报效国家。也正是由于这两位有志青年，我们有了“闻鸡起舞”这个励志的典故与成语。

周朝有一种官职的名称就叫作鸡人，他们的职责是“掌供鸡牲，辨其物，大祭祀夜呼旦以叫百官”，也就是负责日出前时间的测量与预报,并且在重要的祭祀时日通知百官。正是由于他们每天像公鸡早晨按时打鸣那样工作,所以被称为鸡人。唐宋等朝代也有鸡人一职,唐代诗人王维在《和贾至舍人早朝大明宫之作》一诗中有一句"绛帻鸡人报晓筹,尚衣方进翠云裘",描述的就是清晨鸡人通报后,皇帝更衣上朝的情形。

一个日本研究小组对公鸡的打鸣进行了研究,他们把公鸡单独养在隔音的鸡舍里,以避免相互间的干扰,然后对这些公鸡的打鸣进行了录音。他们发现,公鸡每天都在黎明前开始打鸣,并且一天当中打鸣主要集中在早晨时间段,其他时间段则鸣叫较少。他们还把公鸡饲养在持续弱光的条件下,也就是说光照不再有昼夜的交替变化,在这种情况下公鸡仍然可以保持每天在特定时间打鸣的节律,可以维持一周左右,一周后这种节律会逐渐消失。这说明公鸡的打鸣节律并不是对早晨太阳升起、光线增强的简单应激反应,而是一种内在的节律。

公鸡的江湖

上面的实验是研究每只公鸡单独的节律,它们之间互不干扰,实验结果说明公鸡的打鸣受到生物钟的控制。那么,如果把几只公鸡养在一起,它们的打鸣节律是否会相互影响呢?

这个日本研究小组后来把四只公鸡养在同一个房间里,每只公鸡都住在一个独立的笼子里面。然后对它们的打鸣时间和次数进行记录,同时用视频对公鸡的行为进行连续拍摄。公鸡在打鸣时总是会伸长脖子、压低尾巴,因此根据视频录像可以确定每一次打鸣是哪只公鸡发出的。

研究人员发现,每天清晨,这些公鸡当中总是特定的某一只最先打鸣,然后其他公鸡才接着打鸣,鲜有越雷池者。这些公鸡关在一起,虽然它们住在各自的笼子里,但它们会分出啄序,也就是谁是老大、谁是老二、老三和老四。由于笼子的阻隔,公鸡相互之间无法展开搏斗,估计只能通过鸣声的较量来决定各自的江湖地位了。这也有点类似我们住集体宿舍的时候,总是会按照一些标准把舍友按老大、老

二、老三等次序排列，当然排列标准不像公鸡那样完全依靠武力，而可能是根据年龄、心智成熟程度、号召力等因素确定“啄序”，当然身强力壮也可能是一个因素。

在四只公鸡里，总是某一只先打鸣，这意味着这只公鸡可能江湖地位最高，但也存在另外一种可能性：它们并非按照江湖地位来打鸣，只是由于这只公鸡是百灵鸟型的公鸡，每天醒得最早，所以打鸣也比其他公鸡早。那么，这两种可能性哪一种是正确的呢？

我们可以用排除法来甄别这两种可能性。在已经建立起啄序的几只公鸡当中，研究人员将老大移出鸡笼，然后观察剩余三只公鸡的打鸣次序。实验结果发现，老大被“清理门户”以后，鸡群里原来的老二又当家作主，晋升成了新的老大，成为每天早晨第一只打鸣的公鸡，其余的公鸡的打鸣都跟随新的老大（原来的老二），在新老大每天早晨第一声打鸣后其余公鸡才接着打鸣——新的江湖秩序又建立起来了。

但是，把老大清理掉似乎也不能完全排除上述的第二种可能性：新的老大可能也是一只百灵鸟型的公鸡，虽然它醒得没有被踢出的原来的老大早，但是在剩余的三只公鸡里，它醒得最早，所以打鸣也最早。如果是这样的话，那么这些公鸡的打鸣其实也是与啄序无关，而只是与时间型有关。也就是说，在四只公鸡当中，老大起得比老二早，老二起得比老三早，老三起得比老幺早。老大睡醒打鸣了，其余几只公鸡无法安睡，会被吵醒。如果打鸣与江湖地位无关，那么其余几只公鸡醒来后也会跟着打鸣，并且打鸣次数也不一定比老大少。但是，研究人员对每只公鸡打鸣的总次数进行了统计，结果发现按老大排到老幺，打鸣总次数是依次减少的。因此，公鸡们并不是睡醒了就打鸣，而是按照啄序来打鸣的。

行为的节律是表面的，未必能准确反映机体的内在节律。比如通常情况下，我们白天活动、夜晚睡眠，如果我们连续几天躺在床上保持尽量不动，那就检测不到我们活动的节律。但是，我们体内的生理反应的时钟仍然在运行，例如我们的体温变化以及体内一些激素仍然表现出节律特征。几只公鸡在一起，总是按啄序打鸣，究竟是意味着它们内在节律的相位一个比一个迟呢？还是相互之间的啄序掩盖了内在的生理节律？

接下来，研究人员把四只公鸡隔离开来，让它们不再相互影响，再对它们的节律进行分别测量。实验结果表明，四只公鸡单独活动表现出来的节律相位和它们在一起时的啄序排位并不一致，排序较低的公鸡节律相位甚至比老大还早。这就排除了第二种假设，而支持了第一种假设，也就是说，当四只公鸡共处时，老大的行为会影响其他的公鸡，掩盖其他几只公鸡原本的节律，迫使它们的行为节律发生改变。

处在同一屋檐下，这些公鸡必然会有对空间、食物等资源的争夺，并由此产生啄序和排名。看了这些公鸡的故事，不由得让人想起《上海滩》《教父》等黑帮影视剧里相互倾轧的江湖故事，他们按地位决定每个人坐哪把交椅。看来哪里有生存压力或者利益冲突，哪里就有江湖，无论是人类还是其他动物。我们所感兴趣的

葛饰北斋的浮世绘画作《鸡群》(局部)

是，公鸡的江湖竟然影响着它们的生物节律，生物钟竟然也可以反映出动物乃至人的社会地位和等级。

动物江湖里的节律

正常的大鼠仿佛充满好奇心，喜欢跑来跑去，伸着鼻子把周围的东西嗅来嗅去。雄性大鼠同处一笼会相互厮打，决定谁是老大。大鼠如果被对手打败，会引发焦虑，表现为花在四处探索的活动时间明显减少、静止的时间增多以及整体的活跃程度降低，变得消沉。这种挫败会引发一系列的生理效应，表现为心血管系统受到

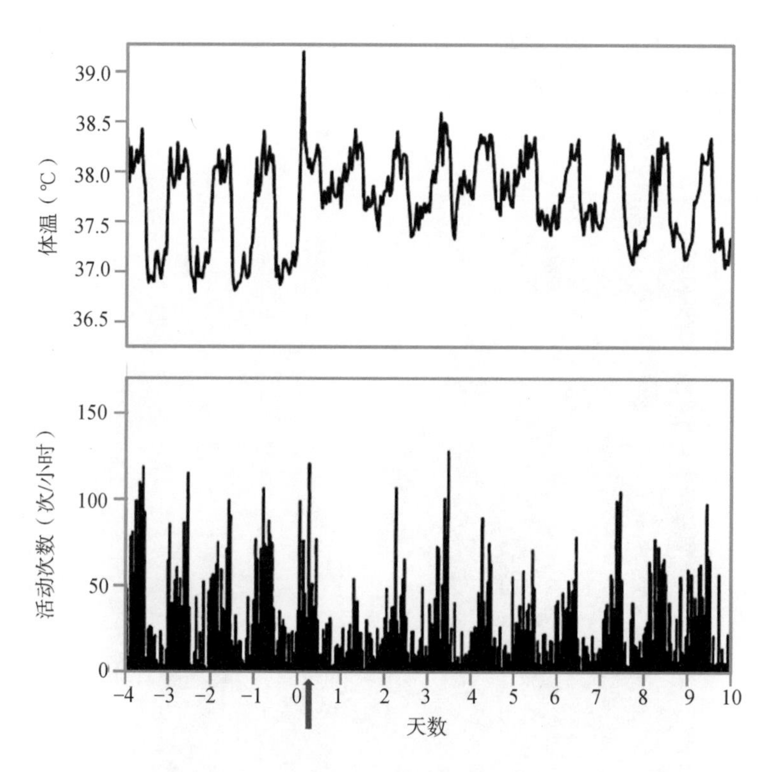

大鼠斗败后的体温节律和活动节律的变化。上图反映的是体温节律的变化，下图反映的是活动节律的变化。红色箭头表示大鼠打架的时间。横坐标的天数以大鼠打架那天作为"0"天，打架之前的用负数表示，打架后的用正数表示(引自Meerlo et al,2002)

影响、神经内分泌激活以及体温升高等。此外，大鼠的行为节律和生理节律也会受到影响：从外部行为上看，败北大鼠的活动明显减少；从体内的生理变化看，败北大鼠的体温节律振幅会在被击败后显著降低。这些指标经过数天后才会慢慢恢复。

在社会性动物里，不同个体的分工不同，它们的节律特征也可能有所不同。在一窝蜜蜂当中，有着不同的分工，有专管生育的雌性蜂王、雄蜂以及辛勤劳作的工蜂。在工蜂里，有的每天出去采蜜，有的主要在蜂巢里负责哺育工作。这两种分工不同的工蜂节律方面有很大的不同，外出采蜜的工蜂有着明显的昼夜节律，而负责哺育的工蜂没有明显的节律。采蜜蜂要利用时间补偿的太阳罗盘进行定位去寻找蜜源，并且很多花开都有特定的时间，所以它们离不开生物钟。哺育蜂在蜂巢内无论白天黑夜都要精心照顾幼虫，因此没有明显的行为节律。可见，采蜜蜂与哺育蜂一个有节律一个没有节律，这是与它们的工作环境与职责相关联的。

老子在《道德经》、陶渊明在《桃花源记》里都描述了自己的理想社会，其中都提到了鸡犬相闻，鸡和犬是农业社会离不开的家禽家畜，在他们看来，鸡犬相闻是乡村生活环境安静、恬适的一种体现。我小时候每天早晨在睡梦里听到自己家里或邻居家里的公鸡叫，妈妈有时担心鸡叫会影响我睡觉。其实是不会的，鸡鸣在我听起来，非但不觉得吵，还会有安详、舒适的感觉。但是，早晨的鸡叫不是让我像刘琨和祖逖那样起来锻炼身体，而是会让我继续沉沉睡去。

当然，我小时候还没有从事生物钟研究，不了解原来公鸡打鸣里也有那么多的江湖，如此看来，公鸡也并没有《韩诗外传》里描述的那样“鸡”格完美。不过，换个角度看，这种“江湖”也是大自然力量的体现，使得各种动物优胜劣汰。

共享时光

托马斯(Lewis Thomas)在《细胞生命的礼赞》里说,很多生命其实不是单一的,而是组合体,有的甚至已经不是简单、可聚可散的组合,而是融合在了一起,无法分离。其实,古人早已观察到不同生物共同生活在一起的现象,例如海蜇会与虾生活在一起,海蜇自己没有眼睛,无法看见周围的事物,但是当虾看见有异常动静时,就会通知海蜇。与海蜇和虾的和睦相处类似,明代的张岱在《夜航船》里提到,有些水母体内会有小螃蟹,刚柔相济,共同生活在一起。

我们现在的时代,是一个共享资源的时代,从共享雨伞、共享单车到共享汽车,等等。那么,时光也是可以共享的吗?这里讲的共享时光不是几个老头坐在一起打麻将,也不是一家人围坐一桌吃年夜饭,而是指不同生物共同生活在一起,它们的生物钟会相互影响。地球上很多生物虽然没有人类如此高度发达的文明,但是在它们之间也存在各种各样的合作关系,而这种合作赋予它们更强的生存和环境适应能力。

利用细菌发光的短尾乌贼

在海洋里,能够发光的生物钟有很多种,它们发光的功能也不同,有的是为了吸引猎物,有的是为了躲避捕食者,还有的是为了与同伴们取得联系。想想也是,生物发光是要耗费能量的,如果没什么用,那岂非白白废“电”了。深海鮟鱇是海洋里一种名气很大的发光鱼,它们头顶上有个鱼竿一样的杆状结构,末端可以发出绿色的荧光。要知道幽深的海底是漆黑一片的，其他小鱼看见深海鮟鱇发出的美丽荧光，会感到多么稀奇。一些小鱼按捺不住好奇心，游过来看个究竟，可是，在美丽荧光的后面隐藏的是深海鮟鱇的大嘴和獠牙，然后，就没有然后了。

我们经常看到鱼的背面和腹面体色差异很大，例如河里的鲫鱼，它们的背部颜色较深而腹部较浅。海里的鱼也是如此，我们经常吃比目鱼，比目鱼身体是扁平的，在海底匍匐游动。它的身体贴着海底的一面颜色浅，而背部颜色深。鱼类这种体色是一种保护色。如果天敌在鱼的上方，看到的是鱼的背部，颜色较深，与海底的颜色接近，难以区分；如果天敌在鱼的下方，看到的是鱼的肚皮，颜色较浅，与明亮的天空较为接近，也难以区分。鲨鱼、鲸等捕食者也是背部深而腹部浅，这也是为了掩饰自己，以免轻易被捕食对象发现。

不过，这种策略在白天可以奏效，到了夜晚则会失灵。试想，如果我们是捕食者，夜晚时潜藏在海底，上方有鱼游过，会是怎样的情形？由于月光透过海水照射下来，所以往上看整个视野是比较明亮的。这个时候如果有一条鱼游过，无论它是白肚皮还是黑肚皮，它都会遮挡月光，投下黑影。那么我们就很容易发现它，然后我们冲过去，张开大嘴把它咬住。

魔高一尺，道高一丈，夏威夷短尾乌贼就有办法对付夜晚海洋里的捕食者。顾名思义，这种乌贼分布在夏威夷周围的海水里。夏威夷短尾乌贼身材迷你，只有2.5厘米长，又小又萌。最为神奇的是，这种乌贼外套膜下的发光器官里生活着可以发出蓝色荧光的费氏弧菌。

夏威夷短尾乌贼从卵孵出大约一个小时后，费氏弧菌就开始进驻乌贼的发光器。乌贼发光器的上皮层可以为费氏弧菌提供丰富的养料，养料中富含糖类和氨基酸。作为回报，费氏弧菌在夜晚时要发出亮光，照亮乌贼的肚皮，发光强度和月光差不多。乌贼是昼伏夜出，这样夜晚出来时有灯光照着，多有气场！实际上照亮肚皮不是为了显摆，而是为了保护自己。照亮肚皮后，下面的捕食者看不到它的阴影，因此可以很好地伪装自己。但是上方和侧面的捕食者却仍然可以凭借光亮轻

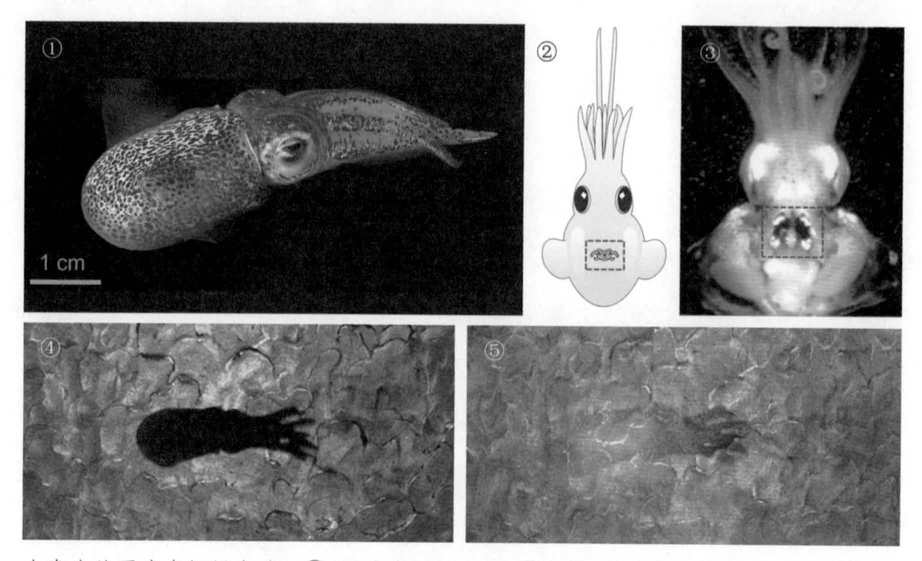

会发光的夏威夷短尾乌贼。①,夏威夷短尾乌贼;②和③,模式图和实图,红色框内的构造为发光器;④,从下往上拍的短尾乌贼照片,在短尾乌贼不发光时会看见黑色的身影;⑤,从下往上拍的短尾乌贼照片,在短尾乌贼发光时,它的身影就减淡了,与环境非常接近(图①来自 Margaret McFall-Nga;图②、③引自 Nyholm and Mcfallngai,2004)

易发现它们,所以再好的防御也是有漏洞的。

白天的时候,短尾乌贼躲在海底的泥沙下或者珊瑚丛里休息。同时,它们把发光器里的绝大部分细菌排出体外,让它们自谋生路,去寻找新的乌贼,只留下大约10%的细菌作为种子,在里面继续生长繁殖。到晚上时,细菌的数量又很庞大,足以照亮乌贼的肚皮。

要是阴天没有月亮怎么办?发光不仅费“电”,反而更容易暴露自己。乌贼自有妙计,它们会控制进入发光器的氧气量来调节发光强度。在一个月当中,月有阴晴圆缺,亮度也会随之变化。乌贼可以根据月光的强度调节进入发光器的氧气量,月光强时给细菌提供较多的氧气,月光弱时就减少氧气的供应。细菌在氧气充足时发出的荧光较强,而在氧气较少时发光较弱。有了这样的装备,乌贼相当于携带了一盏可以调节自如的荧光灯。

另一方面,发光细菌也会影响乌贼的生物节律。由于生物钟蛋白具有感受蓝

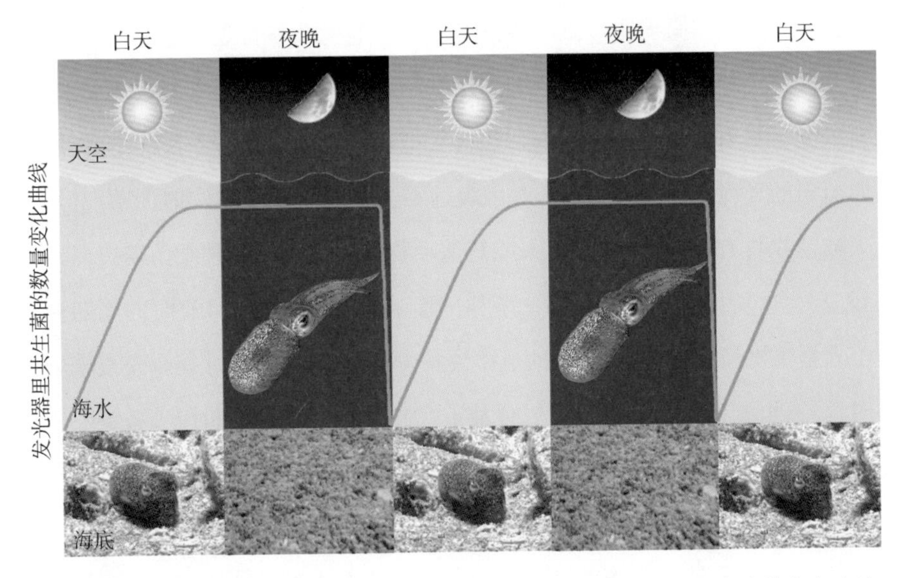

夏威夷短尾乌贼的行为节律以及发光器内细菌的数量变化节律。白天乌贼藏身在沙里，夜晚出来游动。黄色曲线表示乌贼发光器里费氏弧菌数量的变化，夜晚多而白天少

紫光的功能，而费氏弧菌发出的是蓝色的光，因此可以影响乌贼生物钟基因的表达。如果缺少了费氏弧菌，乌贼生物钟基因的表达就会明显降低。

我们在另一篇文章里介绍的旋涡虫，它们是由虫体和很多生活在其体内的绿藻组成的联合生命体。对于这两种生活在一起的生物，它们之间的生物钟存在怎样的互相影响，至今还没有人研究过，应该也是很有趣的。不妨猜想一下：绿藻无法运动（最多只能在旋涡虫体内这一非常有限的范围里移动），所以它们的环境很大程度上受到旋涡虫的影响，旋涡虫可以载着它们免费旅行。而旋涡虫是有潮汐节律的，那么即使绿藻躲在旋涡虫体内，接触不到海水，它们也会由于旋涡虫的运动而表现出潮汐的节律来。

肠道微生物与人的节律

如托马斯所言，每个生命其实都是一个共同体。当一个人迎面朝你走来，其实不只是一个生命朝你走来，他的毛囊里有着螨虫，他的消化道、口腔、鼻腔还生活着

难以计数的细菌。据统计,人的消化道里的微生物总重量接近2千克。

蓝藻是一种细菌,具有24小时周期的昼夜节律。其实,对于多数细菌来说,它们自身是不具有生物钟系统的,也就是说,把这些细菌放在营养条件不变、温度和光照恒定的环境下,它们的代谢、基因表达不会出现明显的24小时周期。但是,由于人或动物具有周期性,生活在人或其他动物的肠道里的各种细菌需要以人的食物残渣为食,所以它们会受到宿主节律的影响,也会表现出24小时的周期。如果一个人坐飞机经历时差,这个人的节律会发生紊乱,需过几天才能调整过来。与此同时,肠道里的微生物们的节律也会乱了方寸,陪着这个人倒时差,需要经过几天才能恢复正常。

在生物节律正常的鼠体内,肠道微生物的各种生理和代谢过程也具有24小时的周期。可是在生物钟基因被破坏、节律紊乱的鼠体内,肠道微生物也是没有节律的。如果把节律紊乱的鼠肠道微生物取出,移入肠道没有微生物的小鼠,则后者的代谢会出现问题,出现肥胖等症状。也就是说,人和动物与肠道微生物之间已经建立了长期的平衡,如果被打破,就可能对人或动物的健康造成不利影响。

肠道微生物最近非常火,火到让人不敢全部相信。说肠道微生物对消化、代谢和免疫有影响,那是毋庸置疑的。但是近来还有研究声称,肠道微生物还直接影响人的情绪、治理、性格、智力,我就不敢苟信了。如果这些都是真的,那么甚至可以衍生出一个可笑的生财之道:把诺贝尔奖、著名影星、艺术家的粪便屯起来,高价出售。

科学缺席的地方,往往是伪科学泛滥之处。科学与伪科学通常只有一墙之隔,严谨的科学只要与商业、荣誉捆绑,就可能越过底线,变成坑蒙拐骗的伪科学。因此,无论是科学家自己,还是普通大众,既要为科学的发展而欢欣鼓舞,也要保持清醒的头脑。作为科学家要遵循科学伦理与规范,不欺骗别人;作为普通人也要增强分辨力,不要轻易受骗。

共享，无处不在

夏威夷短尾乌贼与费氏弧菌之间的共生合作关系是亿万年的进化形成的，短尾乌贼在刚从卵孵出时，体内并没有细菌，但是在它来到这个世界不到一个小时，费氏弧菌就开始入驻。海洋里有无数种细菌，可奇特的是，只有费氏弧菌能够入驻短尾乌贼的发光器。这是一种长久的默契与约定。

在短尾乌贼的发光器里，数量众多的费氏弧菌发光是同步进行的。微生物可以分泌化学物质，来协调群体间的生理活动，或者调节细菌群体的数量，费氏弧菌这种行为和能力称为群体感应(quorum sensing)。

病原菌可以借助群体感应对宿主造成很大危害，可以借助患者褪黑素的节律实现同步化，协同作案。但是聪明的人类发现，可以利用群体感应来对付病原菌，达到防病、治病的目的。例如，在治疗疟疾时，可以考虑阻断疟原虫的褪黑素受体，如此一来它们就无法通过感知患者的生物节律实现同步。病原微生物群体当数量较少时会拼命繁殖，但是当数量膨胀到一定程度时，它们又会分泌化学物质抑制增殖。那么，我们在治疗时可以采用这种化学物质欺骗它们，即在它们数量较少时就添加这种化学物质，从而抑制细菌增殖。

如今，共享事物已经充斥我们的生活，例如在过去几年里，五颜六色的共享单车充斥了大街小巷。但是，由于经营理念或管理等方面存在问题，共享单车被恶意损毁、丢弃的情况非常严重，已经难以为继。乌贼和费氏孤菌、旋涡虫和绿藻等生物在一起时，由于事关生存大计，它们不会轻易为了私利而破坏彼此间的协作关系，也不会发生不退押金等不愉快的事情。它们虽然没有构建起人类社会的诚信制度，但是自然选择令它们只有坚守契约、各尽所责才能双赢，否则就会被无情淘汰。

捕捉塞纳河上的光影

1871年，历时两年的普法战争以法国战败而告终。战后，法国人开始重建家园，向现代化社会迈进。在这样的社会背景下，印象派画家雷诺阿（Pierre-Auguste Renoir，1841—1919）希望能够在自己的作品里体现法国现代生活（La vie moderne）那种崭新、自由的生活方式。

雷诺阿经常在周末去巴黎附近的乐美颂一带散步，享受那里的新鲜空气，欣赏乡村的美景，并时常用自己的画笔描绘当地的风光。富尔奈斯饭店是雷诺阿常去的地方，饭店以主人的姓氏命名，坐落在河流中的沙图岛上，可以从一座桥下到这里。饭店曾对阳台进行了改造，扩大为露台，供游客在此用餐。露台的外面，是静静流淌的塞纳河。

左拉的挑战

印象派绘画风格源于19世纪60年代的法国，是对传统古典绘画艺术的巨大革新。印象派画家不再拘泥于历史、宗教等主题，也不再墨守色彩深暗、笔法细腻的传统画法。他们重视写生和在自然中绘画，他们在绘画时偏好使用明快的色彩，运用大胆而豪放的笔触表达对光影与色彩的印象，并且画面具有运动感。印象派代表人物以莫奈、雷诺阿、西斯莱（Alfred Sisley）、巴齐耶（Jean Frédéric Bazille）等人为核心，后来马奈（Édouard Manet）、毕沙罗（Camille Pissarro）、塞尚（Paul Cézanne）、德加（Edgar Degas）和女画家摩里索（Berthe Morisot）也加入了这一阵营。

但是，短短20余年过去，到了19世纪80年代后期，印象派已经为大众接受，不再是艺术的先锋和反叛了，这也引起了一些艺术批评家的警觉。作家和艺术批评家左拉(Emile Zola)是这些批评家的代表，1880年，他发表评论认为印象派画家止步不前，作品缺乏视觉上的冲击力，并且在构图上缺少精心设计。左拉原本是印象派画家莫奈、塞尚等人的朋友，他的这些评论或许是认为印象派已经穷途末日，也可能是试图通过批评来激发印象派继续革新。他的本意究竟如何现在难以知晓了，但是左拉的评论极大地刺激了印象派的画家们，同是印象派和后印象派代表人物的塞尚，原本是左拉的同学，但他们因此事而绝交。

《游船上的午餐》，法国印象派画家雷诺阿绘

在19世纪70年代，周末郊游的生活方式流行起来。每到周末，巴黎人，从银行家、邮递员、洗衣女到屠夫，无论是社会名流还是贩夫走卒，不管什么职业或者阶层的人，都喜欢来到塞纳河边度周末。他们或者躺在河边长满草的坡地上休憩，或者互相泼水嬉戏；他们在河岸上野餐，或者在船上品尝咖啡，消遣时间。

雷诺阿自画像

塞纳河上的光影一整天都在变化。早晨，河水泛着轻柔的光，到中午时分就会变成明晃晃的了。一年当中，春夏时节塞纳河的景色最为美丽。在这段时间里，河边的青草散发出的气味令人愉悦，忍冬花的香味沁人心脾，河边郁郁葱葱的树木倒影也映绿了河水。一排排的帆船、摇橹船泊在河边，水波慵懒地荡漾，船的倒影碎成一片斑驳，远处时而传来驳船低沉的汽笛声。

雷诺阿决定接受左拉的挑战，他选定富尔奈斯饭店的露台开始创作一幅新的作品。弗里兰(Susan Vreeland)的传记体小说《游船上的午餐》再现了雷诺阿绘制这幅名作的过程。在这本小说里，雷诺阿必须在1880年9月第二个周日前完成画作。设定这个期限有两个原因，一个原因是这个时间之后会有划船比赛，到时游人太多，无法作画。另一个原因是9月中旬以后，临近深秋，阳光逐渐变得苍白无力，草木也开始凋零，塞纳河最美的时节就过去了，只能等到来年。因此，雷诺阿必须在剩余的2个月时间里抓住这美丽的光线，完成画作。由于时间紧迫，他决定略过进行素描或油画练习等步骤，直接在帆布上作画。

季节变换的节律

如同塞纳河上的光影变化，地球上自然环境以及各种生物，都受到环境季节性变化的影响。很多画家都画过与四季等节律有关的画作，并且他们已经认识到不同的时间对于绘画的重要影响。国画大师黄宾虹对画山有着独到的见解，他认为山以其时光的不同，可分朝阳山、正午山、夕阳山。朝阳山与夕阳山，因阳光斜照，所以呈半阴半阳。正午山因阳光直射，所以近处平坡白，而远处山峦黑，画中山水，常见近处清淡，远山反浓黑，即是此理。如画夜山更宜用重墨。可见，时间影响着环境，也影响着艺术。艺术家深知，昼夜、季节等时间因素对于光影具有重要影响，要描绘自然风景就不容忽视。

昼夜节律、潮汐节律以及季节节律影响着地球上的芸芸众生，也是艺术创作的重要主题。例如，日本葛饰北斋的浮世绘画作《神奈川冲浪图》就与潮汐的节律有关，捷克画家慕夏（Alfons Mucha）画过不止一套以昼夜节律或者季节节律为题材的作品。我国古代的画家由于个性及品位的不同，有的爱画梅花，有的爱画菊花，有的爱画莲花，这些花卉是在不同时节开放的。

慕夏作品《四季》

说到季节节律，我们不妨来谈谈一种非常了不起的生物——蝉，也就是夏天在树上引吭高歌、聒噪不休的飞虫。蝉之所以了不起，是它们在生长、发育过程中，可以长期在地下潜伏，有的品种潜伏时间可长达17年。那么问题来了：蝉的幼虫深居地下，靠吸食植物根的汁液度日，它是怎么判断地上世界的寒来暑往，从而在刚好17年的时候才钻出地面，褪壳、长出翅膀，在夏天的时光里完成交配和繁殖，走完它的一生？

为了弄清楚这个问题，研究人员在夜里将在地下潜伏了15年的蝉的幼虫挖出，盛在掏空的土豆里运输到实验场地。实验场地里种植着桃树，研究人员把蝉的幼虫埋在桃树根下的土壤里。这里需要再来谈谈桃树，一般来说，桃树每年春天开花，秋天果实成熟，也就是说一年开一次花。但是在有些年份，如果秋季的温度、光照和湿度条件适宜，与春天比较接近，那么桃树可能在秋天也会开一次花，也就是一年会开两次花。在实验场地，研究人员可以对环境条件加以控制，让桃树或者一年开一次花，或者一年开两次花。

研究人员把这些蝉的幼虫分为两批，一批埋在一年开一次花的桃树下，另一些蝉的幼虫埋在经过控制一年开两次花的桃树下，然后观察这些蝉什么时候从地下爬出、羽化。结果显示，埋在一年开一次花的桃树根下的蝉全部都是在第17年时从地下钻洞而出，而居住在一年开两次花的桃树根下的蝉似乎乱了方寸，失去了时间感，有的在第16年时(但是桃树开了17次花)就破土而出，只有很少的蝉是在17年时才出来。这个实验至少可以说明两个问题：一方面，蝉在地下时可能是通过树根汁液成分的变化来感知时间；另一方面，蝉无法根据自身的节律去推算时间，而只能根据桃树的季节变化来决定破土而出的时间。

从蝉的例子来看，蝉自己是没有季节节律的，或者蝉有季节节律，但是它们无法根据季节节律去计算年份。究竟哪种可能性是正确的，还需要更多的研究去揭密。在《西游记》里，菩提祖师问孙悟空为学艺来灵台方寸山几年了，孙悟空答，不记得，只记得曾经在附近一座山上饱餐过七次桃子。看来此时孙悟空虽然学了筋斗云、七十二般变化的本领，但仍然蒙昧，只能像蝉一样通过桃花来计算年头。由于孙悟空是靠吃桃子来记年份，所以，假设桃树一年结两次桃子，那么孙悟空可能会记错时间。

鸟类会在特定的时节换羽。鸟身上覆盖的羽毛分为体羽和飞羽，前者主要功能是起到保温和保护作用，后者则是用于飞翔。很多鸟每年春天和秋天都要更换羽毛，包括体羽和飞羽。有人将一只雄性非洲鹟养在实验室，保持温度恒定，每天24小时中有12.8小时光照，其余的时间处于黑暗中，也就是说，在实验室里光照和温度不像野外那样有季节性的变化。这只鸟在实验室里活了10年，也算高寿了。这只生活在实验室的鹟鸟在这10年中，仍然定期换羽，在自然界里这种换羽周期是一年，在实验室里这种周期仍然存在，但有所缩短，在10个月左右。这个实验说明鹟鸟的季节节律与我们前面介绍的很多昼夜节律类似，也是内在的，而不是对环境变化的简单反应。

人的生理和行为当然也受到季节变化的影响。甲状腺素具有促进体温升高的作用，人血清中的甲状腺素含量在冬季升高，可能与维持体温有关。褪黑素的分泌也呈现出季节性变化，随着秋冬季节的来临，白昼的光照时间缩短，褪黑素的分泌时间则延长。夜晚的人工光照，对这种季节节律的变化特征会产生明显影响。

冬扇夏炉、冬箑夏裘等成语字面上的含义也是指在冬天或夏天做与时节相反的事情，行为与时令相悖。清代采蘅子所著《虫鸣漫录》记载了这样一个故事：有一个讼师（相当于现在的律师），有个客户找他代为诉讼，他虽然知道这个官司会输，但贪图这一大笔诉讼费，就收下钱，接了官司。但是他也担心官司输了会被客户告发，就想出了一条诡计。那时是盛夏6月，他在客户来家里时穿着皮袄坐在火炉边写讼状。后来客户果然败诉，就告发讼师。在县衙大堂上，讼师大呼冤枉，否认收了客户的钱。讼师问客户，你何时找过我？客户说，6月。讼师问，你找我时我在干什么？客户答，你穿着皮袄在火炉边写状纸。县令和其他人都认为客户是胡言乱语，那么热的天气，怎么可能穿皮袄、烤火炉？最后，客户被认为是诬陷讼师，讼师

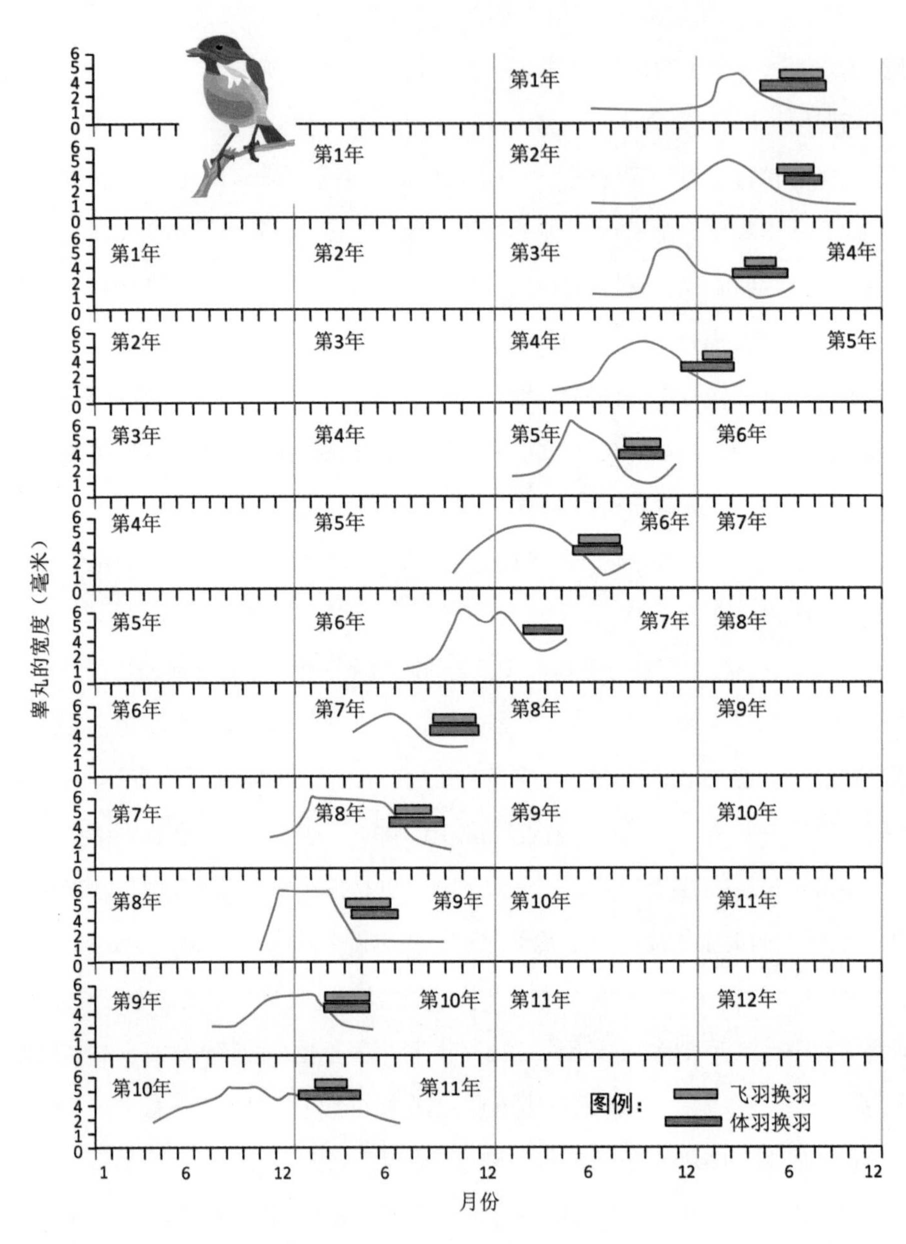

生活在实验室里的雄性非洲鹟的换羽及睾丸宽度连续11年的记录(据Gwinner,2008绘)

被无罪释放。逆时节而动,显得非常荒唐,令人难以置信,讼师正是利用这一点达到自己的目的。

在自然界,生物如果不遵从节律,必然会冻死或者饿死,惨遭淘汰。对于画家来说,只有深入观察和体会自然,尊重自然规律,作品才有生命力。印象派画家的一个重要特点就是走出画室,融入自然,在户外作画。在2012年上映的电影《雷诺阿》里,雷诺阿在已届古稀高龄且腿脚不便的情况下,还经常让仆人抬着他去室外作画。雷诺阿毕生热爱自然,在他生命的最后时刻,女仆从地中海边的小山上采来银莲花供他作画,雷诺阿忘我地画了几个小时,甚至忘记了病痛。影片末尾,他低声嘟哝着他一生中的最后一句话:“我看我开始对它有一些了解了。”这里的“它”是指花儿,还是艺术? 应该都有可能吧。

画布上的光影

左拉批评印象派画家故步自封,其中一点就是认为他们作画草率,缺乏对作品的长期构思与准备。雷诺阿对此不以为然,因为他此前就曾画过《煎饼磨坊的舞会》,这一作品里人物众多,画面共有30人,他打过两次画稿,历时6个月才完成,所以这一作品凝聚了他的大量心血,说没有精心构思和准备是不公平的。

为了按时完成画作,接下来他要在非常紧促的时间里召集到足够人数的模特,而且他只能利用周末时间来做这件事情。寻找和召集模特是一个大问题。雷诺阿费了很多周折才找到14名模特,其中有9位男士,5位女士,这些模特当中一些人是雷诺阿的朋友,还有一些是陌生人。这些模特职业各不相同,收藏家、演员、作家、战争英雄、画家、女店员、女裁缝、社会女性等。他们来自不同行业,这样更能反映真实的社会风貌,如雷诺阿所说:艺术是将爱可视化(Art was love made visible)。

1880年9月,雷诺阿在给朋友的信里谈到了对创作这幅画的想法,其中提到“我变得有点老了,我不想再拖延这份以后无法付出精力的小愉悦。我不知道能否将它完成,但是……人总需要时不时地尝试一些超越自己能力的事情”。经过数月的不懈努力，雷诺阿终于成功地捕捉住了夏末秋初塞纳河上最美丽的光影，将之定格在画布之上。这一作品最终于1880年完成，此后他还经常对局部进行修改，直至1881年定稿。作品被命名为《游船上的午餐》，但并非真的是在船只甲板上，而是在富尔奈斯饭店的露台上。

这幅画的整个画面流光飞舞，成千上万的笔触相互交叠，映射出丰富的色彩，色调的变化和过渡非常微妙。画面上，光线从遮阳棚外漫射进来，每一个人物和每一件物品都笼罩在柔和之中。除了美丽的光线与色彩以外，这幅作品还带给观者多种感官上的愉悦，让人仿佛感受到了微风拂面、水果芬芳、美酒微醺、歌声曼妙……

为了做到完美，雷诺阿在创作时对场景和道具都进行了精心的布置。雷诺阿对绘画所用的道具非常挑剔，其中包括水果。所有的葡萄、梨子、苹果都是提前几天买来，准备好，这样到了正式作画的那天梨子和苹果经过几天后熟，就会绿中带着黄，黄色里又透着红，色调丰富。

画面上，14个人物或坐或立，有的在吃东西，有的在饮酒，有的在聊天，有的在凝望，神情和动作各异，但是所有人都很放松、愉快。画中人三三两两地组成一个个小群体，但是小群体间并非孤立。画面前排穿紫色衣服女士的肩膀与后面戴草帽的男人的手臂相连，组成了一个左括弧，而右侧戴草帽的男人的背部和站立男人的左臂相连，如同一个右括弧，左右呼应。显然，画作的构图是经过了雷阿诺精心设计与构思的。

画面靠后有一位女士举着玻璃杯在喝水，尽管笔触并没有去刻画细节，但是玻璃杯的质感和透过玻璃杯的丰润脸颊非常生动。前排穿紫色衣服的女士是艾琳·沙里戈（Aline Charigot），正在嘟着嘴与她抱着的一只白色小狗对视、嬉戏。艾琳当时是一位裁缝，后来她成为雷诺阿的妻子。

月亮的孩子

从地球上看，散发着清辉的月球让人神往，但是当航天员从近处看时，灰暗的月球空寂、冷漠，远不如蓝色地球那样令人留恋。我们的微信启动页面上使用的是"阿波罗17号"航天员拍摄的地球照片并在这一背景上加了一个面朝蓝色地球的人的剪影。看来，在地球上时，仰头望明月会令我们低头思故乡；可在月球上时，那景象会更加激起我们的思乡之情。

1968年12月24日，也就是西方的平安夜，"阿波罗8号"飞船上的航天员博尔曼(Frank Frederick Borman，Ⅱ)与美国国家航空航天局(NASA)休斯顿地面控制中心进行了一段对话。

休斯顿中心：从(距离月球)112千米的高处看，古老的月球是什么样子？

博尔曼：月球基本上是一片灰暗，没有什么色彩，看起来很像是一块熟石膏，又像是铺满浅灰色沙子的海滩。我们可以看清很多细节。丰富海不像在地球上观测的那么明显，它和其他环形山并没有太大区别。环形山都是圆的，数量很多，看得出有些较年轻。许多环形山都很相似，尤其是那些圆形的，好像是陨石撞击的痕迹。贫瘠的月面，无边的孤寂让人恐惧，并让我们认识到地球是多么丰富多彩、生机勃勃。

自诞生以来，月亮对地球环境的节律性影响不仅表现在潮汐方面，也表现在光线的变化上。月亮使得地球保持在固定的倾角上旋转，否则地球就没有分明的四季了。另一方面，月球正在加速远离地球，每年和地球的距离大约增加3.8厘米。如果缺少了空寂、冷漠的月球伴侣，地球孤单日子会很不好过。

月亮与计时

蓂荚(音：míng jiá)是古代传说中的瑞草，又名“历荚”。《竹书纪年》卷上：“有草夹阶而生，月朔始生一荚，月半而生十五荚；十六日以后，日落一荚，及晦而尽；月小，则一荚焦而不落。名曰蓂荚，一曰历荚。”蓂荚每月从初一至十五，每日结一荚；从十六至月终，每日落一荚。所以从荚数多少，可以知道是何日。晋代葛洪在《抱朴子·对俗》里也提到：“唐尧观蓂荚以知月。”据记载，张衡发明的天文仪器里就有类似蓂荚的金属叶片，在一个月当中，金属叶片会依次脱落和生长。可惜这个仪器已失传，一方面，我们再也无法领略古人智慧里的奥妙了，另一方面，也难以证明这个仪器是否真的存在过。蓂荚只是传说中的植物，在自然界里并不存在，但是有研究表明，月亮对一些植物的发芽确实存在影响，例如萝卜在满月之前播种后发芽速度更快。

亘古以来，月球一直是地球的伴侣。人类居住在地球上，但是一直关注月亮，人类的生活也受到月亮的影响。日月运行都与时间有关，但是在人类早期历史中，月亮可能比太阳更早用来计年。因为太阳每天都是东升西落，过了一段时间以后就很难记清楚哪天是哪天，所以利用太阳来记录很长时间比较困难。而月亮有阴晴圆缺的变化，更容易帮助人们记住长一些的周期。例如，阴晴圆缺变化一轮就是一个月，若干个月就是一年，因此早期人类很多是采用月历计年。在我国，农历沿用至今，同时采用太阳和月亮(太阳)计时，是一种阴阳历。

古时候，月亮周期的规律性使祭祀庆典等的时间常依月相而定。例如在明清时期，所有的官员都会在每月的新月时聚会，在刻有皇家标志的金龙等图案的宝座前举行白祭仪式，以表达对皇帝的尊重。在古代，湖南岳麓书院的讲学不是每天都讲，而是只在每个月的朔、望吉日才会进行，并且每次讲学前还要举行专门的活动，很有仪式感。

看不见的潮汐

地球上的潮汐主要是由于受月球引力的影响，夜晚光照主要来自月球对太阳光的反射，此外，月球的引力也会令地球的气压和磁场出现周期性变化。作为地球的唯一卫星，月球影响着地球的环境，也影响着地球上很多生物的生理和行为。

在美国的加利福利亚州，每年初夏时节的满月夜晚，雌性银汉鱼趁潮水退去，在月光下成群结队地冲上沙滩，在沙下产卵。银汉鱼色泽亮白，而难以计数的银汉鱼一起出现在夜晚的沙滩上，更是一道奇景，常常吸引附近的居民或游客前来观看。

垂钓者发现，他们的收获经常与月相有关，很多鱼类的生理和行为都有月节律。例如，点篮子鱼在第一个四分月产卵，产卵前血清性激素、催产素达到峰值；棕点石斑鱼在满月时日落后段时间内聚集、产卵；比目鱼在后四分月和新月时的上半夜产卵，等等。

《黄帝内经》把妇女的月经称为月事，月经周期一般在21—35天，平均为28天。在月经期间，排卵后卵巢会分泌黄体素，黄体素会使女性的体温略有升高。除了这种月节律的变化外，体温也呈现出昼高夜低的节律特征。齐默尔曼(J. Zimmerman)医生对一个成年女性一个多月时间的体温变化进行监测，结果发现体温不仅显示出昼夜节律变化，还显示在每个月排卵后体温会有所升高。因此，成年女性的体温变化同时包含了昼夜节律和月节律。

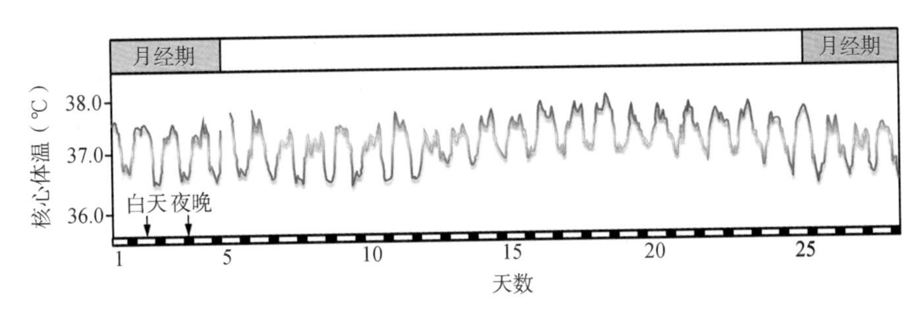

成年女性的体温节律。从中可以看到每天体温都在白天升高而在夜晚降低，同时也可以看到体温在第13天之后由于月经周期的影响而升高（据Moore-Ede et al，1982绘）

1614年，意大利医生桑托里奥设计并制造了一个很大的台秤，并在秤盘上建了一个简易的小房间，可供人坐在里面进行日常生活。通过这个装置，他发现人体很多的生理指标都存在以昼夜、周、月或季节等不同的周期发生变化的现象，例如他发现自己每个月体重都会有0.5—1千克的变化。一位名叫汉堡(Christian Hamburger)的内分泌学家连续16年保留自己的尿样，后来美国明尼苏达大学的哈尔伯格教授对尿液中的17-酮皮质类固醇(肾上腺皮质激素及雄激素的代谢产物)含量进行了分析，结果显示，17-酮皮质类固醇的含量变化存在接近30天的周期。此外，一位内科医生在南极待过一年，他睡眠时间每过一段时间就会漂移，漂移的周期大约是28天，他的睡眠节律有可能也受到了月球的影响。因此，月亮并非只是对女性有影响，男性的生理可能也存在月周期。

人类不仅受月球运行节律的影响，也受到所处环境中其他星球(太阳和地球)的周期影响。地球自转产生昼夜节律，而地球围绕太阳公转产生季节节律，这两种节律也都与人的生理和行为息息相关。因此，从生物节律的角度来看，人类不仅是月亮的孩子，也是太阳和地球的孩子，是时间的孩子。

月亮与疾病：很朦胧

在欧洲的民间传说里，经常会提到狼人。每逢月圆之夜，狼人就会从人身变为狼身，身上披满狼的毛发，性情变得残忍，嗜血杀人。被杀的人也会变成狼人，在下一次月圆时也变为狼身。这些传说给月亮平添了神秘和恐怖的色彩。在17世纪的欧洲，还有人认为家猫的眉毛会随着月相的变化而增加或减少，这与蓂荚的传说类似，只是古人的臆想，缺乏科学根据。

人类从很早就开始认为一些疾病与月亮有关。早在两千年以前，古罗马博物学家老普林尼(Pliny the Elder)就在其著作中记述了治疗癫痫病症的方法，所用药物非常古怪，例如通过吃骆驼脑或者用拌有茴香的狮子油脂来进行治疗等。当时人们认为癫痫的发作与月亮的周期有关，因此为了最大地发挥药效，需在每个月的特定时间服用这些古怪的药物。由于人们笃信这些疾病与月亮具有密切的关系，一些疯癫或精神失常行为甚至被称为lunacy，据说法国国王查理六世(Charles Ⅵ le Insense)每到月圆之夜必会发疯。

古代西方的人们认为月亮与人的情绪和精神状态存在密切的关联，认为满月是魔法和谋害的信号。普希金(Александр Сергеевич Пушкин)的诗里也说“阴沉的白昼隐去，阴沉的夜晚用铅灰色的云幕遮住了长空，月亮像个幽灵朦朦胧胧”。在王尔德(Oscar Wilde)的悲剧作品《莎乐美》里，就反复提到了悲剧发生前的月亮，例如在故事一开始，年轻叙利亚人和希罗底(Herodlas)的小童之间的对话：“快看月亮！快看月亮多么古怪啊！它像一个女子从墓中缓缓升起。它像死去的女人。你会觉得它在寻找死去的东西。”莎乐美(Salomé)在出场后也注意到月亮：“看见月亮多好啊。她像一枚小硬币，你会以为她就是一朵银色的花朵。”希罗底的小童后来又说：“噢！月亮的样子多么古怪呀。你会以为它是死女人的手，正在寻找裹尸布把自己覆盖上。”后来希律(Herod)又说：“月亮今天晚上样子很怪。月亮看上去不是很怪吗？它像一个疯女人，一个到处寻找情人的疯女人。”在《莎乐美》当中，王尔德反复用月亮来为后面即将发生的悲剧做铺垫，显然他也深信月亮影响情绪的说法。那么，人类的精神状态和疾病真的与月亮有关吗？

月亮控制人的情绪

1985年曾有人做过一次调查，调查对象为165名在校大学生，调查的主要问题就是了解他们是否相信月亮与人的行为有关。结果显示，在这些大学生里，有81人表示相信在月圆的日子里人的行为会比较古怪。巴黎消防队在每个望月的夜晚，都进入超警戒状态，他们声称，望月上四，纵火犯的活动会增加。一位警察署长认为，纵火犯、盗贼、漫不经心的驾驶员和酗酒者，好像更趋于在望月时滋事，而满月渐渐缩小（月亏）时，情况又开始平静。还有人说，望月时月光太强，导致睡眠困难。当然这些调查都是针对受访对象的主观调查，缺乏客观性。

在针对86名精神科护士的一项调查中，有64人（占74%）深信月相对精神性疾病的发病具有影响，其余的人则认为尽管不一定全部是，但是至少有相当一部分的精神性疾病的发病受到月相的影响。一项研究直接分析了800多名精神病患者的发病情况，发现他们在满月前后那几天发病率明显高于新月或残月时间段，说明月周期确有可能影响人的情绪和健康。

不过，关于月亮是否影响以及如何影响人的情绪和健康这些问题，迄今并没有更多的研究，因此这些问题目前仍然很不清楚。有精神病学家指出，人体约有80%是液体，月球引力也能像引起海洋潮汐般对人体中的液体发生作用，造成人体的“生物高潮”和“生物低潮”，但这种说法缺乏确凿的证据。还有人认为，月球对人的影响主要是由于光照引起的。在生物当中，一些真菌可以感受到夜晚月亮阴晴圆缺的变化，并根据月光的强弱调节自身的节律。

苏东坡曾说过“早寝以当富”，但在实际生活里，苏同学并不是坚持早睡习惯的好同学。苏同学读书非常用功，他曾自述：观书之乐，夜常以三鼓为率，虽大醉后，亦必披展，至倦乃寝。《东坡记游》里记述，苏东坡在宋元丰六年十月十二日夜解衣欲睡，月光照入门内。苏东坡兴致大发，欣然起床，跑到附近承天寺去找张怀民。张怀民也还没有睡，两人移步至庭院共赏月色。月光影响，加之文化因素，例如因明月之美而兴奋或因思乡而悲切，亦可影响睡眠。

《三国演义》中写道，建安十三年冬十一月十五日夜晚，赤壁大战将临，时东山月上，皎皎如同白日。曹操在江中大船上宴会群臣。酒席上，“曹操正笑谈间，忽闻鸦声望南飞鸣而去。操问曰：‘此鸦缘何夜鸣？’左右答曰：‘鸦见月明，疑是天晓，故离树而鸣也。’”曹操的《短歌行》中有“月明星稀，乌鹊南飞”，大约源于此。不过，乌鸦夜飞可能有很多原因，未必是光照或生物钟错乱，也可能是被曹操等人的喧闹而惊飞。如果是月明而惊飞,则每个月月圆时都会有鸟被惊飞。对事情各种的可能原因进行分析,而非管中窥豹,才可能准确而全面地认知事物,这也是一种基本的科学态度。

除了光照以外,月球的运转会造成地球磁场的周期性变化,对涡虫的运动会产生影响。月光与磁场究竟哪一种因素对于生物的月节律更为重要?或者还有其他未知因素也会起作用?这些问题都有待于深入研究。

英国著名侦探小说家阿加莎·克里斯蒂(Agatha Christie)的《死亡草》里有一则故事,一个女人患有精神病,经常无事生非,与丈夫吵闹,但丈夫为人厚道,仍然悉心照料她。女主人还笃信算命,有一次算命的人告诉她,如果月圆之夜在房间里看见蓝色的花,就会噩运临头,男主人和护士都不信,但是诡异的是,每次到了月圆之夜,床头墙纸上原本粉红色的花在第二天早晨就会变成蓝色。最终,女主人在一个月圆之夜死亡。看到这里,读者肯定会认为这是月亮惹的祸。但是,经过侦探分析,发现原来这一切都是护士的阴谋,就连墙纸上花朵的颜色变化也是护士操纵的。那个年代病人经常会吸嗅盐瓶,而嗅盐里含有碱性的氨水。护士提前在花朵上涂上了无色的石蕊。每天早晨护士进女人的房间后都会打开嗅盐瓶,让氨水对着粉红色的花熏一会,我们在中学都学过,石蕊是一种酸碱指示剂,遇到氨水很快就会变蓝,然后氨水慢慢挥发,花就又变成了粉红色。至于女主人的死,实际上也是护士干的,并非是月亮惹的祸。

收获的时节

我们都知道狗熊在春天和夏天要大量觅食，到了深秋就要钻到洞里开始冬眠，直到第二年春天才出洞，开始四处活动、觅食。美国漫画家克里莫(Liz Climo)的画册有这么一幅画：一只小熊拿着闹钟问小兔子，能帮我设个闹钟不？好复杂，我搞不来。兔子说，没问题。你准备啥时醒？小熊回答说，春天。克里莫的这个漫画反映的正是熊冬眠的特征。与熊不同，兔子是不冬眠的。

季节变化对于各种生物的生理和行为都存在重要的影响。亚里士多德的《动物志》中记载：蚱蜢在夏末产卵，产后便死。蚁经交配而产蛆(籽卵)，这些蛆不附着于任何特定的事物，它们那原来的小圆体逐渐长大而伸长，最后具形而成为虫，这些都是在春季发生。黄蜂与胡蜂的幼虫不在春季而在秋季出生，在月盈的时日，它们长大的速度特为显著。

节律与收成

《山海经》记载：橐䖳(音肥)，是一种鸟，样子看起来有点像猫头鹰，但长着一张人脸，只有一条腿。这种怪鸟在冬天出现而在夏天蛰伏，因此它的生活具有季节性的规律。四季变换，影响着芸芸众生，对于人类的农业、畜牧业和渔业等生产活动也有非常重要的影响。

人类很早就开始根据天象来指导农业生产。古埃及人注意到，每年尼罗河开始泛滥时，天狼星正好在太阳升起前位于黎明的东方天空(每年7月19日)。埃及

《山海经》中的櫜𩇯

神话里天狼星女神索提斯(Sothis,也称为Sopdet),经常以头顶上有星星的女神形象出现,也有用公牛等表示。尼罗河水泛滥会带来肥沃的淤泥,因此意味着耕种的时节到来了。

我国很早就根据天象来区分时节,湖北省博物馆里陈列着曾侯乙墓出土的一个衣箱,上面绘着围绕北斗七星的廿八星宿图,这也是世界上发现最早的完整星宿体系。成书于战国时代的《夏小正》中提到,那时候的人们已经可以根据北斗七星的斗柄变化情况判断季节的更替。在古代的廿八星宿中,有一个房宿,由四颗星组成,当春天到来时,这四颗星在天空中呈南北方向排列,人们就要开始春耕,帝王也要举行祭祀活动,以乞求风调雨顺和五谷丰登。因此,房宿与我国古代农业耕种的生产实践具有密切的关联。

《黄帝内经》云:春生夏长,秋收冬藏。古代的启蒙读本《千字文》里也有这么一句"寒来暑往,秋收冬藏"。春天作物萌发,夏天茁壮生长,秋天收割作物,冬天储藏食物。受气温高低、日照时间长短等因素的影响,我们熟知的农作物多数都有季节周期,春种秋收,从耕耘、播种到收获都要遵循季节的规律才能五谷丰登。

不仅很多农作物在秋天成熟,经过了食物丰盛的夏季,秋季时牲畜肉类产品或动物皮毛的产量也会增加。古书记载秦朝的蒙恬最早制作毛笔,他用的是中山国(今河北石家庄附近地区)的兔毛,因为这个地区的兔子肥而且毛长。蒙恬还认为采兔毛必须在仲秋月进行,这个时候的兔毛做笔质量最好。还有一些报道称木材的质量与月相有关,2010年有人对挪威森林里的云杉树和甜板栗树进行调查,结果发现木材的材质和月周期存在关联。在建筑工程中,"月亮材"的抗压强度比其他时间砍伐的木材高出约10%。如果当作燃料,据说在月圆时砍伐的木材更耐烧,相同质量的木材燃烧可以产生更多的热量。

小提琴是用优质的木材制作的,据哈特-戴维斯(Adam Hart-Davis)在《时间是什么》一书中记述,瑞士的一家公司专门制作小提琴,已有几个世纪。这家公司每年只在特定的时间去采伐云杉,每年都是在10月下旬和次年1月之间的新月之前的最后几天采伐。据他们说,在这段时间砍伐的木材更轻,制作成小提琴后共鸣效果更佳。

不同作物的播种和收获时间也是不同的,例如小麦在冬季或春季播种,水稻按不同地区在春季或夏季插秧。果树尽管是多年生植物,但生长、荣枯也受到季节的影响,人们常说果树在秋季时硕果累累,其实也是各不相同,例如荔枝在春、夏季成熟,而冬桃在晚秋、初冬才成熟。

人类不仅在陆地上耕种,在海洋里也建起了农场。在近海,人们用竹竿搭起架子,将紫菜苗铺在上面进行人工养殖。当潮水涨起,紫菜没在水下,吸收海水的养分;当潮水退去,紫菜露出海面,利用阳光进行光合作用,不断生长。在潮汐节律的影响下,经过阳光和海水滋养,经过大约三个多月,紫菜就长成了,到了收获的时间。

不顾节律的捕蟹人

清代聂璜的《海错图》记载了不同鱼类的捕捞季节:凡海鱼多以春发,独带鱼以冬发,至十二月仍散矣。在日本,人们将马鲛鱼在濑户内海成群出现视为春天来临的象征,因此,马鲛鱼也叫社交鱼。在日文里,"鰆"就是马鲛鱼的意思。对于河豚,苏轼的诗句里说的"正是河豚欲上时",意思是指春季到了,河豚鱼从海里开始往内陆江河里洄游、繁殖。

我们在小学时都学过一首诗: 江上往来人,但爱鲈鱼美。君看一叶舟,出没风波里。讲的是渔夫的艰辛与不易。但是,与阿拉斯加的捕蟹人相比,捕鲈鱼者所面临的艰辛与危险只不过是小巫见大巫。

帝王蟹个头大、腿长、肉多,是经历亿万年进化出来的美味(当然,帝王蟹并不是为了进化成食物),但是吃帝王蟹的人很少知道捕蟹人所付出的心血。每年到了捕蟹时节,捕蟹人在严寒与浪涛里玩命工作,不舍昼夜。一个捕蟹笼重达数百公斤,全靠人力拖拽。阿拉斯加捕蟹人工作风险很高,差不多有三分之一的人死在捕蟹途中。除了严寒与骇浪,夜间的连续工作造成的睡眠不足和节律紊乱也会损害他们的健康,容易造成工作失误和事故。

在一天当中的不同时间,捕鱼人的收获也会有很大差异。在海鲜市场上看不到有活带鱼售卖,据说是因为带鱼为深海鱼,如果浮上海面则会因体内外压力不平衡而“五脏俱裂”。但是,对此也存在不同说法,比如有人说带鱼并不总是躲在深海,在傍晚的时候也会游到海面,在清晨的时候又返回海底。因此,渔民经常会在这个时间段捕获到带鱼。亚里士多德在《动物志》中记载:海捞在日出前与日落后,或泛说在晨曦与夕阳时,所获最多。渔人都在这时候撒网,他们称这时候起网为“及时网”,实际是鱼类在这时视觉特弱;夜间它们静息,而白日的阳光渐强时,它们也看得较清楚容易逃脱了。

《舌尖上的中国》提到,浙西和赣南地区河流很多,是鱼米之乡。这里的人们爱吃螺蛳,其中一种生活在山里河流里的青蛳最受青睐。青蛳昼伏夜出,捕螺人得在夜间去捞,捞回来的青蛳配上紫苏炒,味道鲜美无比。

番茄的驯化

番茄也叫西红柿,发源于南美洲,哥伦布到达美洲以后发现了番茄,并将之带回了欧洲。番茄在明代时传入我国,明代赵崡在《植品》一书中最早记载了番茄。赵崡在书中提到,番茄是西方传教士在稍早的万历年间,和向日葵一起被带到中国来的,当时将番茄称为“蕃柿”。但是,在明代时番茄只是用来观赏的。直到晚清光绪中期,食用品种的番茄被引入中国,才上了百姓的餐桌。

南美洲的番茄祖先结出的果实很小,经过印第安人长期驯化,番茄可以结出樱桃般大小的果实。后来，番茄逐渐传播至世界各地，经过长期驯化，果实越来越大。

有人将世界上不同地区的三种番茄进行比较研究，对它们的生物节律特征进行分析，包括位于秘鲁和厄瓜多尔的野生番茄、位于秘鲁和厄瓜多尔的醋栗番茄和墨西哥的现代番茄。在这三种番茄中，野生番茄与番茄的祖先最为接近，个头很小，和樱桃差不多大，颜色都是绿色的，而不像现在的番茄是红色的。野生番茄在研究中代表祖先番茄。醋栗番茄的个头和野生番茄差不多大，但是颜色是红色的，代表印第安人驯化出来的番茄品种。现代番茄选用的是个大鲜红的品种。

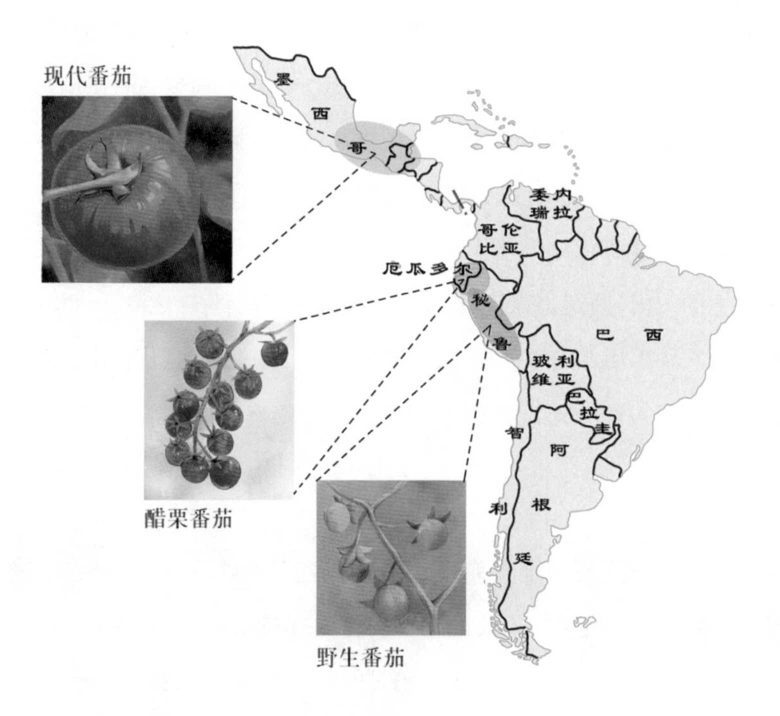

番茄的驯化与变迁。图中画出了三种番茄，位于秘鲁和厄瓜多尔的野生番茄、位于秘鲁和厄瓜多尔的醋栗番茄和墨西哥的现代番茄。现代番茄已经传播到世界各地（据Muller，2016绘）

研究人员让这三种番茄在持续光照的环境下生长，再测定它们的节律，发现现代番茄的周期比醋栗番茄长，而醋栗番茄的周期又比野生番茄长。当然，在自然界的昼夜交替环境下，三种番茄表现出来的周期都是24小时，那么在恒定条件下周期的长短有什么意义呢？

在同一种生物当中，在恒定条件下表现出长周期的品种通常在昼夜交替环境下其相位比较晚；反过来，在恒定条件下表现出短周期的品种在昼夜交替环境下的相位比较早。可以这么说，夜猫子型和百灵鸟型这两类人如果让他们在地下洞穴或者缺少时间提示的隔离室里生活，夜猫子型的人表现出的周期会比百灵鸟型的人长。

番茄起源于赤道附近的地区，在后来驯化过程中，番茄传播到了高纬度地区。在高维度地区，冬季每天光照时间比赤道地区短，但是夏季每天光照时间比赤道地区长。现代番茄的相位较晚意味着每天接受光照进行光合作用的时间更长，有助于产量的提高。此外，经过驯化，现代番茄植株比野生番茄矮，叶绿素含量比野生番茄高，开花时间也比野生番茄晚，这样有助于积累更多的养分。

现代番茄的相位最晚，意味着它可以更充分地利用白天的光照时间进行光合作用，这样可以提高产量。也就是说，经过人类的栽培与驯化，在恒定条件下周期长、产量高的番茄被选择和保留下来，并逐渐被推广到世界很多地方。

信守与时间的约定，就可以得到丰厚的回报。

第四篇

特殊环境里的节律

这个星球(地球)按照引力的规律周期性转动,
美丽和奇特的无尽(生命)形式得以演化出来。

——达尔文

黑暗里的生物钟

地球在不停地自转,生物钟赋予各种生物24小时的生理与行为周期,以适应光线、温度、湿度等环境因素的昼夜周期性变化。如果适应不了环境周期,那么这些生物就会被大自然从地球生物名单里剔除。

但是,地球上有一些特殊的地方,并没有光照、温度等环境因子的周期性变化,例如幽深、黑暗的洞穴,深海底部的火山口、南北极等。亚里士多德在《物理学》中说,如果周围一片漆黑,身体几乎什么都感觉不到,但心里有些想法在改变,我们仍然认为时间在流逝。那么,在这些幽深、黑暗的地方,生物还有没有节律呢?生物钟赋予地球上的许多生物适应环境昼夜变化的能力,但是在那些不受昼夜交替影响的环境里,生物钟是否还有用呢?

洞穴里的鱼

明代探险家徐霞客说过:"凡世间奇险瑰丽之观,常在险处。"自古以来,神秘的洞穴就吸引了无数人前往探秘。地下洞穴里虽然漆黑一片,但并非没有生机,这里也生活着不同种类的动物。洞穴里的动物也可以按生活方式分为不同的类型,有固定居民也有临时过客。有些动物从生到死都居住在黑暗的洞穴里,例如下面要介绍的洞穴鱼和居住在洞穴深处的发光蠕虫,它们是洞穴的永久居民,称为穴居动物。有些动物每天在洞穴与外面环境之间往返,例如昼伏夜出的蝙蝠,它们白天藏身在洞穴里休息,到了夜晚出去捕食,是半穴居动物。还有些动物是多面手,洞内外的环境都可以适应，如蜈蚣、蜘蛛、鼯鼠等，它们时而出没于洞内，时而跑到洞外生活，是洞穴的偶居动物。

洞穴的黑暗环境对生活在洞穴里的动物有很大的影响。经历漫长岁月，洞穴鱼已经适应了洞穴环境。目前世界上已经发现超过200种的洞穴鱼，它们的进化过程各自独立，但是生理特征方面存在一些共同点，最为显著的两个特征就是对食物需求的减少和视觉的丧失：它们的眼睛都有不同程度的退化，半盲或全盲。据统计，眼睛为了产生视觉，所消耗的能量约占整个身体消耗能量的10%，这个比例很高。因此，从能量的角度看，洞穴鱼眼睛的退化对于它们来说可能也是一种适应。洞穴鱼的视觉退化了，但是其他一些感知觉包括味觉、嗅觉、压力和牵拉等机械感觉等则变得发达起来。此外，由于生活在不见阳光的洞穴里，洞穴鱼的色素消退，体色发白或者接近透明。

在南美洲，许多的洞穴鱼都属于鲶鱼一类。在南亚和中国南方，尽管地面的河流里有很多鲶鱼，洞穴里的鱼却几乎有一半属于泥鳅或鲤鱼家族。关于洞穴鱼种类差异的具体原因尚不清楚，一个可能的解释是在这些地区，泥鳅和鲤鱼的祖先可能分别更适应各自所在地区的洞穴环境。地面上的泥鳅经常藏身于河底的石头底下，捕食水生昆虫的幼虫。鲤鱼的一个过"鱼"之处是可以在低氧的条件下进行无氧代谢，减少氧气消耗。这些特点或许都对洞穴鱼的祖先进入和适应洞穴生活有所帮助。

生物钟赋予生物适应24小时光暗周期的能力，对于很多生物来说，环境的变化、食物的获得都具有昼夜的节律性，因此在生理、行为和代谢等方面保持与环境相适应的周期对于它们的生存至关重要。对于洞穴动物来说，光照、温度等环境因素的变化很不明显，食物的获得经常是季节性的，间歇性的，或者没有明显规律的。当然，在不同的洞穴里，这些因素也会存在差异。洞穴里的生物食物来源少，饥一顿饱一顿是常态，洞穴鱼在代谢方面也发生了明显的改变。与外界的鱼相比，洞穴鱼代谢功能变得更为高效，进食行为、活动行为发生改变，生物节律丧失了，觉

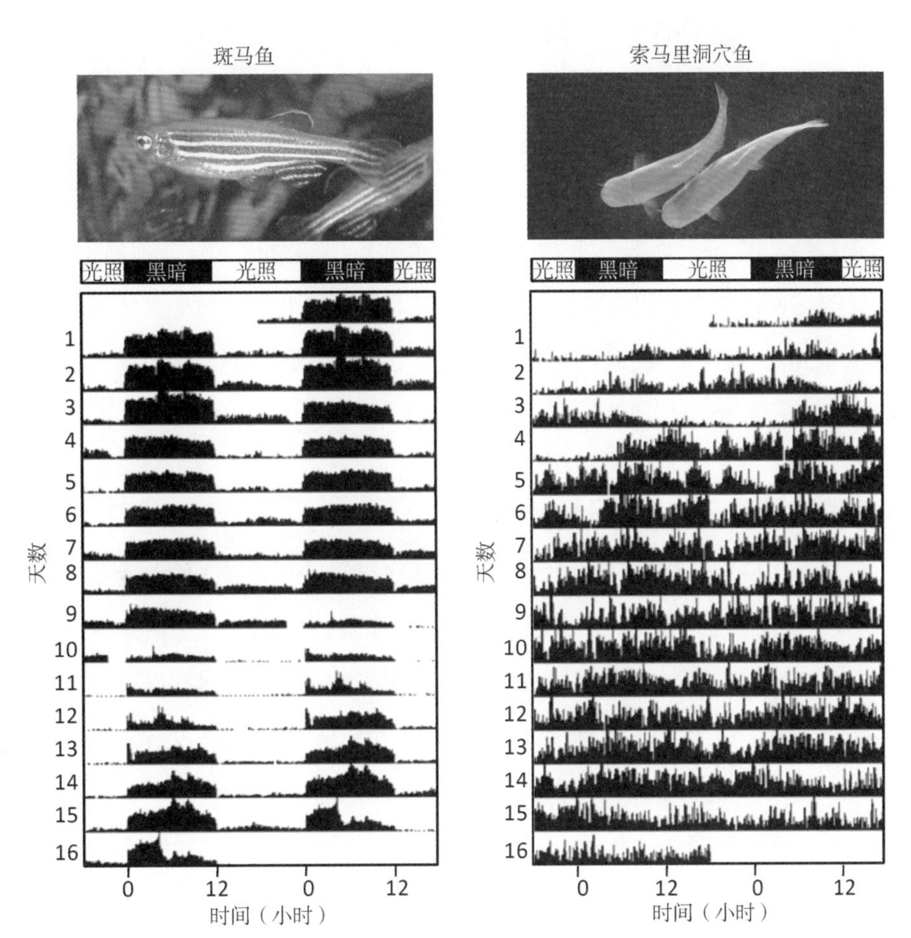

斑马鱼(左)和洞穴鱼(右)的节律比较。两种鱼在实验室里都生活在12小时光照:12小时黑暗的交替环境里,模拟一天的昼夜变化,连续观察16天。黑线表示活动强度,斑马鱼随着光变化显示出节律性,而洞穴鱼活动没有明显的节律性(节律图引自Cavallari et al,2011)

醒状态的时间也有所增加。

与地面上的近亲相比,洞穴鱼身体里的脂肪含量更高,这样更有利于它们适应长期食物匮乏的环境。它们的代谢率低,耗氧量也低。对于洞外的鱼来说,它们的代谢是受到生物钟调节的,也就是说,即使这些鱼不动不吃,其代谢仍然会表现出24小时的周期,但是对于洞穴鱼来说,由于生物钟的功能丧失,代谢也不再具有节律，由此可以大幅度降低能量消耗，比洞外的鱼低三分之一至二分之一。

从260万—140万年前开始，安氏坑鱼（*Phreatichthys andruzzii*）世世代代生活在索马里的黑暗洞穴里，它们的眼睛在结构和功能上都出现了显著退化，不再具有视觉。索马里洞穴鱼的眼睛不但看不到光，光也不能让它们产生节律。这种鱼仍然有生物钟基因，而且能够表达，却不能被光牵引。但是，如果每天定时喂食，仍然可以让这些基因的表达出现节律，说明它们生物钟系统并没有完全退化。与索马里洞穴鱼相比，斑马鱼具有视觉系统，在昼夜交替的环境里可以维持24小时周期的节律。

洞穴里的租客——蜈蚣与蝙蝠

蜈蚣既可以生活在洞穴外面，也可以生活在洞穴里面。与这种生活习性相适应，洞穴蜈蚣的生物节律并没有消失殆尽。一项实验的结果揭示，生活在洞穴里的蜈蚣，有大约一半节律出现自运行，其余的则没有节律。如果把这些蜈蚣放在昼夜交替的环境里培养，然后再放到持续黑暗的环境里，有一部分原先没有节律的蜈蚣也可以表现出自运行的节律。这说明，洞穴蜈蚣的生物钟的"元件"——也就是负责调节生物钟的基因——都还存在并且也是具有功能的，在光诱导的条件下有可能恢复功能。

一些洞穴里居住着成千上万只蝙蝠，外面的光线到达不了这些洞穴，因此洞穴一片昏暗。但蝙蝠只是洞穴的租客，它们白天栖息在洞穴里，夜晚飞出洞穴觅食。

尽管蝙蝠白天时待在漆黑的洞穴里，但它们仍然能够计算出外界的时间。每天到了傍晚天还没黑的时候，这些蝙蝠体温就开始升高，在洞穴里四处飞动、热身，然后倾巢出动，天亮前又返回洞穴。蝙蝠的生物钟赋予它们预测时间的能力。

每天清晨，蝙蝠饱餐归来，挂在洞壁上进入梦乡。但它们会排泄很多粪便，落在洞穴的下方。很多的穴居甲虫、沟虾、尺蛾、蟑螂等盘距在此，它们不挑食，以蝙蝠粪便为大餐。如果有倒霉的蝙蝠不小心从洞壁上掉下来，也会顷刻间被各种虫子啃得只剩下骨架。

蝙蝠虽然生活在不见光的洞穴深处，但是每天仍要飞出洞穴，与外界环境接触，所以它们仍然保持非常明显的节律。靠蝙蝠粪营生的动物因为受到蝙蝠的间接影响，也具有节律特征。看来，洞穴里的生物由于其生活习性、在洞穴里进化的时间等因素的不同，在是否保持节律上也存在着明显的差异。

编织浪漫的杀手——发光蠕虫

在澳大利亚和新西兰的一些洞穴里，生活着一种萤火虫，学名叫扁角菌蚊，也叫发光蕈蚊。这种萤火虫在幼体的时候，也被称为发光蠕虫（glowworm），因为它们的尾部可以发出幽蓝色的光，在黑暗的洞穴里看起来如同夜空里的星星，如梦似幻。它们虽然被称为发光萤火虫，但实际上与萤火虫相去甚远。发光蠕虫除了会发光，还会吐出很黏的液体，这些液体看起来像一串串的珍珠，从洞顶垂下来，垂下银珠粒粒圆，所以这些虫子也被称为幽帘虫。国内一些溶洞里也有扁角菌蚊，也会吐出黏液，但是不会发光。

发光蠕虫具有24小时的荧光节律，白天时它们发出的光更强，也就是说，它们虽然生活在永恒的黑暗里但是仍然保持着节律。尤其让人叹为观止的是，洞穴深处的发光蠕虫发出的幽蓝色荧光看起来最为美丽，而且它们彼此之间发光是同步的，整个洞穴里幽蓝的光同时闪烁，一闪一闪亮晶晶，仿佛天上小星星。不过这份美丽背后隐藏的却是杀机，吐出这些美丽黏液的萤火虫幼虫看起来浪漫，但这些黏液珍珠实际上是它们布下的美丽陷阱。当有飞虫为荧光吸引而来被黏液粘住时，那些肉乎乎的发光蠕虫感觉到振动，就会像渔夫收回鱼线那样把黏液丝拖上去，然后把落难者吞噬。如果两只发光蠕虫的领地靠得太近，它们也会自相残杀。因此，它们成群结队住在洞穴里，但是彼此间又保持几厘米的距离。

发光蠕虫有不同种类，即使是同一种发光蠕虫，分布也不同。有的发光蠕虫生活在终年黑暗的深洞里，有的生活在洞外的雨林里，还有的生活在光线阴暗的洞口

发光蠕虫在黑暗洞穴里发出幽蓝的荧光。右下角是一只褐色的发光蠕虫，穿行在珍珠串般的黏丝中

附近。与居住在洞穴深处的发光蠕虫不同，住在洞口和雨林里的发光蠕虫在夜晚发光强，如果受到光照，它们发光的强度就会被抑制。前文介绍过，节律在恒定条件下会出现自运行，偏离24小时，可是居住在持续黑暗、温度恒定洞穴里的发光蠕虫仍然能够保持24小时的周期，说明它们仍然可以感受到外界的环境变化。那么究竟是什么环境因素的周期变化使得发光蠕虫保持24小时周期、与外界的昼夜环境同步呢？

我们刚才提到居住在不见光的深洞里的动物可能由于生活受到每天穿梭于洞内洞外的蝙蝠的影响，而具有节律。那么洞穴内的发光蠕虫具有节律，是否也是由于受到蝙蝠的影响？但是，在没有蝙蝠生活的洞穴内，例如塔斯马尼亚地区的洞穴，发光蠕虫仍然具有24小时的周期。因此，可以排除这一可能性。

在洞穴深处，虽然永远是漆黑一片，而且温度恒定（一些洞穴里的年温差甚至不超过1℃)，但是地球自转仍会导致一些微弱环境因子表现出昼夜变化的特征，譬如重力、磁场、气压等。这些环境因素的昼夜变化是否可能是引起发光蠕虫节律的原因？这种可能性倒是有，但也很难站得住脚，因为这些环境因子虽然有微弱的昼夜变化，但是对发光蠕虫的生存不会有什么影响，而环境变化通常要影响生物的生存才会对它们的生理和行为产生影响。

还有一种可能性是，发光蠕虫的猎物——飞虫的出现具有稳定的24小时周期，导致发光蠕虫的行为也随之出现稳定的24小时周期。这些飞虫的幼虫随地下河流漂进洞里，然后在洞里羽化，长出翅膀，在黑暗里四处飞，稍不留神就会被发光蠕虫的黏液捕获。这些飞虫的羽化是有节律的，这样就导致发光蠕虫的用餐时间也有了节律。也就是说，发光蠕虫是间接地通过这些飞虫受到洞外环境周期影响的。研究人员发现，神秘河洞穴(Mystery Creek Cave)里飞虫的数量在傍晚至午夜最多，这一发现支持了这种解释。

在地面上，有些生物没有节律；在黑暗的洞穴里，有些生物却有节律。总是有未知，总是有例外，这就是丰富多彩的大千世界。

缓慢演化的生物钟

长期生活在缺乏昼夜变化环境里的生物通常没有节律，而生活在昼夜变化环境里的生物通常有节律。那如果让具有节律的生物连续很多代生活在持续不变的环境里，它们的节律是否会丧失呢？有人让鼠和果蝇生活在持续光照条件或者持续的弱光条件下，数十代过去，这些生物的生物钟仍然没有消失——几十代对于进化所需的漫长时间来说，毕竟太短。

反过来，大肠杆菌、酵母等微生物没有24小时的节律，如果让它们长期生活在人造的昼夜环境里，它们是否会产生出周期？美国范德堡大学的卡尔·约翰逊教授长期以来坚持在做一个有趣的实验：把原本没有24小时周期的大肠杆菌进行诱导，看它们是否可以产生和进化出这种周期。我们知道紫外线具有杀菌作用，约翰逊教授的研究小组每天都在白天用紫外线照射细菌,夜晚则不照射。一定剂量的紫外线照射可以杀死一部分细菌,但不会杀死所有的细菌。如果细菌在正常条件下20分钟就可以繁殖一代,理论上每天可以繁殖72代。近30年过去了,已经在实验室繁殖了50万代以上,但是约翰逊实验室的大肠杆菌仍然没有演化出24小时周期的生物钟。

在野外,斑马鱼大约5个月繁殖一代,对于那些在索马里洞穴里生活了140万—260万年的鱼来说,如果按140万年计算的话,穴里的斑马鱼有6 720 000代了。经历了那么长久的时间,它们的体色、身体构造都出现了明显的改变,甚至连生物节律也消失了。看来,生物钟是大自然恩赐与种族世世代代演化的结晶,想得到很难,想丢弃也没那么容易。

光明的阴影

有两句古语:金乌西坠兔东升,日夜循环至古今。金乌是指太阳,兔是指月亮,两句话的意思是,太阳西落月亮东升,日夜循环,从古至今,莫不如此。这句话与陶渊明“白日沦西阿,素月出东岭”的诗句意思相仿。泰戈尔有一首小诗“月儿啊,你在等候什么?等待向太阳致敬,因为我得给它让路”,写的也是日月轮转,昼夜交替。

白天和夜晚的光照强度差异巨大。如果用专门测量光强度的仪器进行测量,在晴朗的中午,室外对着太阳的方向光照强度可达10万勒克斯(lux),在办公室一般只有200—500勒克斯。勒克斯是光的强度单位。夜晚的时候,室内亮着灯的客厅有50—200勒克斯,室外满月时的光强也不过30勒克斯,距离一支点燃的蜡烛30厘米远时光的强度约为30勒克斯。没有月亮的星空,光照强度只有0.1勒克斯。在梵高的名作《吃土豆的人》里,农民一家人围坐桌边,吃他们的土豆。餐桌上方是一盏昏暗的油灯。后来人们发明并开始使用汽灯,汽灯比油灯好一些,但是仍然不够明亮,估计只有几十勒克斯。

人类是昼行性动物,漆黑的夜晚会令我们惶恐不安。自从远古时代人类的祖先学会使用火,他们穴居的山洞里就充满温暖与光明。到了近现代,我们更是可以使用更多物理和化学形式的能量点亮夜晚。我们的夜晚不再漆黑,而是充满光明,光明的夜晚令我们安心、舒适。

梵高作品《吃土豆的人》。在如此昏暗的灯光下，光照强度估计只有几十勒克斯

越来越亮的夜晚

明朝张岱的《夜航船》记载，王介甫尝见举烛，因言："佛书有日月灯光明佛，灯光岂得配日月？"吕吉甫曰："日昱乎昼，月昱乎夜，灯光昱乎昼夜，日月所不及，其用无差。"介甫大以为然。这段话的大意是，佛经里记载日月灯光都可以用来照亮佛像，王介甫对此有疑问，觉得灯烛之火无法与日月之辉相比。但是，吕吉甫认为太阳照亮白天，月亮照亮夜晚。灯烛则可以在白天和夜晚都发出光明，因此觉得灯光在这一点上比太阳和月亮强。

1879年10月，美国伟大的发明家爱迪生(Thomas Edison)发明了电灯，给暗夜带来了光明。爱迪生还创立了爱迪生电灯公司，后来经过重组成为爱迪生通用电气公司，也就是现在的通用电气公司的前身。

对于电灯这一伟大的发明，爱迪生电灯公司对电灯的推介自然不遗余力。他们在宣传单上写着:“这个房间安装了爱迪生电灯。不要尝试用火柴去点燃电灯,只要按一下墙上的开关就可以开灯。用电来照明既不会损害健康,也不会影响睡眠。”电灯的发明无疑使人类的夜晚变得明亮,变得丰富多彩。害怕黑夜的人也可以在夜晚靠着电灯的光亮温暖自己。

在生物节律研究早期,一段时间内有人认为,人类的生物钟已经进化到不受外界光照环境影响的程度了。那么,电灯真的对人类的睡眠和健康没有丝毫损害吗?据统计,现在的美国人每天的睡眠时间比100年前的人们减少了大约2小时。在日本,有四成人每天睡眠不足6小时。1999年,德门特(William DeMent)和沃恩(Christopher Vaughan)在一篇文章里这样写道:“我们睡眠不足,自然的睡眠周期也被打乱,这都与一项伟大的科技发明产品——电灯有关。”两位作者显然认为,人们睡眠不足并丧失了自然的节律,应当归咎于电灯。爱迪生在此躺枪。

当然,无论如何,我们不能因为电灯的副作用而贬低或抹杀爱迪生以及电灯的发明。但是,我们也不能忽略这个事实:夜间的灯光会影响人类以及人类生活地附近其他生物的节律,这个问题需要重视。我们不应该责怪爱迪生发明电灯,科技产品在于人类自己如何使用。但是,爱迪生的确曾经说过:“睡眠是荒谬之举,是不良的习惯。”从生物钟和睡眠的角度来看,他这句话挺荒谬的。

原始人和古人的睡眠

在比利时文学家梅特林克的剧作《青鸟》中,“夜”是一位容貌清丽的姑娘,身着一袭黑色长裙。她发出感慨:“我越来越不知道人类到底要干什么了……他们到底还想得到什么?难道必须让他们把我啃食得干干净净吗?……我三分之一的‘秘密’已经被人类洞悉。”这段话比较晦涩,大意是说人类通过人工光照,在夜间的活动越来越多,被光明照亮的时间越来越长,使得黑夜的时间越来越短。

如果说现代人夜晚活动增加、睡眠减少,那么古代人究竟是否睡得比我们多呢?这个问题较难回答,因为毕竟我们没办法回到过去对古人的起居时间进行精确统计。但是,有一个替代的办法,即地球上还有一些地方有原始部落,那里的原住民仍然没有电灯,没有现代科技,了解他们的睡眠状况,可以据此推断古人的睡眠情况。

阿根廷大查科地区有一群托巴人原住民,其中一些人分散居住在偏远的村落里,仍然主要依赖狩猎和采集作为生活来源,他们的家里还没有通电。与此不同的是,有一个部落住在小镇的周边,家里通了电,可以在夜晚使用电灯照明。这些生活在小镇周边以及偏远村落的人属于同一民族,社会和文化背景也是相同的。有人对这两群人的睡眠时长进行统计和比较,发现与不使用电灯的托巴人相比,使用电灯的托巴人在夏季时每天的睡眠时间少了大约43分钟,在冬天时大约少了56分钟。这结果意味着电灯的使用可以导致睡眠时间缩短。

但是,在另一项研究里,研究人员得到了不同的结果。他们对世界上不同地区几个原始部落的睡眠情况进行了调查,包括非洲南部的卡拉哈里桑人、坦桑尼亚北部的哈扎人,以及南美洲玻利维亚的提斯曼人。在三个部落里,哈扎人是纯粹的狩猎采集者,他们完全依赖狩猎及采集获取食物;卡拉哈里桑人刚刚结束四处迁徙的生活,开始定居下来,但是目前也同样是以狩猎采集为营生;而提斯曼人则是狩猎-种植者。这三个部落人的平均睡眠时间平均为5.7—7.1小时,说明尽管没有电灯,但他们的睡眠时间并不比现代人类长。

上面这两项以原始部落为对象的研究结果不一致,反映出世界上不同地区的原始部落可能由于生活方式、文化、传统等方面存在差异,作息习惯也不同。还有一些文献记载,非洲有的原始部落的人睡得很早,但半夜会醒来载歌载舞,尽兴后倒身继续睡回笼觉,这种睡眠方式显然与上面提到的情况又有所不同。

在人类的历史长河里,在从狩猎时代、农耕时代到工业社会的转变过程里,人类的入睡时间和睡眠时长也在不断变化。有看法认为,狩猎时代较为自由,可以在不同的时间较为随心所欲地捕猎各种动物为食。而农耕时代的人们需要根据作物的生长规律从事生产劳动,所以在时间安排上没有狩猎时代的人们自由,睡眠时间会受到影响,有所缩短。当然,这也只是一种推测。

我国一些古代文献里也有关于睡眠的描述,例如清代李渔在《笠翁偶集》卷六中云:“由戌至卯,睡之时也。未戌而睡,谓之先时,先时者不祥,谓与疾作思卧者无异也。”按古代十二个时辰来计算,戌时至卯时相当于现在晚上8:00至次日早晨6:00左右,古人没有电灯、电视和网络,夜生活贫乏,所以睡眠时间较现代人要长。李渔提倡的这种作息时间显然是属于百灵鸟型的,他还认为睡得太多也是没有什么好处的,与病卧无异。不过李渔能够每天睡十来个小时,在古代也算是睡得比较多的人,即使打些折扣他的睡眠时间仍然显著地比我们现代人要长。

夜间光照与健康

蔡元培先生是北京道路夜间照明变迁的见证人,他说:“北京道路从前没有路灯,行路的人必要手持纸灯。那时候光明的程度很浅,(照明)范围很小。后来有公设的煤油灯,就进一步了。近来有电灯、汽灯,光明的程度更高了,(照明)范围更广了。”早期城市里的夜间照明时间非常有限,主要是在没有月光的夜晚或者午夜之前,到了20世纪,随着电力成本的降低,发达城市里夜间光照的时间越来越长,一年365天,每天从傍晚至黎明。夜间的光照确实可以给人类带来好处,例如可以增加安全感,还可以降低车祸的发生率。

但是,夜间的光照也存在负面作用。清代徐文弼在《寿世传真》里说忌灯烛照睡,即燃着灯烛睡觉是不好的,认为光是属阳性的,人的睡眠需要阳气入阴,有灯光会妨碍这一过程,容易造成神魂不安,而影响睡眠。神魂的说法当然不是科学的说法,但是夜间的灯光确实会影响睡眠,那么从科学的角度该如何理解其中的缘由呢?

夜间的光照对体内褪黑素的水平和相位都会产生影响。我们体内的褪黑素由位于脑深部的松果体分泌,这种激素有促进睡眠的功能。白天时血清中的褪黑素通常含量很低,傍晚时松果体开始分泌褪黑素,血清中的褪黑素含量在深夜达到最高值,清晨时停止分泌。光照对褪黑素的分泌有抑制作用,在夜晚我们体内褪黑素含量比较高的时候，如果让我们接受一段时间光照，然后检测血里的褪黑素含量，就会发现褪黑素含量明显降低。因此，夜晚长时间的照明对于我们褪黑素分泌及睡眠是非常不利的。

夜间人工光照会抑制褪黑素的分泌从而干扰生物节律、影响睡眠，还会造成代谢失衡，引发心血管疾病、糖尿病、情感性精神障碍、肥胖等疾病。夜间光照也会增加罹患肿瘤的风险，与乳腺癌、前列腺癌、结直肠癌症、子宫内膜癌等肿瘤的发生具有关联。此外，长期暴露于夜间光照之下还会加速人的衰老。褪黑素除了调节睡眠，也有清除体内氧化自由基的功能。我们吸到身体里的氧参与代谢过程，可以产生能量，同时也有少量氧会转化成氧自由基，对细胞具有多种毒害作用，包括造成DNA损伤。DNA损伤是肿瘤发生的一个重要原因，褪黑素具有清除氧自由基的功能，也就具有防止DNA突变和抑制肿瘤的作用。

在生物钟系统当中，视网膜上的内在光敏感视网膜神经节细胞是负责感受外界光信号的，这种细胞只对波长在460纳米附近的蓝紫光敏感，而对红光不敏感。因此，我们在夜晚要尽量减少在蓝紫光或者包含蓝紫光的光源下的暴露。为了减少夜间光照对节律和睡眠的不利影响，我们可以给卧室装上较厚的遮光窗帘挡住窗外的光线，同时关掉室内的电灯、电视和电脑。不要小看电脑甚至是充电器开关的蓝色光亮，蓝光对节律的影响作用最为明显。睡前要少看电脑和电视。我们还可以在洗手间装个红色或者黄色的灯，减少对节律的干扰。

与100年前相比，人的睡眠时长大约减少了两个小时，这多少得归咎于电灯、电视、电脑和智能手机的发明与使用。智能手机是双刃剑，一方面可以方便、迅捷地给我们提供海量信息，另一方面也消耗了我们过多的时间、精力和健康。除了白天，夜里阅读电子书或看手机已经成为很多人的睡前必做之事。有研究小组对晚上阅读电子书和阅读纸质印刷书对睡眠的影响进行了比较分析，发现电子阅读器发出的光远强于纸质书反射的灯光。纸质书对褪黑素的分泌没有明显的影响，而电子阅读器发出的光会导致体内的褪黑素分泌减少，从而可能对睡眠造成影响。

因此，整天看手机的低头族受到损害的不仅是颈椎，可能还有生物钟。

地球上的生命已经适应了昼夜交替的环境亿万年之久，而暴露于夜间人工光照的环境下仅不到100年。在如此短的时间里，我们还无法适应这种变化，所以只能付出健康的代价。

夜间光污染破坏生态系统

沧海桑田，地球上很多地方的温度、湿度、动植物生态系统都经历过翻天覆地的变化，然而每天日出日落的昼夜变化亘古未变。长期以来，各种动植物适应了夜间黑暗仅有星光或月光清辉的环境。洛杉矶城市荒地集团的总裁里奇（Catherine Rich）和洛杉矶南加利福利亚大学的朗考（Travis Longcore）指出，地球上的光暗循环对于各种动物的求偶、生殖、迁徙等多种行为都有巨大影响。夜间照明带来的光污染却是对自然规律的破坏，各种生物难以在短时间内适应和建立新的平衡。朗考指出，地球上大约有十分之一的区域受到夜间人工光污染的影响，如果考虑夜空的光污染，那么这个数字就会达到23%，这些数字还有不断增加的趋势，2012—2016年，受光污染的区域每年大约增长2%。夜间的光污染对于生态系统、对于农

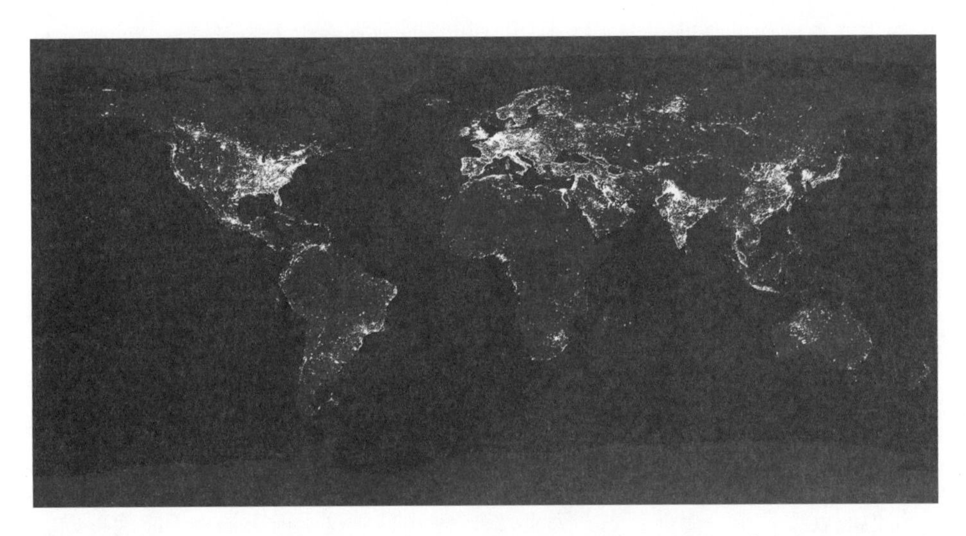

地球的夜间光照，从太空里看，经济越发达的国家和地区的夜空越亮（图片来自NASA）

业乃至对于地球的整体环境都有影响，但影响程度如何目前还不清楚，有必要进行深入研究。

人类社会的发展不仅影响了自身的节律，也改变了很多动植物的节律。受光照、噪声等环境因素的影响，生活在城市的鸟与野外同类相比，昼夜节律发生了明显的改变。德国一些科学家采用无线电遥感测量技术，对慕尼黑时区及附近森林中的欧洲乌鸫（*Turdus merula*）鸟群进行了比较研究，发现生活在城市中的乌鸫早晨开始活动的时间比郊外的乌鸫要早，也就是说，人工光照可能影响到人类居住地附近的生态系统，影响其他生物的节律和行为。

植物的生长、发育、开花和结果都离不开光，每天光照时间的长短对于植物很重要。一棵幼苗在黑暗的地方萌发时，它会弯曲着努力向有光的地方生长。有些植物需要在一天当中接受较长时间的光照才能开花，有些植物必须在一天里接受较短的光照时间才能开花，还有的植物则对昼夜长短没有明显要求。对于大豆和烟草等植物来说，开花期间每天的黑夜长度必须达到10.5小时才能开花，如果在夜间光照一段时间，它们就会罢工，不再开花结实了，月见草、菊苣等植物也是如此。

植物虽然不会睡觉，但是植物的生理和代谢过程受到生物钟的调节，存在昼夜的动态变化。如果这种节律被打乱，当然也会对植物产生不利影响。其实睡眠行为只是人类的定义，不同生物在一天特定时段一些生理活动和行为处于相对静息的状态都可以看作睡眠或者类似睡眠的行为。近年来有人发现，缺少中枢神经系统的水母也有类似睡眠的静息状态，加入褪黑素还会促进这种类似睡眠的行为。正如莎士比亚（William Shakespeare）的剧作《麦克白》中所言："一切有生之物，都少不了睡眠的调剂。"

拯救黑夜

2004年我在复旦读博士期间，听过一位获诺贝尔奖的著名科学家作报告，他说来年他们就要发射一个航天器到天上，绕着地球转。这个航天器每天夜晚可以像月亮那样把太阳光反射到地球上，甚至比月亮还亮，到时候人们夜晚在户外也可以读书看报。当然，这么个家伙到现在还没有发射，天上目前也还没有人造月亮，这样听起来也许令人惋惜。但是，换个角度来看这个问题，就会为此而庆幸了。因为从生物节律的角度看，如果天上出现这么个东西，每天的夜空都是亮堂堂的，可能会破坏生物维持了亿万年的节律，对于地球的生态系统来说将是灭顶之灾。试想，在如此明亮的夜间，可怜的夏威夷短尾乌贼得怎样拼命才能发出那么强的光去隐藏自己？当然，不仅是对短尾乌贼，各种动植物都会受到影响，这些影响甚至是灾难性的。

我们讲述电灯对人类节律和健康的负面影响，并非是要反对现代生活，退回刀耕火种的原始社会，而是要告诉人们，在现代社会里我们在使用人类科技与文明成果的同时，如何注意保护自己，或者在出现问题时该如何进行调整、改善和纠正。我们要避免一些愚蠢的行为，要警惕怀揣人定胜天的想法、为追求个人功名而点燃整片森林只为了照亮自己的那些人。例如，近来又有人宣称要发射一颗“人造月亮”到天上，可以反射阳光，照亮地面，光照强度可达月亮的10倍。这种为了个人名利而不顾长远的想法和行为应该遭到唾弃，这些荒唐且有害的大项目为何能够通过审批也值得我们反思。

颠倒的昼夜

据古代典籍《帝王世纪》记载:“帝尧之世,天下大和,百姓无事。有八九十老人,击壤而歌。”这位八九十岁的老人所唱的歌词就是:“日出而作,日入而息。凿井而饮,耕田而食。帝力于我何有哉?”这首诗称为《击壤歌》,是我国有史记载的第一首诗歌,从中可以看出这位老者的怡然心态:和每天按时作息相比,皇帝老子也不算啥。

如果描述现代人的日常生活,那么在我们的脑海里通常会浮现这样的场景:早晨带着倦意起床、洗漱,然后出门上班;在工作岗位上铆足精神干上一整天;下班回家吃饭、看电视、睡觉。这样的生活看似平常,但是实际上能够过上这样“日出而作,日入而息”的生活对于很多人来说是奢望。

忙碌的夜晚

随着网络购物时代的到来,我们经常和快递哥打交道。有时因为急于拿到自己在网上订购的心仪之物,我们会忍不住频繁地上网查看订单的物流状态,我们常会注意到,即使在万籁俱寂的夜间,物流系统仍然川流不息,例如我们会看到类似这样的信息:从北京发货,凌晨2:30到达某地分捡。由此看出,快递哥值夜班或者轮班工作是家常便饭。如果家人或朋友夜里生病,我们急急忙忙赶到医院,会看到医院里还有不少医生和护士在辛勤工作。当我们在深夜到达宾馆时,宾馆里的人员尽管看起来很疲倦,但仍然辛勤地为我们办理入住手续。当我们深夜在街上行走,会看见一些快餐店和超市仍未打烊。

需要值夜班或轮班的行业

在现代工业化国家里，大约有15%—30%的人需要上夜班、从事昼夜轮班工作或者乘坐飞机进行跨时区国际旅行。据近年来的统计，欧洲大约有20%的人要从事轮班工作，美国的这一数字为29%，在中国这一数字高达36%。在现代社会，从事轮班工作的人员主要集中在零售、制造、医护、旅馆、餐饮等行业，此外，商务、建筑、娱乐、资讯、文艺、仓储、物流等行业的一些人员也需要从事轮班工作。美国哈佛大学的蔡斯勒(Charles Czeisler)教授在生物钟领域研究成果斐然，是国际生物钟领域的一位学术大咖。他同时兼任多家公司的顾问，获得多个公司的资助，包括著名的国际金融服务公司摩根士丹利、可口可乐、FedEx快递公司，以及一些健康、医疗、制药和研究机构等。这些公司属于不同的行业，但它们要么都需要员工夜间工作或者进行轮班，员工的节律或睡眠会因此出现问题，要么公司业务与睡眠有关。

国内现在高铁大发展，铁路运输的地位得以提升。轨道每天经受过往列车的碾压，会导致钢轨下的道砟松动，钢轨因此每天都会发生少许变形，如果任其发展，则会导致列车行进时产生颠簸甚至危及行车安全，因此必须进行检修。

我们在乘坐火车时，偶尔会在车站附近看见一种只有几节车厢的火车停在那里，与常见的火车颜色不同，它们是明亮的橘黄色。这种车叫作捣固车，是专门用于维修和保养火车轨道的车辆。捣固车昼伏夜出，每当夜深人静、绝大多数列车已经到站休息后，就轮到捣固车出场了。捣固车上一般有四名工作人员，他们的工作任务包括测量钢轨的变形程度，使用捣镐和夯拍装置通过强烈的震动将铁轨下的道砟压实等。此外，捣固车作业后，会在轨道上散落一些废弃的道砟，一些负责清扫的工人随后将道砟压实，用铁耙将轨道清扫干净，以保障白天火车开来时不受任何影响。当大半夜的工作结束后，东方的天空已经现出淡淡的晨曦，此时这些捣固车和工作人员才停止劳作。很显然，捣固车上的工作人员和配合他们工作的地面人员的工作、生活方式也都是昼夜颠倒的。

夜间在铁轨上工作的捣固车(汪翰摄)

近年来，在广州的科韵路一带，每天从半夜至凌晨，路边总是停满出租车，排成长龙，颇为壮观。这些车是在等候洗车服务的。近几年这里自然而然地成了出租车夜间洗车的地方，提供洗车服务的人提着水桶，带着抹布、海绵和刷子，一辆接一辆地清洗。由于每天晚上来这里的出租车很多，尽管洗一辆车收费不到10元钱，工作又辛苦，但是坚持下来收入颇为可观。然而，可想而知，这些人付出的不仅是辛劳，还有健康。

凌晨的橡胶树与割胶工

天然橡胶是重要的工业原料，来自橡胶树的胶乳。胶乳是由多种代谢产物组成的复合物，含有大量的水和橡胶烃，其中橡胶烃占20%—40%，主要为多萜即异戊二烯的聚合物。除了烃类以外，水占55%—75%，还有非橡胶物质占5%，非橡胶物质包括蛋白质、脂肪酸、糖类以及无机盐等。橡胶树的树皮里，有一种乳管细胞，具有形成胶乳和贮藏胶乳的功能。乳管细胞相互连接成网状，中间的空隙形成乳管，直径非常细小，只有20多微米。胶乳在乳管细胞里合成，然后贮藏在乳管里，如果树皮受损并伤害到乳管，胶乳就会从伤口流出来。

光合作用是物质积累的基础，橡胶树每天产胶也受到光合作用的影响。橡胶树的光合作用、呼吸作用、蒸腾作用、物质代谢及产胶都与温度变化有关,同时也受到生物钟的调节。橡胶树的光合作用和呼吸率都受到生物钟和环境昼夜变化的影响。橡胶树一年中要经历相对干旱的季节和潮湿的季节,在干旱季节里,光合作用在上午10点最强,然后逐渐减弱,呼吸作用则在中午和下午最强。在潮湿季节开始时,光合作用趋势与干旱季节相近,但呼吸作用是在早晨和傍晚最高,在下午最弱。

多萜是天然橡胶的主要成分,由异戊二烯聚合而成。橡胶树异戊二烯合成受到地理条件、气候以及生物钟的调控。异戊二烯在中午和傍晚合成比较多,但也受到季节的影响。在干旱季节里,异戊二烯在中午和傍晚合成量与其他时间段差异很显著,但在潮湿季节里差异会有所减小。橡胶树合成的另一种烃类化合物异戊间二烯化合物反式罗勒烯的分泌也具有昼夜节律,在中午时段产量最高。

蜡笔画《黎明的割胶工》[美国画家汉森(Nomad S. Hansen)作品并授权使用]

从橡胶成分的合成节律来看，多萜合成的高峰时间并非是在凌晨，那么割胶工人为什么要在凌晨工作？这是因为，除了光合作用和代谢以外，橡胶树的乳管膨压对于乳胶产量也是一个决定性的因素。而乳管膨压最大的时段主要是在后半夜。在橡胶树的乳管膨压最大的时候割胶，排胶速度快，产量最高，因此人们通常在天亮前割胶。另外，这个时间段的温度比白天低，蒸腾作用小，也对提高胶产量有帮助。

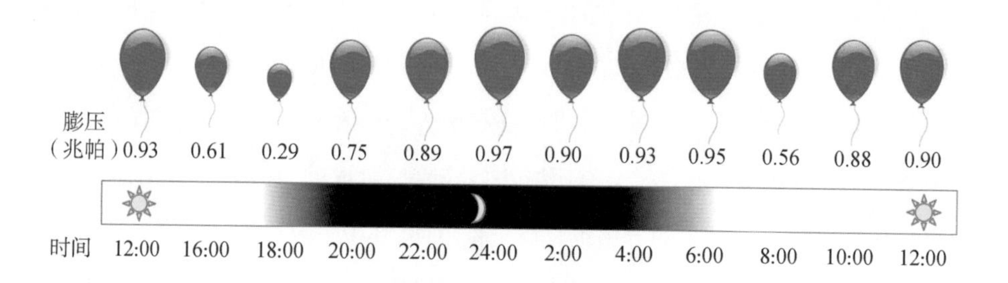

橡胶树乳管的膨压在一天当中的变化情况，在夜晚和中午膨压比早晨和下午要高。显示一天中不同时间的膨压数值，并用气球的大小表示膨压的高低

由于在凌晨至天明前橡胶树分泌汁液的量最大，为了增加产量，割胶工必须在这段时间里割胶。如果错过了这段时间，产量可能会减少三分之一。不尊重橡胶树的生物钟，就无法从橡胶树那里获得丰厚回报。在我国海南地区的橡胶园里，每天凌晨，大喇叭声划破寂静的胶园，唤醒沉睡中的割胶工人。2点不到，割胶工人就已经起床，到橡胶林里割胶，一直工作到早上8点多。他们披星戴月，步行或骑着摩托车在橡胶林里穿行，依靠头灯的光亮，一把割胶刀在手中娴熟地操作。在漆黑而静谧的夜里，从远处就可以看见他们的头灯不断闪烁，橡胶树干在经历了累累刀伤后，白色的汁液不断流出，安静地顺着刀痕流向挂在下面的橡胶碗。他们的工作量非常大，有时一夜要割几百棵树。

割胶工人由于工作环境恶劣，超强度劳动，加之毒虫叮咬，健康受损害很大。当然，一个不容忽视的因素是割胶工人的作息时间常年昼夜颠倒。根据截至2014年的统计数字，在我国最大的天然橡胶生产基地海南农垦，从事割胶工种的职工达

3.6万人，占全国胶工总数的33%，近90%的胶工因野外超时超强劳动，患有多种疾病，过早地丧失或部分丧失劳动能力。胶工中患有风湿类疾病的比例为87.03%，患眼睛疾病的比例为88.55%，患胃肠病的比例为86.99%，此外他们还会罹患腰椎、肩周相关疾病，以及皮肤病、高血压、结石和肿瘤等。在我国，已经有人提议将割胶工列为特殊工种。

凌晨的橡胶树，默默为人类贡献它们的乳汁；在凌晨的橡胶园里，割胶工辛勤工作、奉献，他们遵从了橡胶树的节律，却打乱了自己的节律。

紊乱的节律：你摊上大事了

《诗经·大雅·荡》里形容商纣王花天酒地、荒淫无度："或号式呼，俾昼作夜。"意思是说商纣王晨昏颠倒，无节制地享乐。在《晚清文学丛钞·情变》中，主人公说："出自乡下人家不比上海，是通宵达旦，俾昼作夜的。"说的是上海夜生活很丰富。"俾昼作夜"这个成语在这两处都是指晨昏不分、昼夜颠倒，可以用来形容人荒淫无度，也可以用来形容人勤奋用功。我们都有这样的体会，无论是熬夜饮酒、唱歌，还是读书、考试，第二天都会觉得头晕目眩，身困体乏，会影响一整天甚至好几天的工作和生活。还有个成语叫卜昼卜夜，也是形容不分昼夜、饮酒作乐的生活方式。

俞大维在抗战期间曾经为兵工事业作出重要贡献。他在德国留学期间，经常俾昼作夜，白天睡觉，晚上读书。但他这么做不是为了享乐，而是为了省钱——白天要吃三顿饭，还要参加社交、应酬，而这些都是要花钱的。如果昼伏夜出，晚上则不用吃那么多，也可以省掉应酬。他这样做是省了钱，却可能损害了健康。北宋文学家、政治家范仲淹，也就是那位吟诵出千古名句"先天下之忧而忧，后天下之乐而乐"的大咖，幼时家境清寒，但读书非常用功。据说他读书昼夜不息，冬天时割粥而食。如此拼命读书，着实令人钦佩，但也会影响健康。我们或许可以把他的名句改变一下，来形容他刻苦读书的精神：先天下之醒而醒，后天下之睡而睡。

轮班工作的工人在白天容易受到环境干扰因而睡眠质量通常不高，在夜晚工作期间却又有悖于体内的节律相位，因为在夜间是最困倦和效率最低的时段。但是一些特殊工作，如重症监护病房的护士及核电站控制室的操作人员，必须能够适应夜间的工作需要。在与外界环境相对隔离、不太受外界光照条件影响的情况下，轮班工人的节律适应起来比较容易。对轮班工作的适应也具有个体差异性，相对而言，夜猫子型的人更容易适应夜间轮班工作。

第一次世界大战期间，兵工厂昼夜不息，工人经常轮班。作息不规律损害了他们的健康，工人们经常抱怨胃痛。1929年的一次统计发现，轮班工人发生胃溃疡的风险比普通人群高8倍。轮班工作会导致一系列健康问题，包括引起胃溃疡、冠心病、代谢综合征等疾病，精神状态和认知功能也会受到影响，疲惫感增加，还会影响生活满意度和幸福感。

褪黑素不仅对睡眠具有促进作用，对于调节人体的神经和内分泌也具有重要功能，但是夜间工作可导致血清中褪黑素含量显著降低。对夜班和白班护士夜间血清褪黑素含量进行的一项分析发现，夜班护士夜间体内的血清褪黑素含量显著低于白班护士，前者即使恢复为夜间休息，夜间的血清褪黑素水平也不能迅速恢复到正常水平。轮班工作对于健康的损害是多方面的，对经常从事轮班工作的人群进行调查，发现他们骨折的发生率也显著高于对照人群。此外，长期的轮班工作对于妇女的怀孕、妊娠也会产生一定的不良影响。

长期轮班工作或倒时差还会导致乳腺癌、前列腺癌等肿瘤发生率增加。例如，流行病学调查显示，与对照人群相比，轮班工人乳腺癌的发生率显著增高，达36%—60%。2007年，世界卫生组织下属的国际肿瘤研究机构正式将轮班工作认定为肿瘤的一个诱发因素。

我们都知道成语“衣锦还乡”，意思是当一个人混得富贵了，要穿着华丽的衣服回家乡，这样才有面子。如果一个人穿着华丽的衣服走夜路，那就达不到显摆的目的了，成语“衣锦夜行”正是用来形容那些不合时宜的事情的。而违背人的生物钟规律，长期昼夜颠倒，影响的就不是面子问题，而是健康大事了。

“坏脾气”的南极人和北极人

地球像一个醉汉，保持着23.5°的倾角从西向东不停自转，由此造成地球的南北极地区轮流进入极昼和极夜。极昼是指极地处于夏季，太阳每天都悬挂在地平线之上而不落下，也就是说除掉阴天，在一天当中任何时间都能见到太阳。与此相反，极夜是指在冬季时间里，太阳每天都处于地平线以下，在漫漫长夜中，除中午略有光亮外，即使是“白天”也不见太阳，只能在灯光下工作。极昼和极夜的持续时间各在半年左右。

在地球两端的北极和南极，生活着许多奇特的生物，而且很有意思的是，由于地理隔离，生活在南极和北极的生物种类差别很大。其中最为我们熟知的是，在南极地区有呆萌的企鹅，而在北极地区有强大的北极熊。在北极，除了动物以外，也一直有人类，他们是北极的原住民。与北极的情况不同，南极没有原住民，只有进行科学考察的人以及少量的游客会踏足南极。

极夜里的北极人

生活在北极的因纽特人过去也被称为爱斯基摩人，但由于“爱斯基摩”是指吃生肉的人，带有贬义，所以现在一般都称因纽特人。

时间是我们日常生活里使用频率很高的一个词，但是在加拿大魁北克地区的因纽特人的语言里竟然没有表示“时间”的词。一位政府官员曾与当地因纽特人交谈，谈话中提到了“时间就是金钱”的意思，可是翻译很为难，因为找不到合适的词来翻译这句话里的“时间”。后来，翻译硬着头皮把这句话翻成了“钟表花钱不少”。这样的翻译当然是曲解了原意，因为钟表只是测量时间的工具而并非时间本身。

尽管因纽特人没有“时间”这个词，但他们仍然会像使用钟表那样通过天象来计算时间。在尚未进入现代化社会之前，因纽特人在极夜里根据日月星辰的升落和潮水的涨落来判断时间，例如依格鲁克的因纽特人会根据大熊星座围绕北极星的旋转规律来判断时间。因纽特人还认为，早起能够捕获更多的猎物，早起的习惯有利于长寿，对孕妇顺产也有益。

因纽特人勤劳勇敢、不畏严寒，甚至在极夜期间也会经常外出狩猎。1972年10月，日本探险家植村直己在格陵兰与因纽特人一起猎海豹，当时天边的太阳是火红色的，挂在南方天空的地平线上。他知道，从明天开始，一直到来年2月，太阳都不会再出来了。他在日记里这样记述：“我从前看到夕阳从来不觉得感伤。此刻身在低于－40℃的格陵兰，想到四个月后才能看见太阳，莫名地感伤起来。”在北极黑暗的极夜期间，一种情感性疾病会困扰一些因纽特人，这种病征被称为极地歇斯底里症。患者情绪容易失控，很容易被微不足道的小事激怒，捶胸顿足，躺在地上打滚，直到精疲力竭。

北极的因纽特人。因纽特人过去住在冰房子里，靠狩猎和捕鱼为生

在洛佩兹(Barry Lopez)所著的《北极梦》中记述,当地的因纽特人将冬季的这种季度压抑称为perleroneq,意思是指感受到生活的压力,体会到挫败和无能,经常觉得悲痛、伤心,脾气变得易怒,甚至厌倦生活。罹患这种疾病的人有各种极端的表现,有的会间歇地撕扯自己的衣服,有的挥舞刀子在冰屋里到处乱砍,有的在刺骨的寒夜里半裸着身体在村子里尖叫、狂奔。

北极的冬季情况如此糟糕,那么在地球另一端的南极情况又是如何呢?

极夜里的南极人

小伯德(Richard Evelyn Byrd,Jr.,1888—1957)曾经是美国的海军少将,由于表现突出而荣获象征美国政府最高荣誉的勋章。小伯德特别钟爱探险,曾负责极地探险的物流工作,他担任过极地探险的领航员和探险队领队,去过南极和北极。在20世纪20年代,那时的保障条件还比较差,去极地探险很容易丢掉性命。据说小伯德去南极时,除了随身携带了很多保暖用的紧身衣外,还带了棺材,有点三国时曹操手下大将庞德抬榇出战的意味。最终,小伯德没有死,所以棺材没派上用场,但是他提到在极夜期容易失眠。

在极夜期间,几个月也见不到太阳,除了星空和极光以外,整个南极大陆都沉浸在黑暗中。有人在极夜期间每天都觉得疲惫不堪,睡眠状况也很糟糕。在每天午后,都感觉非常疲倦,仿佛一个星期没有睡觉一般。

从每年的10月到次年3月,是南极的夏天,太阳终日不落,驻扎在南极的科学家以及保障人员经常觉得难以适应。他们用人工的方式造出昼夜,在每天"夜晚"放下窗帘、戴眼罩睡觉,以避免光亮对睡眠的干扰。在这种情况下,虽然他们能够维持24小时的作息周期,但是会觉得时间过得很快,并且入睡时间有所推迟。

在南极极夜期间留守的人员,会遭遇更多的生理问题,如睡眠紊乱、体温降低、甲状腺分泌的三碘甲腺原氨酸(T_3)减少等。其中T_3的减少可能是由于缺乏光照、睡眠紊乱以及严寒引起的。T_3调节能量代谢,分泌量下降会导致代谢减弱、体温降低，对儿童来说T_3量偏低还会影响生长发育。

极夜期间，人们经常有筋疲力尽的感觉，还会犯迷糊，眼神空洞，如同患了失忆症。有的人会下意识地不断地走进同一个房间，却想不起为什么进去。还有的人可能会坐在餐厅里，对着餐桌上的盘子毫无理由、悄无声息地哭一会儿，然后饭菜也没动，就起身走了。或者经常会下意识地把南极当成自己以前长期工作和生活的地方。情绪不好也会影响与他人的相处，严重情况下甚至会变得脾气暴躁，引起冲突。总之，想熬过黑暗的极夜阶段，人们必须学会控制自己的负面情绪，并相互包容。

沃克(Gabrielle Walker)所著的《南极洲》中记载了一个非常极端的例子，有一个在南极半岛阿根廷属布朗海军上将站的医生，在南极的冬天忍无可忍，距换班船开来好几天他就提前把行李打包，准备离开这个鬼地方。可是他等来的却是个不幸的消息：船员告诉他没人来换班，他只能继续熬下去。医生盛怒之下，情绪失控，一把火把科考站给烧了。

即将进入漫漫极夜的南极(第34次南极考察中山站崔鹏惠站长拍摄并授权使用)

极夜里的节律

曾有一项研究对居住在北极地区的因纽特人、北极圈以南的印第安人以及初来北极的英国人进行了节律分析，检测了他们尿液中的水、钾离子和钠离子等的含量在一天中的变化情况。结果显示，对初来北极的英国人以及生活在北极圈以南的印第安人来说，这些检测指标在白天和夜晚的差别显著，白天高、夜晚低。在冬季时，初来北极的英国人各项指标在白天和夜晚时段仍有差别，但差异程度比夏天有所减弱。因纽特人的情况则与此不同，即使在夏季，各项指标在白天和夜晚时段

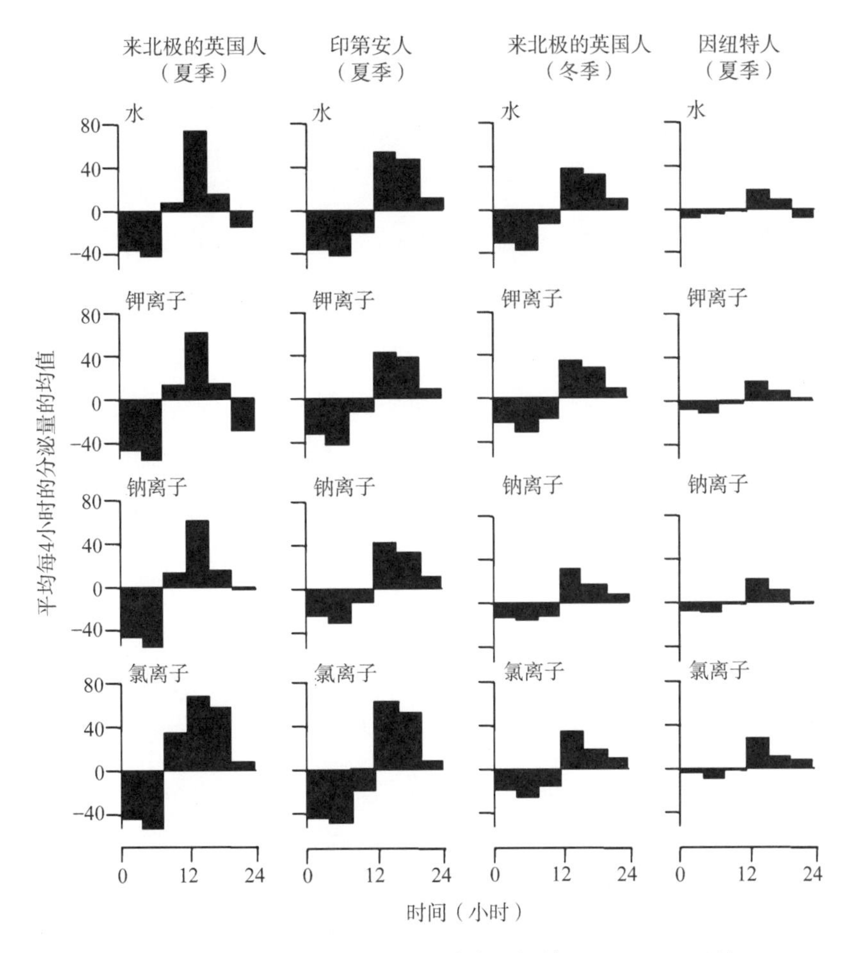

因纽特人和其他地方的人尿液生理指标的节律比较（据Lobban，1967绘）

的差别也很小。这些数据表明,长期生活在极北之地,因纽特人的生理节律已经发生了改变。

对到北极地区工作或生活的外来人员的研究显示,这些人在刚来北极的第一年里,在北极的极昼和极夜期间他们能够表现出较强的节律。但是,当他们长期在北极驻留,几年后他们的节律也会减弱,这提示着北极的特殊环境可以导致节律减弱。

随着社会的发展,20世纪六七十年代后,北极地区的因纽特人也有了电灯,孩子们也开始上学。在这个阶段,对当地人进行检测,发现他们在冬季和夏季也具有明显的节律。外地人来到北极节律可以由强变弱,而北极原住民的节律可以由弱变强。这些研究结果说明,影响因纽特人节律的主要是环境因素,是暂时而非永久的遗传性改变。

极夜期间影响居住在南北极地区的人们的生理和情绪的因素有很多,例如狭小、密闭空间、光照不足等,其中因光照问题引发的节律紊乱是主要原因。即使在北极圈或南极圈外的那些高纬度地区,冬季时每天的日照时间也非常短,人们的节律也会受到影响。一项调查表明,生活在挪威特罗姆瑟地区的居民,在冬季时连续两个月见不到阳光,在这些人群里有24%受失眠困扰。在北欧的神话故事里,掌握法律的真理与正义之神凡赛堤(Forseti)认为阴冷黑暗的冬季会让人心情抑郁,法官容易被情绪操控而作出不公正的裁决,所以不宜进行审判。实际情况也是如此,古代的北欧法庭在冬季是不开庭的。

北欧的一些国家,向来被认为民众幸福指数很高,这是出于这些国家风景优美、人均收入高以及社会保障完善等原因。但是在这些国家,每到冬季,自杀比例很高,这与一种被称为季节性情感障碍的疾病有很大关联。季节性情感障碍是一种高纬度地区的高发病,患者主要在冬季发病,症状包括失眠、抑郁,容易受到刺激、感到不安,胃口不好、体重减轻等。季节性情感障碍患者经常感到无助,觉得自己没有价值,出现体力下降、难以集中精力、变得慵懒、对各种事物丧失兴趣等症状，严重时还会变得易怒、经常想到死亡和自杀。季节性情感障碍的英文是“Seasonal affective disorder”，缩写是“SAD”，而英文单词“sad”是悲伤的意思，因此这个缩写非常贴切。世界上其他高纬度的地区情况与北欧类似，研究显示，位于美国东北部的新罕布什尔州将近10%的人被诊断为有季节性情感障碍，但在阳光灿烂、低纬度的佛罗里达州确诊人数只有1%左右。

无论是在南极还是北极，在极夜时段里，人们可以看到美轮美奂的神秘极光，令人心醉。但是，人们并不能靠欣赏极光度日。长达数月的漫漫长夜给人们的心理和情绪带来的负面影响，何况这些负面影响与节律紊乱是有密切关系的。

圣诞老人的驯鹿

在童话中，北美驯鹿是圣诞老人的坐骑。每年圣诞节前的平安夜，圣诞老人就会驾着9只驯鹿拖着的车，给睡梦中的孩子们送去礼物。圣诞老人当然只是传说，这个传说源自北欧，有人说是芬兰。在北欧的冬季，白天有光照的时间很短，而黑暗的时间很长。在北极圈范围内，更是整天见不到阳光。那么，在这种环境里，这些驯鹿是否会像因纽特人那样，也会节律振幅减弱而且会罹患一些古怪的病症，难以适应呢？

在北极地区的极夜时期，研究人员把微小的传感器植入驯鹿体内，以持续地将驯鹿的活动情况发送给研究人员。通过检测和数据分析，结果显示，驯鹿在极昼和极夜期间活动节律变得很弱。还有的科学家从驯鹿身体上取下一小块组织，分离其中的成纤维细胞，在实验室里培养。他们观察了细胞里生物钟基因表达的节律，发现在冬季取下来培养的驯鹿细胞里，生物钟基因的表达没有明显的24小时节律。

那么，是不是为了在冬季的圣诞节给孩子们运送礼物，北美驯鹿忙得都没有节律了呢？圣诞老人只是一个美好的传说，驯鹿没有了昼夜节律是对北极地区环境的适应。需要说明的是，虽然驯鹿的昼夜节律消失殆尽，但它们还有季节性的繁殖周期。它们在秋季交配，雌性驯鹿在春季生崽。

驯鹿不只生活在北极圈，其他地方也有分布。但是，由于北极地区存在极昼和极夜，所以北极地区的驯鹿的节律才具有特殊性。此外，北极地区的驯鹿甚至在春秋季昼夜分明的时间段活动节律也很弱。

6月底极昼环境里的驯鹿(上)和2月中旬极夜环境里的驯鹿(下)
(引自Van Oort et al,2005)

驯鹿在北美的繁衍的年头远长于人类。经过那么长的时间，它们或许可以比人类更好地适应那里的极夜环境了。但是，也不能排除它们也难以完全适应，毕竟我们目前还不知道驯鹿是否会患抑郁症。

空间里的时间

康德先生毕生遵守严格的作息时间，如同一架机械钟表。这是一架有着深邃思想的伟大时钟，代表人类思考了很多重大的哲学问题，其中包括他自己认为很重要的两个问题，这两个问题被镌刻在了他的墓志铭上："有两种关系，我们愈是时常反复地思索，它们就愈是给人的心灵灌满时时翻新、有加无已的赞叹和敬畏：头上的星空和心中的道德法则。"神秘而深邃的太空，一直令人类深深着迷，并一直渴望去探索。

1920年，著名物候学家竺可桢在以"提倡科学，鼓吹实业，审定名词，传播知识"为宗旨的中文期刊《科学》(1914年创刊)上发表文章，其中有这么一段话："夫以科学家之眼光观之，则人类者实不啻一种不自由之囚徒耳。人类之囹圄，即地球表面之空气层是也；人类之缧绁，即直径8000英里之地球是也。吾人既不能须臾离此空气，亦无庞大之能力，足以抵抗地心引力而使吾人翱翔于空中。"人要离开地球家园，实在是一种巨大挑战。空气尚可以携带，气压也可以补充，而最难的就是摆脱重力的束缚。

受那个时代科技水平的限制，在竺可桢写下这段文字时短期内还不敢对航空和航天的发展有太多期望，一切关于遨游太空的想法还只是停留在幻想和神化的层面。殊不料时至今日，人类的太空梦已成为现实，截至2018年4月，全世界已经有超过559名航天员进入过太空。自2003年以来，我国也已多次成功完成载人航天任务，已经有11位航天员进入太空。

Off the Earth, For the Earth

作为宇宙中的一个蓝色星球，地球无疑是一个幸运儿，具备了孕育生命的各种条件。地球也是我们人类和各种生物的家园，无论是壮阔的海洋、繁密的雨林、孤寂的沙漠抑或冰封的极地，都有生命的踪迹。我们热爱地球家园，同时也有义不容辞的责任去保护她。但是，正如被苏联人誉为现代航天之父的科学家齐奥尔科夫斯基(Константин Эдуардович Циолковский)所说："地球是人类的摇篮，但是人类不能永远生活在摇篮里。"热爱地球家园并非是要束缚我们探索宇宙的梦想。

探索太空可以满足人类的好奇心，而好奇心是人类科技与文明进步的重要推动力。此外，探索太空、研究宇宙的过程也会加深人类对地球以及人类自身的认识，更好地保护地球、造福人类。美国国家航空航天局有一句非常动人的口号，反映的也是这个意思："离开地球，为了地球"(Off the Earth, For the Earth)。

齐奥尔科夫斯基和他的飞艇在一起。齐奥尔科夫斯基提出的理论推动了空间旅行和火箭技术的发展，影响久远

航天员在太空要面临很多的环境压力，其中一个重要挑战就是失重。失重会导致肌肉萎缩、骨质疏松，也会影响人的平衡感。在英国小说家赫胥黎(Aldous Huxley)的反乌托邦幻想小说《美丽新世界》里，未来的统治者从胎儿时期就对选育为将来火箭飞船工程师的胎儿进行"胎教"锻炼：把一群胚胎放在一个特别的容器里不停地旋转，以增强他们的平衡感。这些胚胎在长大成人后将被选作航天员。这种"选拔"措施或许有一定的道理，但是这种建立胚胎工厂进行定向培养的做法是荒谬的，因为这样做剥夺了个体的选择权。

空间里的睡眠并不好

和在地面上一样，人在太空除了工作也需要休息。但是，空间环境与地面存在巨大差异，这些环境因素会对人的节律和睡眠产生影响。以下是不同的航天员在空间站里对自己睡眠和疲劳情况的记录：

"我发现自己工作效率变很差了。在我上床睡觉之前我已经连续工作了27个小时。"

"今天很疲惫，完成了几项工作，但犯了几个小错误。地面人员注意到了我的错误……但这的确是由于疲劳造成的。"

"非常累。凌晨2点醒来，然后就难以入睡。后来终于睡着了，却又起晚了。"

"我在打字的时候就忍不住睡着了。"

"我就是缺觉。"

继加加林（Юрий Алексеевич Гагарин）之后，苏联第二个进入太空的航天员是季托夫（Герман Степанович Титов），他在太空日记里写道："（睡觉的时候）当我的肌肉下意识地放松后我的胳膊马上飘起来……最后我把胳膊塞到一根带子下面（这样胳膊就不会飘动）……（接下来）我睡得像一个婴儿。"

在太空中，戈尔曼的胳膊之所以会飘起来，是因为在缺失了重力的环境下，肌肉的收缩力占了上风。在飞船或空间站里，航天员不仅生活在没有重力的环境下，密闭空间、噪声、辐射等问题也是他们需要应对的巨大挑战。

航天员在太空里也会生病，所以他们会带一些药物。据统计，在空间站的各种药物里，最多的药物为治疗空间运动病的药物，其次为治疗睡眠障碍的药物，约占47%，看来在空间环境里，航天员的睡眠确实是一个大问题，而航天员的睡眠问题是与他们的节律紊乱相联系的。科学家对长期在空间站里生活、工作的航天员的生物节律进行了检测，发现很多航天员都存在明显的节律紊乱和睡眠障碍问题。研究结果显示，航天员在空间站里平均每天的睡眠时间仅为6小时左右。此外，航天员在执行空间任务时睡眠结构也经常出现异常，主要表现为深度睡眠时间缩短、慢波睡眠的分布发生改变等，这也会影响他们的睡眠质量。

在执行空间任务时，航天员经常需要处理突发任务，这意味他们经常要值夜班或者倒班，这也会导致他们出现节律紊乱。一天当中，人在代谢活动比较强、体温比较高的时间段警觉度和工作效率比较高，如果航天员由于倒班或执行紧急任务在代谢活动比较弱、体温较低的时段（例如本该睡眠的夜间）工作，体温与睡眠周期处于不同步的状态，出现操作失误的可能性就会增加。

达尔文曾经说，这个星球（地球）按照固定的重力规律运转，地球上的生物已经进化出了无数种最为美丽和神奇的形式。如果我们处于缺少重力的环境，不仅睡觉时胳膊会飘动，我们的生理和健康也会受到影响甚至损害，节律与睡眠当然也不例外。

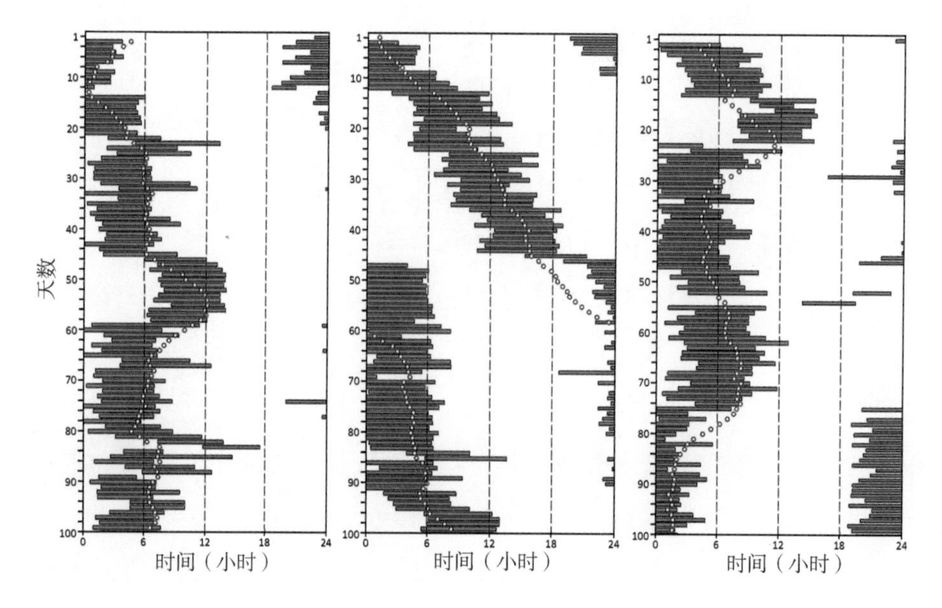

空间站里三名航天员的活动图。暗红色条块表示处于睡眠的时间，空间圆表示体温在一天中处于最低值的时间。注意在一些时段里航天员的体温与睡眠-觉醒节律会不一致（引自Flynn-Evans et al，2016）

失重改变节律

地球上各种生物都生活在地球的引力之下，引力对于各种生命来说是一种束缚，这种束缚由来已久，以至于我们已经不觉得是一种束缚。但是，当我们以第一宇宙速度或者更快的速度离开地球，在空间生活时，便会经受重力改变的挑战。在航天飞机、火箭发射和降落时，航天员需要承受几个G的重力，而当遨游太空时，又要承受失重或其他不同于地球表面的重力环境。未来，当人类在月球、火星常驻时，同样需要应对不同的重力条件：月球的重力只有地球的六分之一，火星的重力只有地球的三分之一。

自20世纪60年代以来，人类已经陆续将多种动物送入太空开展生物学研究，其中也包括生物钟方面的研究。1987年，莱哈衣藻（*Chlamydomonas reinhardii*）被送入太空，以研究空间微重力环境对它们光富集节律的影响。微重力是指重力小于地球表面重力的百万分之一（$1/10^6$）的重力环境。光富集是指莱哈衣藻具有趋光运动的特性，在每天不同的时间莱哈衣藻趋光运动的活跃度不同。因此，记录不同时间莱哈衣藻聚集到光下的数量变化可以反映出其活动的变化情况。与地面实验相比，在空间站的微重力条件下莱哈衣藻光富集周期的振幅显著升高。

沙漠甲虫（*Trigonoscelis gigas*）在光照和黑暗环境里，在不同的重力状态下，不但周期会发生变化，活动模式也会改变。例如，在持续光照条件下，微重力状态下（μG）甲虫的活动周期明显比1G的正常重力状态下的活动周期要短，并且相位有所提前。而在2G的超重状态下时，甲虫活动的生物钟周期无明显变化，但相位有所延迟，同时活动情形也发生显著改变，由白天基本都有活动变为主要集中在上午和傍晚时间段活动。在持续的黑暗条件下，甲虫的活动规律也发生了显著变化。在1G的正常重力条件下，甲虫的活动周期大约为24小时，并且主要在上午和傍晚活动。而在微重力状态下，虽然活动周期仍为24小时，但整个“白天”都有活动记录，且“夜晚”的活动也有所增加。在持续黑暗的超重状态下，甲虫的活动周期显著长于24小时，同时，在整个“白天”都表现出活动性。

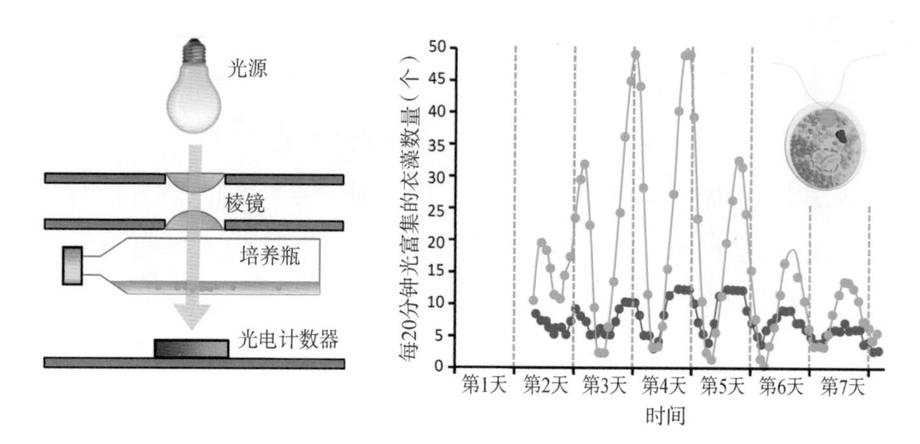

衣藻节律实验。左图:实验装置示意图。当光透过棱镜集中后照射培养瓶,部分衣藻会游动至光下,光电计数器可将衣藻个数记录下来。右图:在地面和在空间失重条件下衣藻的光富集节律比较。灰色为地面实验结果,绿色为失重状态下的实验结果。右上角为显微镜下的莱哈衣藻示意图(据Mergenhagen and Mergenhagen,1989绘)

航天员的生物节律在微重力条件下也会发生改变,主要表现为多种生理节律、行为节律的振幅减弱,周期和相位也会发生改变,但观察结果在不同的个体之间不很一致。现在对微重力环境下生物节律改变的分子机制还不清楚,可能是多种因素直接和间接共同作用的结果。

狭小空间里的时间

在空间站里,很多的因素都与地面环境存在“天壤之别”:首先,空间里是一种微重力环境,重力几乎为零,微重力会影响节律。此外,空间站的狭小空间、航天员的高工作负荷、经常轮班等因素都会影响他们的节律。

2010—2011年,由俄罗斯发起和组织、不同国家志愿者参加的模拟前往火星并登陆、返回的“火星520”大型实验,研究了人类在长期飞行途中的生理和心理问题。6名来自俄国、法国、意大利和中国的志愿者走入“火星520”狭小、密闭的试验舱,参加了这次实验,其中包括中国航天员科研中心的王跃。实验前后总共花了520天时间，包含了从地球和火星之间的往返时间以及登陆火星后驻留的一段时间。

研究结果发现，在模拟航程中，人的活动和睡眠节律也会发生改变，这种改变可能很大程度上是通过心理因素产生的。在520天的模拟航行旅程中，6名志愿者的节律和睡眠发生了有趣的变化，在出发后的很长时间里，他们的活动减少了，而睡眠时间增加了。但是当整个实验快结束的时候，他们的睡眠时间又有所缩短，这可能与沉闷的实验快结束时他们任务增加以及心情好转有关。志愿者们出现的这些变化可能是由于环境狭小而封闭以及与外界缺乏沟通等因素引起的，而与重力无关，因为这个模拟实验始终是在地面上进行的，重力并未改变。

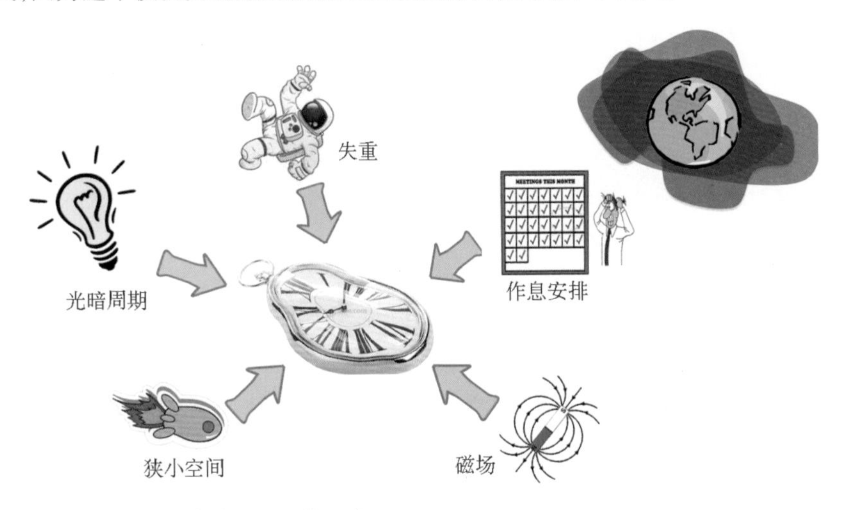

影响生物节律的多种空间环境因素

除了上述因素外，噪声也是影响航天员休息的重要因素。在飞船或空间站里，噪声来自各种机械和设备的声响，以及空间里的不速之客——微小陨石撞击舱壁的声音。空间站的外壳有一层专门对付微小陨石撞击的“盔甲”，当然，它对付不了大的陨石。尽管空间站的外壳能够将微小陨石拒之在外，但是仍然会发出撞击声。这些来自舱内和舱外的声音都会影响航天员休息。因此，航天员睡觉时经常会塞上耳塞。

《生命中不能承受之轻》是捷克作家昆德拉(Milan Kundera)的作品,也译作《不能承受的生命之轻》。在书里,昆德拉说:“完全没有负担,人变得比大气还轻,会高高地飞起,离别大地亦离别真实的生活。”在空间环境里,人失去重量,其他很多环境因素也与地面存在很大不同。当我们满怀激动与钦佩之情观看航天员在空间里的场景,以及在地面上热烈欢迎航天英雄们凯旋时,我们总是看到航天员坚毅的面孔,洋溢着满满正能量的笑容。而实际情况是,在空间环境里,航天员遭遇了到各种各样的挑战,并且在生理和行动上要承受很多难以想象的巨大压力。在了解这些情况后,我们会更加钦佩这些代表人类去探索太空的英雄们。

当一天不再是24小时

如果有人问我们一天有多少小时，我们总会毫不犹豫地回答：当然是24小时啦。那么一天为什么是24小时呢？这个问题也很简单，因为地球自转一圈是24小时，所以一昼夜就是24小时。对于一天有24小时这回事，我们都已习以为常，仿佛这是亘古不变的宇宙真理。

其实地球自转的周期并不总是24小时。地球在诞生初期，自转很快，后来有了月球这个伴侣，月球引力和潮汐的作用使得地球的转速逐渐减慢下来。地球处于不断的刹车、减速之中，现在的一昼夜比100年前慢了100毫秒，并且这个减慢的速度也在改变。在诞生初期，地球自转一圈只要6小时，在10亿年前，地球自转一圈大约只要18小时，也就是说那个时候一昼夜是18小时，远短于现在的24小时。在6亿年前，每天大约是21小时。

与生物钟相关的珊瑚及贝壳的化石考古研究证据也支持地球自转在不断减慢的观点，例如对石炭纪至二叠纪（约3亿年前）的燕海扇化石的生长纹进行分析，发现这些贝壳每年有400多道生长纹，也就意味着那时每年有400多天。由于地球绕太阳公转的时间是不变的，也就是每年的时间长度是不变的，因此可以推断出那个时候地球的自转速度比现在快很多。

不按24小时运转的星球

在圣-埃克苏佩里（Antoine de Saint-Exupéry）的童话里，小王子住在很小的星球上，每一天，他只需要将椅子移几步，就可以多看一次日落，有一天，他看了44次日落。不同的星球转动周期不同，昼夜变化的周期也不同。火星的自转周期为24.65小时，也就是24小时39分35.2秒钟，比地球的一天多出39分钟，相比太阳系其他行星，火星的昼夜周期与地球最为接近。

国际空间站约90分钟绕地球1周，1天可以绕地球16周，也就是说，大约每90分钟就会迎来日出与日落的交替。如果完全暴露在这种90分钟周期下，人的节律将无法保持在24小时，而是因为跟不上环境变化的周期漂移到25小时左右。此外，不停出现的强光也会干扰航天员的睡眠。因此，"白天"在舱外作业的航天员需要拉下头盔上的遮光罩以防止眼睛被强光刺伤，"晚上"则把遮光罩收回，这样的动作每90分钟就要做1次。在国际空间站内，除睡眠时间以外都有人工照明，并在睡觉时戴上眼罩。在天上，航天员无法像地面上一样通过自然光线的变化来判断时间，只能依赖钟表。

太阳系八大行星及部分卫星的周期

行星	符号	自转周期(恒星日)	昼夜周期(太阳日)	公转周期
水星	☿	58.65天	175.97天	88天
金星	♀	243.01天	117天	224.70天
地球	⊕	23小时56分4.1秒	24小时	365.25天
月亮	☽	27.32天	29.5天	27.32天
火星	♂	24小时37分钟22秒	24小时39分钟35秒	687天
土星	♄	10.7小时	20小时33分钟	29.5年
木星	♃	9小时55分钟	9小时55分钟	11.86年
天王星	♅	17小时14分钟	17小时14分钟	84.03年
海王星	♆	16小时6分钟	16小时6分钟	164.79年
木卫二	—	3.5天	4.333天	3.5天
土卫六	—	15天22时41分钟	15天22小时41分钟	15天22时41分钟

注："—"表示无此数据

法国文学家莫朗(Paul Morand)在套曲《堂吉诃德致杜尔西内娅》里创作了一首浪漫的香颂(香颂是chanson的音译,意思是歌曲),其中有一句歌词:

如果您对我说:大地的旋转使您不愉快,

我将立即派遣邦萨去,您将看到大地停止转动。

堂吉诃德(Don Quixote)为了表达对杜尔西内娅(Dulcinea)公主的爱,要让大地停止转动,是不是被爱冲昏了头脑,太自私了点?地球上那么多已经适应昼夜交替环境变化的生物该怎么办?

在浩渺的宇宙当中,真的存在一些没有昼夜交替的星球。在太阳系中,几个主要行星及其卫星的自转和公转周期各不相同。木卫二和土卫六分别是木星和土星的卫星,由于潮汐锁定,它们的自转和公转周期是相同的,这一点和月球被地球锁定相似。目前科学家认为这两颗卫星上具备存在生命的条件。

TRAPPIST-1是一颗位于宝瓶座的红矮星,距离地球约39.13光年。这颗温度极低的红矮星体积比木星稍大,光照强度远低于太阳。2017年2月,天文学家宣布在TRAPPIST-1周围发现7颗与地球特征较为接近的类地行星,其中5颗(b、c、e、f、g)的体积与地球接近,另外两颗(d、h)的体积大小介于火星与地球之间。e、f、g等三颗行星的轨道位于宜居带内,气候、环境接近于地球。TRAPPIST-1的所有7颗行星可能都已被潮汐锁定,也就是说它们的自转周期等于公转周期,当它们围绕TRAPPIST-1公转一周,它们也刚好完成自转一周。这一点类似我们的月亮,月亮的一面永远朝向地球。潮汐锁定会导致这7颗行星始终有一面朝向TRAPPIST-1,而另一面则永远背对着TRAPPIST-1,就像月亮对着地球那样。这就意味着朝向TRAPPIST-1的那一面总是白天,而背面则永远是黑夜。在这些古怪的星球上面,如果真的存在生物,那么它们很可能是没有节律的。

TRAPPIST-1和它的7颗类地行星(图片来自NASA/JPL-Caltech)

火星人的周期

4000年前,古埃及人将火星称为"红色之星"。这是一个很恰当的名字,因为从地球上看去,火星橘红、明亮。火星的土壤里含有大量的氧化铁,因此看起来是红色的。我国古代将火星称为"荧惑",有"荧荧火光,离离乱惑"之意。按距离太阳的远近,火星排在地球后面,是太阳系第四颗大行星。火星表面非常寒冷,平均温度为-60℃。火星大气稀薄,空气中95%是二氧化碳,地表经常有巨大的沙尘暴。时至今日,已确证火星上存在水,因此人们怀着巨大的希望,想从这颗"死亡之星"上寻找生命的痕迹。

说到火星,已故著名文学家老舍是我国"登陆"火星的第一人——他写过一本《猫城记》,里面描写了他到火星旅行的各种奇异遭遇。当然,这是一本玄幻加讽刺小说,借火星上的自私、懒惰、互害的猫人影射当时中国的社会现状,而非真的登上了火星。开个玩笑。

我们上面说过,火星的自转周期与地球最为接近,仅比地球慢约37分钟。那么,人能够适应这37分钟的周期差异吗?要研究火星的节律,当然"抓"几个火星上的生物或者火星人来研究最好。问题是到目前为止我们还没有找到火星生物和火星人。但是,令我们很多人想不到的是,地球上的确有一群人曾经过着火星的生活,科学家对他们的节律进行过研究。

美国国家航空航天局已经多次发射火星探测器进入火星轨道甚至降落在火星表面,其中包括2007年发射的“凤凰号”火星车。“凤凰号”火星车在发射10个月后到达火星,此后不断发送数据回地球。由于“凤凰号”是在火星的白天工作,向地球发回数据,而在夜晚停止工作。为了与“凤凰号”保持同步,及时接收和处理数据,负责“凤凰号”的地面工作人员过的不再是每天24小时的生活,而是按照火星的昼夜周期调整他们的作息制度,也就是说他们过着每天24.65小时的生活。

夕阳下的“凤凰号”火星车。火星地平线上遥远的橘黄色亮点是正在下沉的太阳(图片来自NASA)

对18名“凤凰号”地面工作人员的问卷调查结果显示,其中有80%的人在主观问卷里报告自己的作息没有问题,能够适应这种火星周期的生活,其他人则称难以适应这种生活。但是,无论能否适应每天24.65小时周期,这些工作人员睡眠都明显不足,自称能够适应的人每天平均睡眠只有6小时左右,而自称无法适应的人平均每天睡眠时间只有5小时左右。

2015年上映的好莱坞硬科幻电影《火星救援》里，主人公沃特尼（Mark Watney）一个人在火星上，形影相吊。他依靠种土豆捱过了很长一段时间。拍电影当然不可能顾及全部因素，但在实际情况中必须面对更多可能出现的问题，譬如，在火星环境下，地球上的生物包括人的生物钟是否能够适应火星环境等。换句话说，即使主人公通过自己种土豆解决了吃饭问题，如何避免生物钟的紊乱也将是他面临的一个重要考验。

潜艇里的节律

在人类发展进程中，敌对和战争写满了每个阶段的历史，但正因如此，和平才是人类永远追求的目标。随着科技的进步，人类战争的方式也不断"进步"，海陆空多维度的空间里，都排布着高科技的剑戟与枪炮。在海洋深处，有携带武器的潜水艇幽灵般地游弋，在潜艇家族里，核潜艇因携带杀伤力巨大的核弹而更具威慑力。

在20世纪60年代，美国的核潜艇采用轮班制，通常每个岗位有三名艇员轮流值班，作息安排是：每个人每次睡觉6小时、值班加休息12小时，如此循环。三个人轮流值班，值班的时间刚好填满18小时。我们生活在地面的普通人，每天睡觉大约8小时，工作加休息16小时，加起来是24小时一天。按照这种方式计算，潜艇里的艇员每天睡觉6小时+值班加休息12小时=18小时，也就是说，这些艇员不再按照24小时周期生活了，他们每天的长度变成了18小时。

20世纪70年代，美国核潜艇部队对作息制度进行了调整，每个岗位仍然是三名艇员轮流值班，但是每个人的作息安排改为：每个人每次睡觉4小时、值班加休息8小时。在这种作息制度下，艇员每一天的长度变成了12小时，也不是24小时的周期。在这些非24小时周期条件下，他们的节律还能够适应吗？

根据国内外的报道，在每天12小时或者18小时的周期下，很多艇员难以适应，普遍出现失眠、疲劳、情绪波动、协作能力减弱等问题。有的人还出现反应变慢、记忆力变差等现象。与艇员不同的是，由于工作需要，艇长仍然按照24小时周期的作息方式工作和生活,很少出现明显的节律紊乱问题,这说明艇员的节律紊乱正是这种非24小时周期的作息方式造成的。

1985—1986年,我国潜艇部队曾经持续巡航90天,创造了世界纪录,至今也未被打破。但是,在这次长航途中,艇员们出现了严重的节律紊乱,艇员们经历了难以忍受的失眠、困倦和疲惫,这些对于他们顺利完成任务来说是巨大的挑战。一篇文章里这样描述当时的情形:"越到后来,艇员的生物钟错乱得越厉害。多数人吃不下;艇员们有的睡不着觉,有的睡着了醒不过来;许多人浑身无力,有的眼皮耷拉着支不起来;个别战士开始昏厥,也有的变得烦躁不安。尽管这样,官兵们意志不垮,一上岗就拼足全身力气。有的为了解困往太阳穴抹清凉油,有的嚼干辣椒,以此刺激大脑,提起精气神儿。"凭借钢铁意志,他们完成了此次巡航任务,并创造了最长巡航时间的世界纪录,他们是大洋深处最可爱的人。

一位美国科学家曾说过:我们应当重视艇员的健康与工效,因为他们是直接操纵核按钮的人。我们也不能让艇员在节律紊乱的状态下,去管理和操纵核按钮,一旦出现失误,后果将不堪设想。这样看来,保持正常的节律和清醒的状态,对于世界和平也很重要。在国外,艇员的节律紊乱现象长期以来一直受到时间生物学家的关注和研究。2015年,美国海军颁布了新规定,要求潜艇部队及其他采用非24小时周期作息制度的海军部队尽可能采用24小时的作息制度,以提高警觉度和战斗力。

从潜艇人员的非24小时周期作息情况可以推断出广为人知的达·芬奇睡眠法缺乏充分的科学依据。达·芬奇睡眠法是在一天当中分多个时段进行睡眠,每个睡眠时间段为20—40分钟——据说达·芬奇(Leonardo di ser Piero da Vinci)每隔四小时睡大约20分钟,这样就不需要把整个夜晚都"浪费"在睡眠上。发明家爱迪生也认为睡眠浪费时间,他的睡眠规律与达·芬奇类似,也是每隔一段时间睡一会觉。潜艇人员12小时周期的值更制度相当于把睡眠拆在两个时间段进行,即便只分成了两个时间段,人也很难适应。所以,达·芬奇睡眠法可能对少数人有效,但对大多数人来说是不适用的。

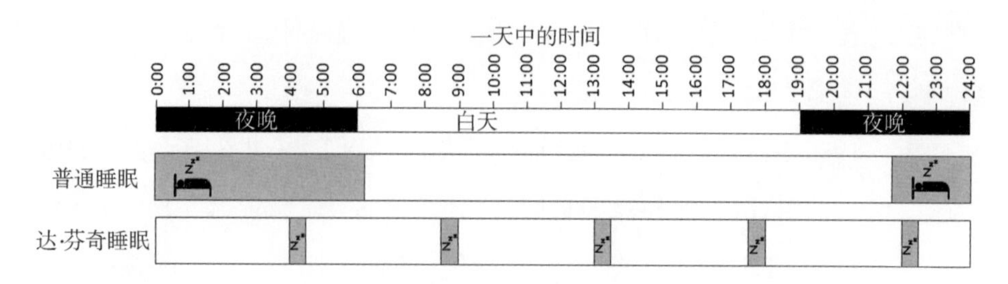

普通睡眠和达·芬奇睡眠的示意图。暗红色区域表示睡眠时间

非24小时周期对植物来说也是非常不利的。例如,大豆在7:7(光照7小时:黑暗7小时)、8:9、16:16、18:18等光暗条件下都不会开花,只有在9:9、12:12、14:14等接近24小时周期的条件下才会开花。我在前面还提到过在6小时光照:6小时黑暗的交替变化条件下,番茄生长明显减慢。虽然番茄不会睡眠(按照我们人类对睡眠的定义),但是正常的24小时周期对它的生长、发育非常重要。

光照时间:黑暗时间(小时)	开花时间
7:7	不开花
8:9	不开花
9:9	27天
12:12	22天
14:14	33天
16:16	不开花
18:18	不开花

黄豆在不同光暗周期下的开花情况(地衣绘)

在地球的漫长历史中,地球自转的周期在不断减慢。前面提到的约3亿年前的燕海扇每年有400多道生长纹,这意味着远古时期各种生物的昼夜节律周期是小于24小时的。虽然远古生物的生物钟周期比现在的生物要短,但并不意味着地球上现在的生命能够适应非24小时的周期。毕竟,进化是经历了亿万年时间的长期过程,想摆脱现在地球自转产生的24小时环境周期的影响,一下子适应非24小时的环境是难以做到的。

吃药的时间到了

公元前4世纪,古希腊医生希波克拉底(Hippocrates,前460—前370)留意到伤寒、疟疾等疾病的症状具有周期性。希波克拉底认为,生活的规律性是健康的保障,不规律的生活方式会损害健康、加重病情。他还建议医生要关注一些疾病症状的波动性,在发病和不发病的时间里都进行观察。亚历山大里亚的希罗菲卢斯(Herophilus of Alexandria)会根据人的脉搏并借水钟的帮助测量人体的一些生物周期。盖伦(Claudius Galen,130—200)是一位生活在公元2世纪的古罗马御医,他在行医生涯里也记录了疟疾、伤寒的阵发性症状。

在欧洲后来漫长的中世纪里,很少再有人去关注生物钟,至少难以找到相关的文献记录。唯一的例外是,在13世纪时,德国天主教会的马格努斯(Albertus Magnus,1193—1280)在他的书里提到植物的睡眠。他在书中写道:植物是活着的生命体,它们的生命活动表现出的是植物层次的灵魂,包括感觉、欲望、睡眠和生殖。这里所说的植物层次灵魂的说法源自古希腊时代,认为人有三种不同层次的灵魂,即植物灵魂、动物灵魂和人的灵魂,但是后来不同时代的人们对此说法进行了修改或各自有不同的看法,总体来说反映了当时人们在科技很不发达的情况下对生命现象的有限认识。马格努斯此处所说的植物睡眠,很可能是由一些植物叶片在夜晚合拢而联想到睡眠。

我国古代医学典籍里也提到人的节律问题,成书于战国至秦汉时期的《黄帝内经》有“人与天地相参也,与日月相应也”的说法。这里所说的人与日月相应,反映的就是人的生理和健康受到日月运转周期的影响。中医认为,人体功能活动、病理变化受自然界气候变化、时日等影响而呈现一定的规律。春生夏长,秋收冬藏,是气之常也,人亦应之。人的脉搏也有“春弦、夏洪、秋毛、冬石”说法,体现出人体生理的季节性特征。根据这种规律,选择适当时间治疗疾病,可以获得较佳疗效。因此提出“因时施治”“按时针灸”“按时给药”等观点。

古代中医在针灸中提出了子午流注的观点,以“人与天地相应”的观点为基础,认为针灸治疗应当遵循医学穴位的开合时间。明代针灸医家杨继洲在《针灸大成》中认为,人体穴位的开、合具有一定的时辰规律。子午是指时辰,流是流动,注是灌注,子午流注说是把一天24小时分为十二个时辰,对应十二地支,与人体十二脏腑的气血运行及五腧穴的开合结合。子午流注说认为,人身之气血周流出入皆有定时,运用这种方法可以推算出什么疾病应当在特定时辰对特定穴位进行治疗。

美国黄石国家公园的大棱镜彩泉,泉水和湖边地面的菌苔里生活着大量的微生物

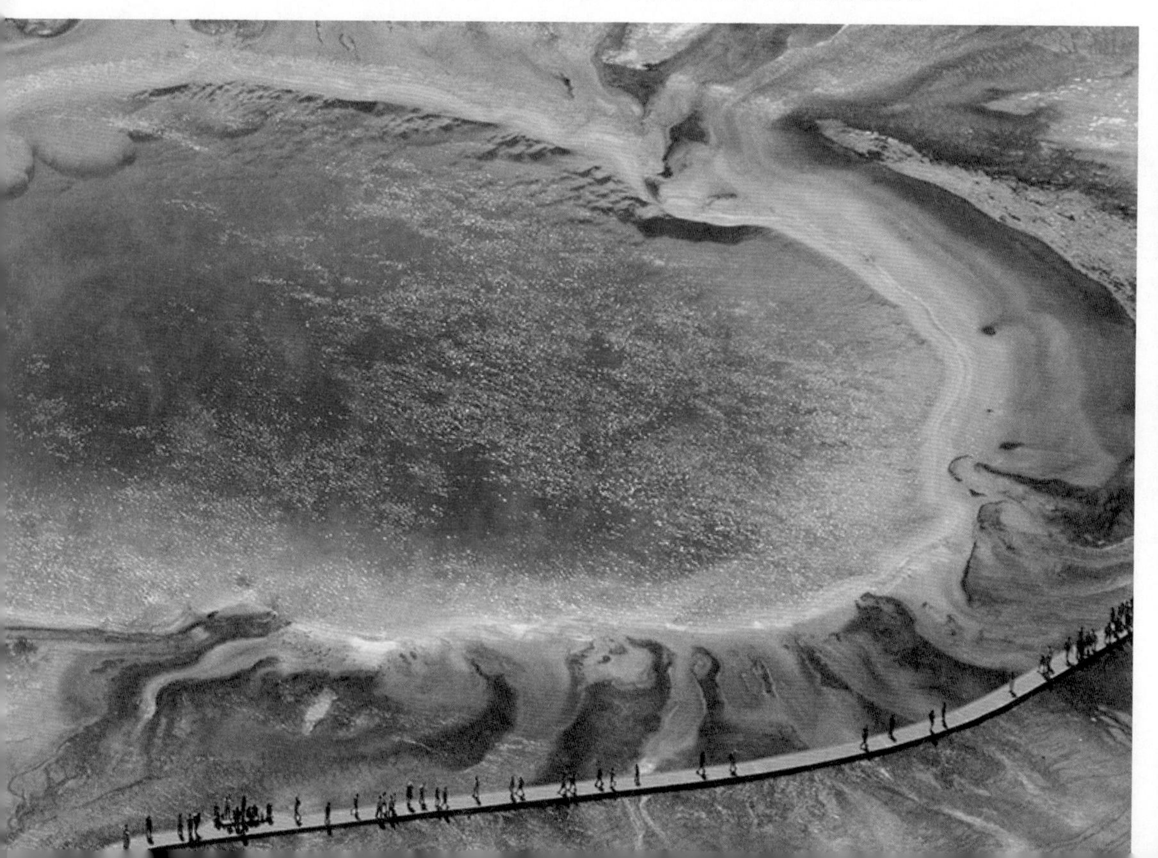

时间,关乎生死存亡

美国的黄石公园是美国第一个国家公园,也是世界上第一个国家公园,景色独特、壮丽。黄石公园坐落在落基山脉,海拔较高,公园里有很多的热泉、沸泥喷泉等。这些热泉、沸泥喷泉含硫量很高,导致周围草木不生。虽然泉水周边是不毛之地,但这里并非没有生命,在地表就生活着厚厚一层菌苔,这些菌多数都是嗜硫菌,可以依靠硫元素进行代谢和维持生机。

我们前面说过,紫外线会造成DNA损伤,从而可能造成基因突变。如果细菌在白天进行分裂进行繁殖,由于阳光照耀,环境中存在较强的紫外线辐射,DNA损伤就会来不及修复,导致突变传递到子代。由于大多数突变都是有害的,这样就会影响子代细菌的生存。不过,细菌之所以经过亿万年仍然存在于这个世界上,正是因为它适应了环境的周期,否则它早就灭绝了。这些细菌对付这种逆境的策略其实很简单:它们只在没有紫外线的夜晚才进行DNA复制和细胞分裂,这样就不会把有害的突变传递给后代了——有时费力解决问题不如避免问题,实际上也解决了问题。

衣藻是一种单细胞藻类,可以进行光合作用,长得像瓜子,“头”上有两根长长的鞭毛,使得它可以在水里自由泳动。衣藻没有眼睛,但有一个红色的眼点,仅具有感光作用而无法产生视觉。与黄石公园的细菌类似,衣藻同样要面对白天的紫外线辐射。紫外线辐射对衣藻的杀伤作用在白天和夜晚有很大差异,用同样剂量的紫外线照射衣藻,夜晚的死亡率显著高于白天,说明衣藻在白天时抵御紫外线辐射的能力更强。衣藻的这种节律其实也是对紫外线辐射很好的适应方式,白天时紫外线辐射强,所以需要全力面对;夜晚由于没有紫外线辐射,所以没有必要把能量浪费在应对紫外线辐射上面。

细菌和衣藻都是很简单的生物,它们每个细胞是一个独立的生命。哺乳动物的身体由数十亿个细胞组成,那么哺乳动物的生理过程是否也像黄石公园的细菌和衣藻那样具有明显的节律性?大肠杆菌会分泌内毒素,如果向鼠腹腔注射的大肠杆菌内毒素超过一定剂量会毒死鼠。早在1960年，美国明尼苏达大学的哈尔伯格等人发现，给大鼠注射大肠杆菌内毒素（按每克体重注射20微克内毒素），大鼠在夜晚死亡率很低，只有大约10%，而在白天注射相同剂量的大肠杆菌内毒素则大鼠的死亡率很高，可达80%多，昼夜死亡率相差可达8倍！除了大肠杆菌内毒素以外，很多药物对鼠的毒害作用都具有时间特征。

以前在毒理学上有个名词叫作半致死剂量，也就是说具有毒性的药物在某一剂量下，可使半数的动物死亡。如果我们从节律的角度来看，半致死剂量这个指标其实是没有什么意义的，因为在不同的时间，很多药物的作用本身就相差很大。

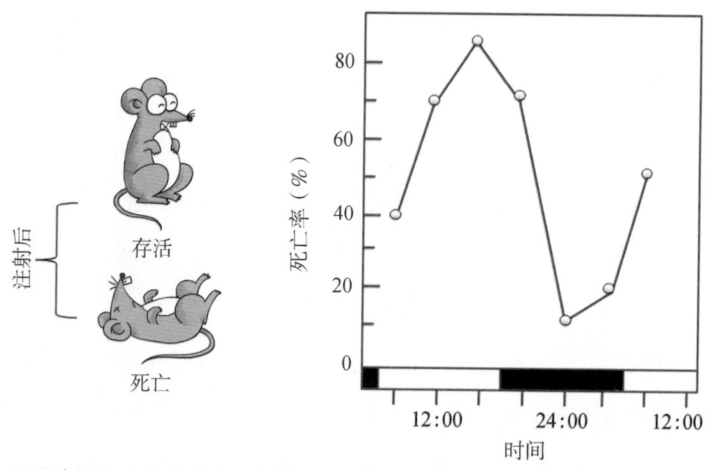

不同时间给大鼠注射大肠杆菌内毒素的致死率

虫子爱吃蔬菜，这是我们人人都知道的常识。但是蔬菜也不会坐以待毙，否则世界上就没有蔬菜了。为了抵御虫子，蔬菜会合成和分泌一些抗虫物质，例如茉莉酸等。美国莱斯大学的研究人员做过这样的实验：把两棵大白菜放到两个培养箱，每棵都是在12小时光照：12小时黑暗的交替环境下生长的，但是两个培养箱的光照/黑暗顺序正好相反，就是说当这个培养开始光照的时候，另一个培养箱刚好开始黑暗。因此，两棵大白菜的相位就是相反的。然后，分别放入相同数量的虫子去吃这些白菜，发现一棵大白菜很快就被虫子啃光了，而另一棵大白菜被吃得慢。

植物茉莉酸的合成与分泌都受到生物钟调节，在一天当中特定的时间段分泌量达到峰值，在另一些时间段分泌量比较低。抗虫物质长时间维持较高的合成会消耗大量能量，影响植物其他正常的生理和代谢过程；抗虫物质合成不足，植物又会被虫子吃光。因此，通过生物钟周期性地调节抗虫物质的合成，是非常高效的方式。在虫子每天吃植物的时间段，植物分泌的抗虫物质多，而在虫子休息时植物分泌的抗虫物质少。那虫子为何不在植物分泌抗虫物质少的时候吃呢？植物分泌抗虫物质以及虫子何时进食也是长期协同进化的结果，不可能说改变就改变。

蔬菜的节律如果紊乱了，容易被虫子吃掉。人的节律如果发生紊乱，也容易被"虫子"吃掉，这里的"虫子"是指对健康有损害的各种疾病。

疾病的周期

德国医生胡费兰在1797年出版的著作《延长生命的艺术》中，提到了一些生理水平的节律，并认为地球自转24小时周期会对生命过程及一些疾病产生影响。实际情况确实如此，我们很多生理指标都有昼夜的周期性变化，而当我们罹患一些疾病时，病症的严重程度也具有周期性。

人的血压在白天高而在夜晚低，受到生物钟的调节。此外，血压也受到行为和体位的影响，睡眠时活动减少以及睡眠时的躺卧姿势也是导致血压降低的因素。与站立时相比，人在躺卧时心脏负担减轻，血压不用那么高就可以将血液输送至全身各处。临近早晨时，由于受生物钟的调节，血压开始升高，起床后血压进一步大幅度升高，造成心血管系统的压力陡增，这种增高被称为"血压晨峰"。心脏病或卒中死亡等病症的发作时间主要是在午夜至上午，其中早晨6:00—9:00更是高峰期，这个时间段被称为"魔鬼时间"。因此，老年人或者心脏不好的人早晨起床时动作宜轻缓。

肺是人的呼吸器官，肺里面气管的直径具有昼夜节律变化。与白天相比，夜晚时气管直径会缩小大约5%。哮喘病人气管的昼夜变化幅度比正常人大很多，中度哮喘病人夜晚时气管直径比白天缩小25%，甚至可达50%，严重影响呼吸。因哮喘发作而死亡的病人，死亡时间多集中在午夜至上午8:00这段时间。此外，癫痫、关

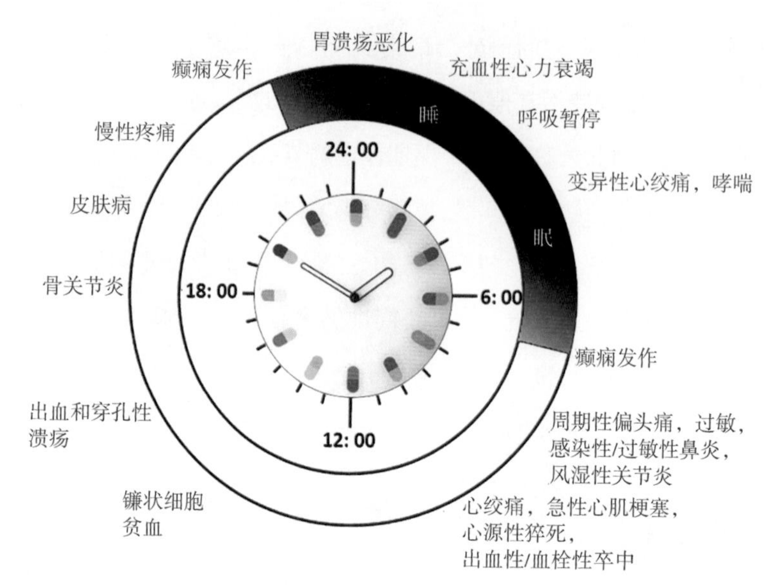

一些疾病的发病时间具有节律性

节炎、糖尿病等很多常见疾病的症状在一天当中也具有较为明显的节律特征，因此在治疗上需要考虑时间因素，因时制宜才能取得好的疗效。

饮酒者对酒精的代谢能力在一天当中也是动态变化的，平均而言，人们在下午至午夜时段对酒精的代谢能力更强。当然，过度饮酒终究不是好事，酒精会麻痹中枢神经系统，对视交叉上核的功能以及节律造成干扰，酒精的毒性以及饮酒造成的节律紊乱这两方面的因素都会增加肝脏出现病变的风险。

药效和疗效的周期性

在古代，疟疾是一种人们闻之色变的病，疟疾有不同的类型，间日疟与卵形疟患者的发热周期为48小时左右，隔一天发作一次；三日疟患者的发热周期为72小时，隔两天发热一次。与间日疟和卵形疟不同，恶性疟患者天天发热。在古希腊，医生对疟疾等疾病已经开始进行周期性的治疗，并称之为metasyncrasis。在这种治疗方法中，病人并不是每天都接受治疗，而是每过3天或7天才进行治疗。盖伦在治疗一些慢性和急性疾病时记述了这些治疗方法。当然，尽管古希腊人认识到了疾病的节律特征，但由于认识水平仍然非常有限，所取得的疗效也不是很理想。

顺铂和阿霉素是治疗肿瘤的两种常用药物，但是它们也有副作用，比如造成脱发、血细胞数量下降、神经损害以及内脏功能受损等。1985年，美国《科学》杂志上发表了一项研究工作，研究人员同时采用顺铂和阿霉素治疗两组卵巢癌患者，所用剂量也相同。所不同的是治疗时间，其中一组患者是早晨6:00服用阿霉素而在晚上6:00服用顺铂，另一组患者服药时间相反，即在早晨6点服用顺铂而在晚上6:00服用阿霉素。经过一段时间的治疗后发现，两组病人的疗效以及药物的副作用相差很大。由此不禁想到一个成语"朝三暮四"，这源于一个故事：一个老头养了几只猴子，给猴子分配食物，开始对猴子说打算早晨给猴子三个桃子，晚上给猴子四个桃子，猴子听了很不高兴。老头于是对猴子说，那么改成早晨四个桃子，晚上三个桃子，如何？猴子这下满意了。这个成语故事是讽刺猴子的蠢笨，但是，如果从节律的角度来看这个问题，猴子的固执或许是有道理的：虽然每天吃的桃子总数是相同的，可是早晨多吃还是晚上多吃或许对猴子的代谢和健康具有不同的影响也未可知——当然，在没有确凿证据的情况下，这只能当作是个玩笑吧。

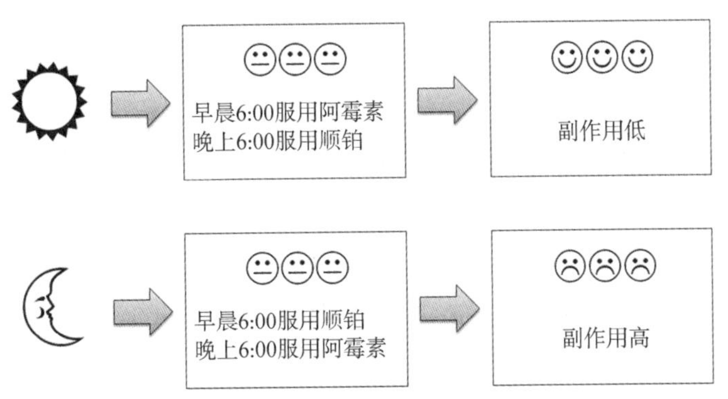

采用相同药物在不同时间治疗卵巢癌患者的示意图

法国女士高戴恩（Carole Godain）曾经是一名大肠癌患者，她34岁时接受了第一次治疗但失败了。治疗后的体检结果显示，仅在她的肝脏里就长了27块肿瘤。法国图尔市的肿瘤医生建议她接受基于生物节律的尝试性治疗，希望这样能增进疗效并减轻副作用。为了抓住最后一丝希望，高戴恩接受了建议并积极配合治疗。这种治疗策略也称为时辰疗法，体现了对节律因素的重视，特点在于每天在特定的时间进行化疗或药物治疗。化疗在每天上午10点进行，每到这个时候她就要按下病床边的一个蓝色按钮，护士就会前来给她进行治疗。到了2018年，高戴恩已经43岁，她仍然活着，并且体内的肿瘤已经奇迹般地消失了。

美国辛辛那提大学霍格奈实（John Hogenesch）实验室的一项研究发现，在105种被检测的药物中，有78种药物的疗效具有节律特征，其中包括治疗高血压、哮喘、关节炎和肿瘤等疾病的药物。现在市场上很多的药物，例如治疗心脏病的药物等，在一天当中特定的时间服用都会有更好的疗效。这些药物不仅服药的剂量对疗效非常重要，服药的时间也很重要。心脏病一般在后半夜和早晨发作较多，因为在这个时间段，血压开始急剧上升，但是在这个时间段服药很不方便。一种有效的解决方案是，可以在晚餐前后服用缓释药物，缓释药物包裹在胶囊里，而且这种胶囊是特制的，可以控制其被消化掉和释放药物的时间，这样可以在预期的时间释放，发挥最大疗效。

时辰疗法确有优势，但在不同个体之间存在比较大的差异，像高戴恩那样疗效非常好的例子比较罕见。但是负责给高戴恩治疗的医生莱维（Francis Lévi）仍然鼓励更多的患者尝试时辰疗法，以提供最大的帮助、最大程度地降低危害。

在前列腺肿瘤等一些肿瘤中，生物钟基因的表达明显降低。在这些肿瘤细胞里，如果升高生物钟基因的表达，则会对肿瘤细胞的增殖和迁移起到抑制作用。在肿瘤患者当中，有的患者节律正常，每天的作息具有明显的24小时周期性，而另一些患者的节律很混乱，看不出明显的24小时周期。有一项研究对肿瘤患者的节律特征以及治疗效果进行了分析，发现那些节律正常的肿瘤患者治愈率和存活时间显著高于节律紊乱的患者。

重症监护室是医院里抢救各类危重病患者的地方，医疗设备先进。但随时都有护士来回走动，有病人被送进送出。另外，重症监护室的灯也是昼夜亮着的，这些因素都会导致患者节律发生紊乱，反而不利于疾病的治疗。一项对300人的调查数据显示，在重症监护室里的病人当中，只有大约4%的人节律较为明显。

生物钟与排毒

说到生物钟，很多人会联想到媒体经常渲染的人体排毒。关于排毒，普遍流传的说法是：每天晚上21:00—23:00，是人体淋巴的排毒时间，免疫系统活跃；晚上23:00—次日凌晨1:00是肝脏的排毒时间，此时应该熟睡，不要熬夜。凌晨1:00—3:00是胆囊排毒的时间，此时应该熟睡；半夜到次日凌晨4:00是脊椎造血的时间段；凌晨3:00—5:00是肺的排毒时间；早晨5:00—7:00是大肠的排毒时间；早晨7:00—9:00是小肠开始大量吸收营养素的时间。

排毒是养生的说法，听起来是造福大众的，没什么不好。现代人生活压力很大，很多人处于亚健康状态，加之中医对我们很有影响力，因此养生话题备受关注，养生广告充斥媒体，铺天盖地，许多人为养生花费大量金钱也在所不惜。但是，口号动听并不总是等同于动机善良，也不等同于内容真实、可信。

言之有据和言之有理，是科学研究的基本规范。言之有据是指得出观点或结论要有充分、可靠的证据，言之有理是指推理和结论要有缜密的逻辑作支撑。科学研究中，实验设计需要符合规范，要有多次重复，还要有严格的对照。电视上曾经播放过一则吸烟危害健康的公益广告，在一个很小的容器里同时点燃很多根香烟，小白鼠很快死亡，得出的结论当然是吸烟危害健康。这个公益广告目的是好的，但是所展示的研究方法和结果却是错误的。小白鼠个头很小，正确的设计应当是按照小白鼠和人的体重比让小白鼠吸进等比例的烟雾。如果连过量都不考虑，那么给小白鼠喂很多食盐也会死亡，或者喂食过量的糖也会严重损害健康，但若据此得出结论说吃盐或吃糖危害健康显然是荒谬的。即使关于吸烟有害的公益广告也不应该用错误的实验来证明，这样错误的实验设计没有说服力。另外，这样的宣传反而会戕害大众的科学思维。

伪科学不是以严谨的实验为基础,也不会去引用专业的学术论文——那得花多少时间？不是耽误了赚钱吗？他们只是把那些包含很多臆断和错误的资料抄来抄去,以讹传讹,当然在抄的过程中也会根据牟利的需要添枝加叶,以更具欺骗性、煽动性。很多在媒体上装扮成权威医生或科学家的人只不过是演员而已。有一家国际知名大公司常年做牙膏广告,背景总是选择在实验室,想让科学为他们背书。广告里一个穿着白大褂的“科学家”在讲解,讲解的内容当然是吹嘘自己的产品。细心的观众会发现,这间“实验室”的桌子上只有几只瓶瓶罐罐,没有仪器、设备,而这样是根本做不了实验的。更让人气愤的是,那些瓶瓶罐罐竟然都是空的,这不是侮辱观众的智商吗?

关于养生的各种说法中一些观点原本具有一定的合理性,但鼓吹伪科学的人为了利益,炒作热门概念,捏造数据,原本或许有些道理的说法经过没有底线的夸大或扭曲,或者掺杂错误的东西,已经严重悖离了客观事实。回到生物钟与排毒的问题上来,首先,这种说法认为每个器官都具有“排毒”的功能,那么这些“毒”是什么物质？支持这些说法的人做过多少实验？实验重复了多少次？设置了怎样的对照实验？实验的一致性如何？如果没做严谨的实验,依据是哪里来的?

不同的个体之间节律会有差异,有百灵鸟型、中间型以及夜猫子型的人。对处于不同环境里的人来说,他们的节律与普通人群之间也存在差异,例如无法维持24小时周期的盲人、倒班工人以及倒时差的人等。既然如此,怎么会有一个很死板的排毒时间表?

多数人并不从事科研工作,未必具备充足的知识和严谨的思维,难以辨别科学与伪科学。在这种情况下,可以选择具有专业性而非带有商业目的的信息、资料,选择听取经过确认的科学家而非演员的讲解。这样既可以增长真正的科学知识,也可以避免浪费金钱、精力,甚至避免损害自己或家人的健康。

生物钟与排毒的说法非常流行,但是盲信盲从可能损害健康而非延年益寿。说到养生排毒这个问题,很多人也该吃“药”了,吃一些可以提升科学素养的“药”。

第五篇
生物钟与健康

无论什么时候，如果我们每隔一小时检测一次细胞的分裂、排出的尿液体积、身体对药物的反应或者我们进行计算的速度和准确性，我们通常会发现（在一天当中）这些指标的变化总是在某个时间处于峰值，而在另一时间处于低谷。

——阿朔夫

夜猫子和百灵鸟

有这样一则童话故事:蝙蝠和燕子有一次争论起来,燕子说日出为旦,日入为夕;蝙蝠则认为日出为夕,日入为旦。彼此相持不下,便去找凤凰裁决。路上碰见一只鸟告诉它们,不必去问,凤凰一天到晚打瞌睡,懒得像训狐一样。在这个故事里,蝙蝠和燕子一个是昼伏夜出,一个是夜伏昼出,所以它们对一天是从早晨开始还是从夜晚开始的看法截然相反。

在这个故事里,凤凰的节律似乎有些不正常,不过这不是我们关注的问题。蝙蝠和燕子是不同的物种,生活习性不同,但它们早已适应。在我们人类当中,也有早睡早起和晚睡晚起的人,那么时间作息不同的人在生理和健康方面是否有差异呢?

不同的动物,活动和休息的时间也不同。牛、狗、鹰、麻雀、百灵鸟、松鼠以及我们人类都是在白天活动、夜晚休息,而猫头鹰、猫、老鼠、负鼠和蝙蝠等动物是在夜晚活动、白天休息。明朝张岱的《夜航船》记载:鼠夜动昼伏;鸺鹠昼暗夜明。这两句话的意思是老鼠是夜行性动物,夜晚出来活动而白天躲在洞穴里休息,鸺鹠是一种猫头鹰,它的视力在夜晚非常敏锐,在白天却很弱。

在各种动物当中,我们通常用百灵鸟来形容早睡早起的人,而用猫头鹰来形容晚睡晚起的人。

动物在不同的时间表现出活跃状态,有的在白天,有的在夜晚,有的在早晨,有的在黄昏

不同的时间型

保持正常的睡眠很重要,但是不同的人何时睡觉何时起床各有差别。人类活动-睡眠的相位偏好性称为时间型(chronotype或circadian type),依据早晚偏好型特征(morningness-eveningness preference),表现为早睡早起的特征常被称为早型或百灵鸟型("Lark" type),而表现为晚睡晚起的特征常被称为晚型或夜猫子型("Owl" type),处于两种类型之间的为中间型。在人群当中,中间型的人最多,约占60%,而百灵鸟和夜猫子型的人较少,各占约20%。

通常是用问卷调查来分析一个人是百灵鸟型、中间型还是猫头鹰型,这钟方法简便、快捷。另外,也可以通过测量活动节律、体温节律,或者体内激素变化的节律特征来判断。当然,这些检测需要专门人员才可以进行,比问卷调查要费时费力,但是更为准确、客观。

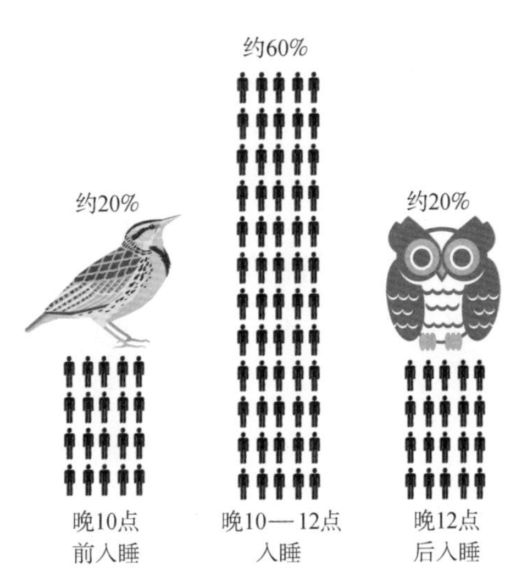

根据2012和2013年的调查结果，中国网民在不同时间入睡人群所占被调查人群总数的百分比。晚上10点前入睡的可以认为是百灵鸟型的人，晚上12点后入睡的可以认为是夜猫子型的人，而介于两者之间的为中间型的人

《论语》记载，宰予昼寝，子曰："朽木不可雕也，粪土之墙，不可圬也。"意思是孔子见到叫宰予的弟子白天睡觉，便责骂他无药可救，如朽木之不可雕琢，如粪土糊的墙无法粉刷。这里不知道具体是怎么回事，但从语气上看宰予应该是经常白天睡觉，而非偶然为之。倘若是经常故意偷懒，则应该责备，倘若是夜猫子型或者是睡眠障碍，则责备也是起不到什么好的作用的。不过，也有不同看法认为，此处"昼寝"实际是"画寝"之误，就是说宰予喜欢画睡眠题材的画，孔子看不惯。如果是这样，当然就与时间型无关了。

对于昼行性动物包括我们人类来说，漆黑的夜晚似乎隐藏着许多危险与邪恶，让我们感到不安和害怕，充满光明的白天才显得安全。在我们的直觉里，很多坏的事情都是发生在夜晚，尽管事实并非如此。

时间型在人群里的分布受到年龄、性别等因素的影响。时间型在人的一生中会发生改变，在幼年时百灵鸟型的人所占比例较高，青年时代夜猫子型的人较多，年老后百灵鸟型的人所占比例变高。时间型在不同性别里分布也存在差异，总体说来，在相同年龄的人群里，女性人群中百灵鸟型的人比例高于男性人群。

时间型主要反映在对睡眠时间及工作时间的偏好。除了睡眠/觉醒周期外，百灵鸟型的人体温、褪黑素、可的松等水平的内在节律的相位也都早于夜猫子型，与行为节律的表现一致，基因表达节律，相位也比夜猫子型和中间型的人要早。

有人开玩笑，说自己白天是百灵鸟型的，夜晚是夜猫子型的——敢情是活的比狗累，每天晚睡早起，没睡几个小时。如果反过来，说自己白天是夜猫子型、夜晚是百灵鸟型，那显然是个懒虫——睡得太多了。

被逼成百灵鸟的大臣们

网上曾流传一张图片，图片里反映的是在白天时，一只啄木鸟在树干上不停地啄，咚咚咚！咚咚咚！这时树干上方树洞里一只猫头鹰探出头来，怒目而视。这个场景很滑稽，显示了百灵鸟型和夜猫子型的动物之间的冲突。南京大学在新生入学时对新生进行了时间型的问卷调查，然后把夜猫子和夜猫子尽量分配住在一起，把百灵鸟和百灵鸟住在一起，这样可以避免因起居时间不同而相互影响。这也是充分考虑学生时间型的人性化举措。

朱耷的《孔雀竹石图》。在这幅画里，石头的形状上大下小，意味着不安的状态

在一个单位里，如果上司是百灵鸟型的人，每天很早就到公司，那么多数员工也会不得不顺应上司的习惯，尽量早到办公室开始工作。我国古代时的情形也差不多，对于起床时间，古人崇尚“早起”，即便是帝王之家也是这样。一般来说，古代皇帝通常都是在寅时至卯时开始上朝，相当于现在的凌晨3:00—5:00。这个时间段，公鸡才刚刚打鸣。有句谚语叫“一日之计在于晨”，其实是由古

代的“一日之计惟在于寅”演变而来的。据宋代江少虞《宋朝事实类苑》记载，宋太宗保持良好的睡眠习惯，“深夜就寝，五鼓而起”。需要上早朝的臣僚们起床时间更早，所以才有“朝臣待漏五更寒”的无奈与辛苦。

明末清初的画家八大山人朱耷在他的画作《孔雀竹石图》里题了一首诗：“孔雀名花雨竹屏，竹稍强半墨生成。如何了得论三耳，恰是逢春坐二更。”据谢稚柳推断，这幅画里孔雀露出三根尾翎，影射清朝戴三眼花翎的高官，而“坐二更”就是指这些高官大臣天没亮就要去皇帝那里上早朝。古代的二更相当于现在的晚上21:00—23:00，这是深夜而非凌晨，显然朱耷的说法夸张了。除了高官上朝需要早起外，明清时代的皇帝都爱喝玉泉山的水，负责运水的差役三更半夜就要出城取水，也是辛苦到节律紊乱的节奏。

东方明矣，朝既昌矣。杨念群在《做一个清朝官员有多累》一文里记述了清朝官员上朝的艰辛：清朝皇帝每天恪守早朝时间，而大臣们为了按时到达，必须提前乘坐骡马、车轿前往皇宫，风雨无阻。根据清朝大臣恽毓鼎日记记载，1896年2月的一天，光绪皇帝召见官员，恽毓鼎要在凌晨4点前就到景运门朝房候旨，7点在乾清宫觐见。如此一来，不管皇帝、大臣是百灵鸟型还是夜猫子型的人，一律都被逼成百灵鸟。这应该对他们中一部分人的健康是没有益处的。所幸的是，清朝的大臣白天不用坐班，可以打道回府去补充睡眠。宋太宗估计也是如此，否则如果白天不补觉的话，睡眠时间很难保证。

时间型也可以转变，也就是说在一些特殊情况下可能由一种时间型变成另外的时间型。民国初年，袁世凯当了大总统，北洋派系的军阀自恃有功，变得放任、懒散。袁世凯就曾怒骂冯国璋，说他每天睡到中午12点才起床。一些动物的时间型转变非常明显，例如地中海的一种蚂蚁，在春天时主要在白天活动，到了夏季的时候则主要在夜里活动。据说生活在野外的仓鼠是白天活动的，而被人当宠物包养后变成在夜晚活动了。

2018年，美国《科学》杂志发表了一篇论文，声称通过对世界很多地方的数据进行调研，发现人类的活动使得附近很多生物改变了习性。人类的活动主要是指旅游、耕种、伐木、狩猎等，很多本来白天出来活动的动物如老虎、大象、野猪等，改为了偏向夜晚出来活动。当然，这种改变是被迫的，反映了人类活动对生态的影响也会体现在生物节律上。

百灵鸟好还是夜猫子好

古今中外不少名人都很推崇早睡早起的习惯。宋代大文豪苏东坡说过："无事以当贵，早寝以当富，安步以当车，晚食以当肉。"其中早寝以当富就是说早睡的重要性。

美国一位大人物，既是科学家也是政治家的富兰克林(Benjamin Frankin, 1706—1790)曾经说过：早睡早起，令人健康、富足、睿智(Early to bed and early to rise, makes a man healthy, wealthy, and wise)，富兰克林本人也践行这一准则，他的作息习惯是晚上10点睡觉，早晨4点起床。在1797年出版的德国医生胡费兰的《延长生命的艺术》一书里，也提到了同样的话，这句话也是基督教卫斯理公会创始人卫斯理的座右铭。考虑到富兰克林和卫斯理两人生卒时间相近，这句话是由谁首先说的大概难以考证。

亚里士多德

苏轼

富兰克林

约翰逊

认为早睡早起有益健康的几个人

早在1639年，一本名为《英语和拉丁语谚语》的书里就出现了这句话，后来可能成为富兰克林和卫斯理及其他很多人的座右铭。英国的大文学家拜伦在《唐璜》里也说到：如果您想拥有长寿和财富，每天就要坚持早睡早起。英国文学评论家、诗人塞缪尔·约翰逊(Samuel Johnson,

1709—1784）1773年说过：我自己一生当中，每天都睡到中午才起床；但是我仍要真诚地告诉所有年轻人，不早起对任何人都没有益处。毛姆的《月亮与六便士》里说："为了使灵魂安宁，一个人每天至少该做两件他不喜欢的事。说这话的是个聪明人，对于这一点我始终严格遵守：每天我都早上起床，晚上睡觉。"这么说话的人一定是个夜猫子了，不过这只夜猫子表现不错，虽然知道早睡早起很痛苦，但还是尽力去做了。相比之下，约翰逊同学在行动上就没有说服力了。

古希腊时代的亚里士多德曾如是说："早起是好习惯，对健康、财富和智慧都有益处。"鉴于亚里士多德对西方文明的巨大影响力，富兰克林、卫斯理和拜伦等人很可能都是直接或间接地引用了亚氏的说法。

古人推崇早睡早起，对其中的原因却不甚了解。根据现代的生物钟研究，早睡早起的生活方式确实可能更为有益健康，当然，这一结论是根据对很多人的统计得出的，但并不意味着其中每个个体的情况都是如此。例如非要让一些夜猫子按百灵鸟的方式生活，那么也是很痛苦的事情，甚至无法做到。

一些夜猫子会说他们在夜晚的时候头脑很清醒，工作效率也很高。对于这个说法，要具体分析。对于头脑是否清醒、工作效率是否高这个问题，在心理学上有一些检测警觉度等指标的方法可以较为客观地进行评估，比夜猫子们的主观感受可能更为准确。警觉度是一个用来反映人的反应速度以及操作准确性的指标，检测起来也很容易。我们可以编制一个简单的电脑小程序，屏幕上会出现一个红色圆圈，但是出现的时间是随机的，可能在10秒内的任何时间突然出现。一旦红圈出现，你必须以你最快的速度按下某个按钮，电脑会记录从红圈出现到你按下按钮的时间，这就是你的反应速度。你可能会很激动，在屏幕上尚未出现红圈时就按下按钮，这就会被记为一次操作失误。反应速度和操作的准确性都是警觉度的体现，反应速度快、准确性高说明警觉度高，反之则说明警觉度低。

对不同时间型的人进行检测，结果显示对于中间型的人来说，在一天当中他们警觉度比较高的时间段位于上午10:00至晚上22:00这个区间，也就是说在这个时

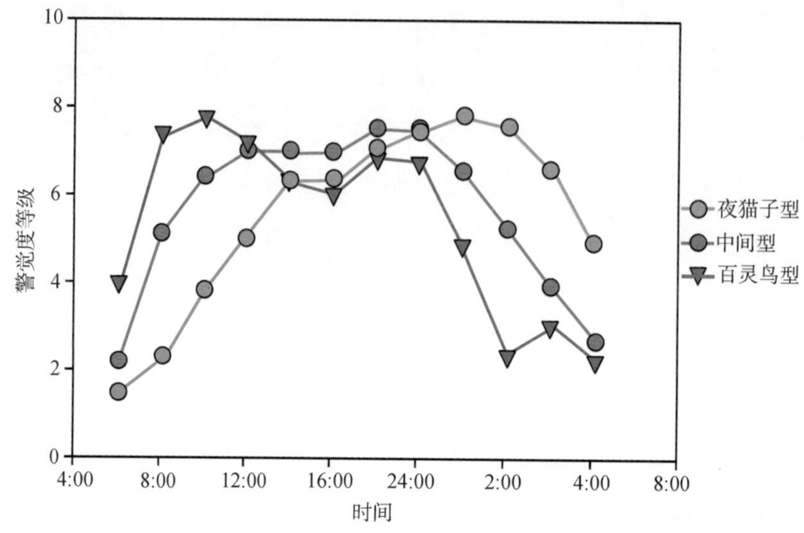

夜猫子型、百灵鸟型和中间型的人在一天当中不同时间的警觉度变化情况

间段他们反应灵敏且准确率高。对于百灵鸟型的人来说，警觉度较高的时间段位于上午8:00至晚上20:00，对于夜猫子型的人来说，警觉度较高的时间段位于上午12:00至晚上24:00之间。但是，无论是对于哪一种时间型的人来说，在深夜时他们的警觉度都明显降低。因此，夜猫子声称自己越熬夜越精神是不准确的。

那么，夜猫子型的人与百灵鸟型的人相比较，除了每天生理和行为在时间上存在早晚之别，健康水平是否并无明显差异呢？很多调查表明，夜猫子型的人罹患心血管疾病、糖尿病、肥胖以及肌肉减少症等疾病的风险明显高于百灵鸟型的人。其中一项调查显示，夜猫子型的人患2型糖尿病的概率比百灵鸟型的人高约2.5倍，患动脉高血压的概率高约1.3倍。肌肉减少症的表现是肌肉减少、肌肉的力量和耐力减退。除了健康风险增高外，夜猫子型的人还会出现工作效率降低、睡眠障碍、学习或工作效率降低、负面情绪增加等问题。

工作或社会环境等因素可能加剧夜猫子型人的健康问题，如果夜猫子型的人找了一份朝九晚五的工作，那么他们夜里睡得晚，早晨却又要正常早起，导致睡眠不足。此外，相对于百灵鸟型的人，夜猫子型的人吃夜宵的概率也比较高，这也会对机体的代谢造成不利影响。总之，尽管存在个体差异，但统计结果表明，夜猫子出现生理、心理和行为问题的风险显著高于百灵鸟型和中间型的人。这也提示我们，将来对于与生物钟关系密切的疾病的诊断和治疗，可能需要考虑时间型这个因素。或许在不久的未来，当我们去医院体检时，医生给我们开具的报告单上就会有一栏信息，显示出我们每个人的时间型。

我们人类以及动物都有不同的时间型，有早型、晚型和中间型，植物也有“夜猫子”和“百灵鸟”。有一种生活在泥沼里的紫色螃蟹(*Sesarma reticulatum*)，一天当中在夜里11点左右最为活跃，因此也被称为penultimate hour-crab，意思是一天里倒数第二个小时的螃蟹。这种螃蟹活动高峰出现得那么晚，应该算是夜猫子了。

但是，严格说来，按动物的活动时间把它们笼统地称为夜猫子或百灵鸟是不恰当的，因为时间型是对同种生物而言的，对不同的生物之间则不能比较。我们不能说人是早型而老鼠是晚型，但我们可以在人和老鼠里分别发现不同的个体，有些是早型，有些是晚型。我们在这章开头用不同动物的图来帮助理解时间型，但是在理解了这一概念之后，就不能再用那个图了。

令人苦恼的时差

当我们乘坐飞机去其他国家旅行，如果跨越时区，我们就可能会经受时差的折磨，在数天内难以适应目的地的时间，生理上会出现各种不适感，令人苦恼。那么，时差是怎么造成的呢？经常倒时差对我们的健康又有怎样的危害？

时区与时差

地球是圆形的，并且在不停地自转，因此地球上不同地方在时间上存在差异，也就是时差。古希腊的托勒玫（Ptolemy，约 90 —168）和中国元代名臣耶律楚材（1190 —1244）都注意到，不同地方的人看见日食的时间有先有后，提示在地球不同经度的地区，时间可能存在差异。

到了明朝万历年间，意大利传教士利玛窦（Matteo Ricci）在进献给中国的世界地图《坤舆万国全图》中明确提出将地球经度划分为360°，经度每相差15°，则时间相差1小时。世界上很多国家的地图都是按经线来画的，也就是最右边是东经180°经线，经度向左逐渐增加，最左边为西经180°。按照这样的画法，中国由于地处东部，就会被画在整个世界地图的东边，显得偏于一隅。古代中国由于科技不发达，一直认为大地是方形的，漂浮在海洋上，中国是位于大地的中央。为了不引起当时中国人的抵触，利玛窦进行了改绘，从右向左从西经30°开始，这样就使得中国大致处于世界地图的中间了。现在中国版的世界地图基本上都采用类似利玛窦版本世界地图的绘制方法。

由于地球围绕太阳从西至东的方向自转，每天太阳在地球上的东方升起，东方开始天亮，然后随着地球自转，西方也逐渐开始天亮。在地球上，每个地方日出日落的时间都比它前一个时区晚一个小时。如果跨越国际日期变更线的话，就更有魔性：日期会一下子相差一天。

元曲《吕洞宾三度城南柳》写道："仙凡有路，全凭着足底一双凫，翱翔天地，放浪江湖。东方丹丘西太华，朝游北海暮苍梧。"在古人神话般的想象当中，可以日行万里，如果能做到日行万里，是否就一定会有时差了呢?

如前文所言，只有当跨越经度或者说跨越不同时区进行东西方向的旅行才会出现时差，而在同一经度或时区作南北方向的旅行则不会出现时差，因为在同一经度任何位置的时间是相同的——当然，这里不考虑由于同一经度不同地区隶属不同国家而人为规定的相对时间。因此，仙人如果按不同方向遨游，那么东西方向的"东方丹丘西太华"会产生时差，而南北方向的"朝游北海暮苍梧"没有时差——当然，南北方向飞行会产生温差。

除了温差外，由于不同纬度天亮和天黑时间不同，在同一经度范围内乘飞机沿南北方向旅行，虽然没有时差，但也可能对节律产生影响。如果目的地的日出早、日落晚，那么旅行者每天起床、入睡、用餐和工作时间会有所改变，但这与时差的影响是不同的。

这里需要澄清两个概念，一个是物理性的时差，也就是不同时区的时间差异，位于东方的地区日出时间早于西方的地区。另一个是生理性的时差，是指我们在经历两个地方的时间差过程中身体上的种种不适，也可以称为时差综合征。英文单词似乎更能体现出这两种含义的区别，表示不同地区的时间之差的英文词汇是"time difference"，而时差带来的生理反应称为"jet lag"，其中"lag"是滞后的意思，指的就是穿越时区到达目的地后生理上仍然保持着原来的状态，需要数日之后才能适应，因此是滞后的。日常生活中我们常会把两个词混用，用时差来表示时差反应，表示时差给人体带来的种种不适。在这里，我们所说的时差是指后一种意思。"jet lag"

译作“飞行时差综合征”可能更为准确，但是大家都习惯了使用“时差”这个简短的词。

动物也有时差，并且它们调节时差的能力也不同。就调节12小时时差而言，不同动物调节节律达到与新的环境周期实现同步化所需的天数为：蜚蠊和麻雀约需4天，鸡需3—7天，螃蟹约需6天，小鼠约需9天，大鼠需5—8天。与这些动物相比，人调节时差的能力最弱，适应12小时的时差约需11天，每天调整的幅度约为1—1.5小时。这里给出的只是大致的范围，个体之间存在一定的差异。

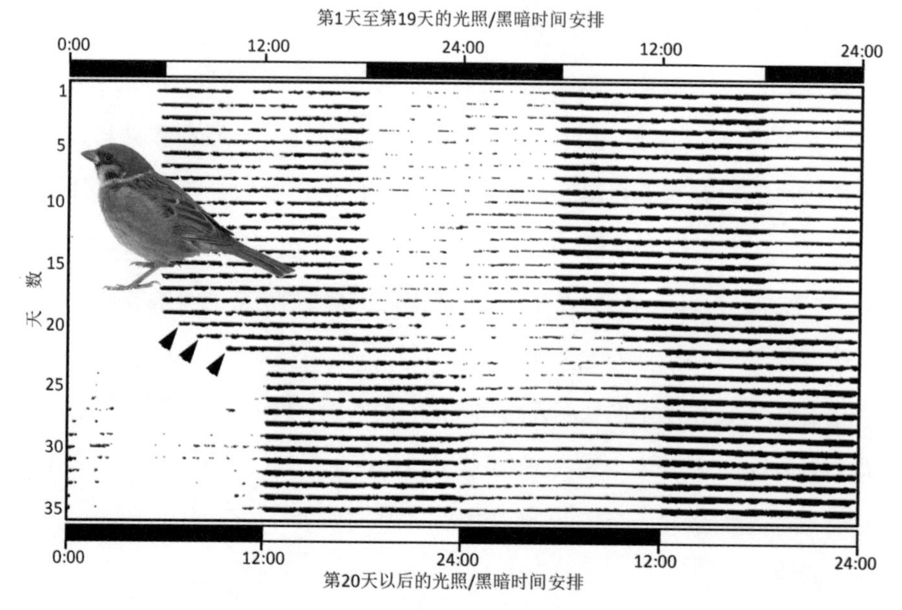

一只麻雀倒6个小时时差的活动图。第1—19天，麻雀的环境是每天早晨6:00到傍晚18:00有光照，其余时间没有光照。第20天后每天中午12:00到夜里24:00有光照，其余时间没有光照，即麻雀所处环境突然推迟了6个小时，麻雀需要倒6个小时的时差。经过3天时间，麻雀适应了新的光/暗条件。箭头所指是麻雀在调整时差的3天中的活动情况(引自Binkley，1989)

在调整时差的过程中，同一个体的不同的生理节律和行为节律调整所需时间也可能不同，这也可能导致失同步化。例如在光暗条件改变12小时后，大鼠的心率节律需要约9天才能调整过来，而饮水、摄食节律则约为7天。德堪多在1832年发现，如果打乱植物的节律，植物在开始几天也很乱，需要一段时间才能适应，这意味着植物可能也有时差。

时差是个新玩意儿

谁是历史上最早经历时差的人？这个问题可能会让人感到茫然：人类历史那么久，哪那么容易找到答案？其实，如果我们再仔细想想，就会发现时差对于人类而言，乃是一个崭新的事情，而非亘古以来一直存在的。

在古代，人们没有高效的交通工具，只能借助舟车横跨大洲、大洋，非常耗费时日。在漫长的旅程中，人体早已逐渐适应所经过地方的时间，到达目的地后也就不会有明显的时差反应。美国有一首作于1927年的歌曲《在一艘去往中国的慢船上》(On a slow boat to China)，这是一部电影的插曲，是一首很好听的爵士乐。这首歌的大意是，男主人公和女主人公登船旅行，把情敌远远抛在了岸上。这是一艘开往中国的船，速度慢悠悠的，正可以让男女主人公安享浪漫时光。这首歌里说及开往中国的慢船，只是一个比喻。在那个年代，在美国人眼里，中国是个遥远而神秘的国度，所以就用中国来打个比方，以此比喻旅程的漫长，并非真要来中国。话说回来，即使真的坐船来中国，因为轮船的速度太慢，在旅途中他们也可以慢慢适应，到达目的地时身体已无不适感，因此他们不会有明显的时差。《80天环游世界》里，主人公虽然跨越时区，环游世界，不同的地方存在时间差，但由于旅途很漫长，所以也不会有时差反应。

黄柳霜

黄柳霜(Anna May Wong，1905—1961)是20世纪前叶美国好莱坞著名华裔女影星，祖籍广东台山，其祖父最早到美国定居。黄柳霜自小在父亲经营的唐人街洗衣铺里长大，并从跑龙套开始成长为好莱坞巨星，也是第一位在好莱坞成名的华裔影星。她与外交官顾维钧、文学家林语堂以及京剧大师梅兰芳等社会名流都是好友。1936年，她从美国乘船经由日本回国探亲访友，1月26日从旧金山出发，2月8日路过日本横滨，2月9日到达上海。旧金山时间比上海慢16小时，横滨比上海快1小时，横滨与旧金山的时间差可以认为，前者比后者快17小时。由于走得很慢，黄柳霜从旧金山到横滨用去了13天的时间，所以不会存在明显的时差反应。

与黄柳霜的行程方向相反，著名漫画家叶浅予（1907—1995）在《叶浅予绘本·天堂记》里以漫画的形式记述了他和妻子于1946年去美国的经历和见闻。他们于是年9月2日从上海出发，乘坐“麦琪将军号”海军运输船，14天后到达美国旧金山。旧金山和上海的时间差为16小时，所以叶浅予到美国时应该没有明显的时差。

从13世纪中期开始，人类开始利用热气球和飞艇进行高空探索。1783年，法国人罗齐尔（Jean-Françoise Pilâtreo de Rozier）与阿兰特伯爵（François Laurent,

叶浅予《天堂记》中的漫画，经历14天的舟旅劳顿，他和妻子到达美国旧金山

marquis d'Arlandes)首次乘坐热气球,升入空中并安全返回。到了19世纪,飞艇更是不断发展,德国人冯·齐伯林(Ferdinand Graf von Zeppelin)伯爵制造了当时世界上最大的飞艇,重达22吨,载重量可达38吨。飞艇内装有5台蒸汽机,总动力可达1200马力(约900千瓦)。据称,该飞艇时速可达90—110千米,可在40小时内横渡大西洋。1929年,埃克纳(Hugo Eckener)驾驶齐柏林飞艇花了21天时间完成了环游世界之旅,这次旅行比下面将要介绍的坡斯特(Wiley Post)和加蒂(Harold Gatty)的环球之旅仅仅早了一年。但是由于飞行时间很长,21天的时间已经足够用于缓慢地调整时差,因此他应该不会感到由于时差造成的明显不适。

1903年,美国莱特兄弟(Wright Brothers)发明了世界上第一架飞机,意味着飞行时代真正到来。飞机的飞行速度远远超过飞艇,也就是说,如果驾驶飞机旅行,跨越时区的速度就会大大加快,从而可能令身体不适,感受到时差。因此,时差是个新玩意儿。

最早感受到时差的人

凡尔纳(Jules Gabriel Verne)写过一部科幻小说《80天环游世界》。与此书的名字类似,还有一本名为《8天环绕世界》的书,由美国的两位飞行员坡斯特和加蒂合著,其中坡斯特竟然还是个"独眼龙"。坡斯特和加蒂在书中记述了他们两人在1930年驾驶一架名叫"温妮·梅"的飞机,在8天的时间里从美国纽约出发,途经加拿大的格雷斯港,英国的切斯特,德国的柏林,苏联的莫斯科、新西伯利亚、伊尔库茨克、布拉戈维申斯克(海兰泡)、哈巴罗夫斯克(伯力),美国的诺姆、费尔班克斯,以及加拿大的埃德蒙顿,最后返回纽约。根据这本书的记载,两个人在飞行途中,感受到了时差的困扰。我们不

坡斯特和加蒂在他们驾驶的飞机"温妮·梅"前合影

妨来看看他们在旅途中的一些记录：

6月23日，两人从加拿大的格雷斯港飞至英国的切斯特。此时纽约时间为早晨7:42，而切斯特时间为中午11:42。由于在纽约是早晨，而切斯特已经是午餐时间，所以感觉不太适应，但还是吃了著名的英国烤牛肉。

6月24日，两人从切斯特飞抵德国柏林。此时纽约时间为凌晨 3:30，而柏林时间为早晨8:30。两人很困，非常想睡觉，但不得不接受各种采访和招待。当天，晚23:00睡觉，次日早晨5:00（柏林时间）起床，7:35继续飞行。

6月26日，两人从苏联莫斯科飞往新西伯利亚。抵达新西伯利亚时当地时间是晚上18:32，而纽约时间为早上9:32。两人都很想睡觉，加蒂还觉得很饥饿。但他们仍然接受当地民众欢迎，然后一起吃饭，睡了3小时觉。

当然，在坡斯特和加蒂驾驶飞机环球飞行之前，已经有人驾飞机长途飞行，其中也包括坡斯特自己。早在1919年，里德（Albert Read）就已经驾飞机横渡大西洋，

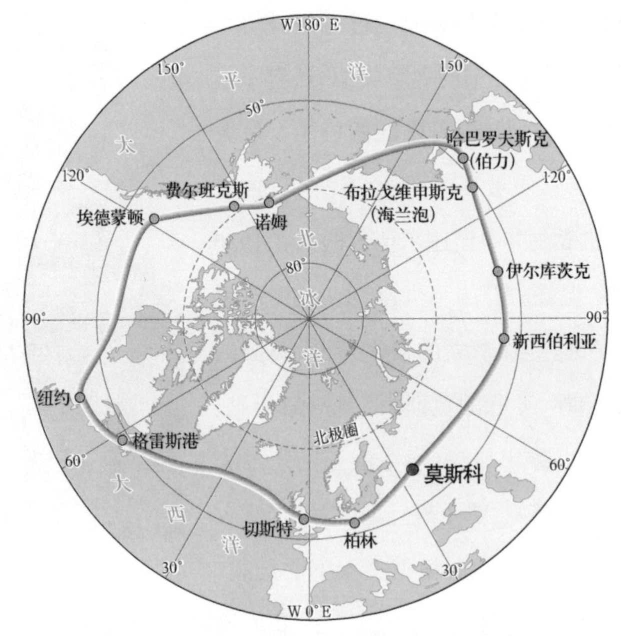

坡斯特和加蒂的飞行线路，环绕北半球跨越北美洲、欧洲和亚洲

从加拿大的纽芬兰经过16.5小时到达爱尔兰，这两个地方之间的时间差为4小时。我们知道16.5小时已经足够让他们适应了，所以不会出现时差。随着飞机性能的不断改进与提升，早期的航空英雄们在旅行中也可能感受到时差，但是令人惋惜的是这些人可能并没有留下记录。因此，说坡斯特和加蒂是世界上最早感受到时差的两个人，应该是没有什么争议的。

让人丢了魂的时差

跨时区旅行的人内在的生物钟还在维持出发地的时间，生理和行为却要按照目的地的时间运转，因此要经历几天倒时差的痛苦。时差造成的不适包括多个方面，最明显的就是白天觉得困倦、疲惫，做事时注意力难以集中，到了夜晚又难以入睡。经历时差折磨的人，消化系统也常会出现问题，出现食欲不振、便秘或腹泻等症状。此外，时差还会导致注意力和警觉度降低，认知能力降低，甚至导致轻度抑郁。

一部拉美电影里的台词说，从美洲“去欧洲旅行，灵魂会晚到三天”。灵魂有无尚无确凿证据，在这里如果把灵魂解释为人的生理和精神状态，那么这句话的意思就是说，美洲和欧洲之间存在几个小时的时差，如果乘飞机从美洲去欧洲旅行，到达后的几天里要倒时差，精神状态不好，像丢了魂一样。

晏樱曾是卡塔尔航空公司的一名空姐，常年往来于中国、非洲和欧洲各地，她在结束乘务员生涯时写下了自己5年飞行生涯的感受，其中说到她将从此告别一日四季、黑白颠倒的生活。对于国际航班的乘务员来说，倒时差是家常便饭。由时差导致的生物节律紊乱是引起女性生殖周期失调以及多种生殖系统相关疾病的一个重要原因。对国际航班女性乘务员的调查结果显示，大约有30%—35%的人出现排卵延迟和月经不调，经常飞国际航班的女性乘务员出现宫颈糜烂的风险也较高，这些都与节律紊乱脱不了干系。经常倒时差甚至会影响脑的部分结构与功能，长期倒时差的空乘人员右侧颞叶会暂时性地萎缩，在飞行结束后休息一段时间可以得到恢复。颞叶萎缩会影响空间认知能力。此外，长期倒时差也会导致海马等其他脑区的结构发生改变。

为了研究倒时差对健康的影响,有人在实验室里让年老的老鼠倒时差,每过一个星期就将每天白天开始光照的时间提前6小时,当然停止光照的时间也提前6小时,这样就逼迫老鼠开始倒时差,每个星期倒6个小时的时差。一个星期下来,老鼠可以把6个小时的时差倒过来,可是下周开始光照和熄灯的时间又会提前6小时,这样就迫使老鼠在几个月的时间里不停地倒时差。实验的结果令人哀伤:一段时间下来,与不倒时差的老鼠对比,倒时差的老鼠死亡率明显升高。也就是说,经常倒时差甚至可能影响我们的寿命。还有一些实验者更过分,每个星期把时间颠倒180°,黑夜变白天,结果同样令人悲伤——老鼠们的寿命缩短约6%。也有人在实验室里让一种绿头蝇倒时差,与上面老鼠倒时差的方式类似,每过一周提前6小时,这些苍蝇的平均寿命缩短了20%。

实验发现,如果老鼠身上一些与生物钟有关的基因发生突变或者被从基因组中剔除,会使得老鼠丧失时差,也就是说,时差应该是可以被调整甚至消除的。

关于时差,还有一个有意思的现象:从西向东跨时区旅行产生的时差比从东向西产生的时差需要花费更长的时间才能调整过来,个中原因尚不清楚。有一种观点是,人的生物节律在恒定条件下大于25小时,比24小时周期长1个小时,从东往西飞刚好需要往后调时差,所以较为容易。但是,这种假设还缺少确凿证据。

从表面上看,既然时差会给我们带来不适甚至影响我们的健康,那么时差就应该不是个好东西,这是否意味着如果能够消除时差一定有益于我们的健康呢?

虽然时差会带给我们烦恼,但它毕竟是亿万年来的演化产物,也许有其存在的道理。时差也许是一种保护性反应,让我们在一段时间内逐渐适应新环境。如果调整得太快,可能反而对身体的损害更大。从这个角度看,如果消除了时差,或许我们将不再感受时差带来的烦恼,但可能在其他的生理、健康方面得不偿失。总之,时差究竟是“好”是“坏”,这个问题目前还没有明确的答案。

节律决定效率

《鲁拜集》中的插图

美国赌城拉斯维加斯的赌场24小时开放，世界各地游客随时可以到此娱乐，不用遭受时差的折磨。赌场这种纸醉金迷的地方，令人想起《鲁拜集》里的一首诗："我梦见一位智者在说：'为什么让睡眠把生命消磨？睡眠怎能开出幸福的花朵？不要老去找死亡的孪生兄弟，在坟墓里你有的是睡觉的时间！'"按照作者海亚姆(Omar Khayyam)的说法，人生苦短，我们不应该浪费夜晚的时间，我们应该白天工作，把夜晚的时间花在娱乐上，只有这样，才能实现生命的最大价值。

海亚姆是一位出生在11世纪的波斯诗人，他的《鲁拜集》并非是要宣扬纵欲、享乐，只是想借此表达自己对当时混乱的宗教狂热、政治与暗杀旋涡的不合流与远离，只能在宫廷的眷顾下寄情于人生、美酒、鲜花与爱情。

在现代，大城市夜晚的五色灯光和夜生活让很多人向往，仿佛夜晚才是我们精力充沛的时间，才更加能够表现自我。与这种看法相悖的是，很多我们耳熟能详的重大事故都发生在夜晚，20世纪初的"泰坦尼克号"沉船事件就是其中颇为有名的一例。"泰坦尼克号"是当时世界上最庞大、最豪华的客运轮船，可以承载3300名乘客，当时被称为"漂浮的凡尔赛宫"，也被称为"永不沉没"的邮轮。1912年4月10日，"泰坦尼克号"载着2224名船员及乘客，从英国出发，驶向纽约。4月14日23:40

左右,“泰坦尼克号”与一座冰山相撞,造成沉船事故,超过1500人葬身大海。

为什么夜晚会发生很多的重大事故,莫非夜晚的世界其实并不属于我们?

睡眠不足引发的事故

众所周知,酒驾是一种非常危险的行为。根据公安部的数据,2018年全国共有5149人因为酒驾或醉驾发生交通事故、构成犯罪,并因此被判处终生禁驾。按规定,每100毫升血液里酒精含量超过20毫克就属于酒驾,超过80毫克则是醉驾。对一个人来说,体内的酒精含量越高,他的反应速度越慢、判断准确率越低。

醉驾的危害已经众所周知,但是在睡眠不足的情况下开车也是非常危险的。研究发现,一夜不睡会导致体力下降25%—30%,两天不睡会下降60%,连续四天不睡会下降大约80%。当一个人持续7个小时不休息,其反应速度和判断准确性下降的幅度与酒驾相当;当一个人连续20个小时不睡觉,如果他再开车的话,那就和醉驾差不多,很可能成为“马路杀手”。

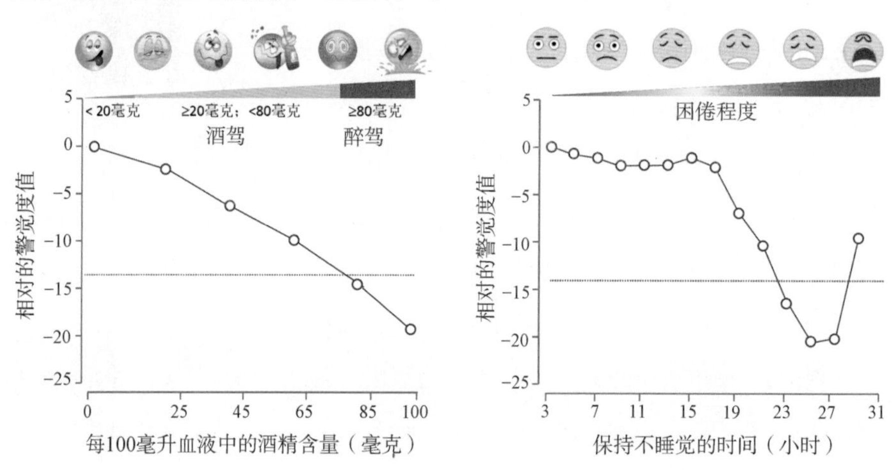

饮酒对警觉度的影响(左)及睡眠剥夺对警觉度的影响(右)(据Rajaratnam and Arendt,2001绘)

在20世纪80年代以前,美国联邦航空曾经按照累计飞行时间计算飞行员的工作量,但如果把人当作机器,不尊重人体生理的客观规律,忽视了生物节律的重要性,事故发生的风险就会增加。

1978年的某一天,美国洛杉矶国际机场的空管人员惊愕地发现,一架本应在机场降落的波音707飞机,却在约1万米的高空越过了洛杉矶的上空,向西朝太平洋飞去。事后的调查发现,机组上所有的工作人员都睡着了,飞机处于巡航飞行状态。空管人员费尽九牛二虎之力,不停地通过无线通信触发机舱里的各种警报,才把一名机组人员从睡梦中唤醒。此时,飞机已经离开洛杉矶上空150千米。所幸的是,这架飞机的油量足以供给飞机返回洛杉矶国际机场。

幸运不会每次都降临。1974年4月22日,美国泛美航空公司一架波音707飞机就没有那么幸运了。这架飞机在巴厘岛发生空难,96名乘客和 11名机组人员死亡。事故的主要原因是机组人员严重缺乏休息,他们完成从旧金山到夏威夷火奴鲁鲁的长途飞行,休息两个小时左右之后,又飞往悉尼,到达时当地时间为下午14:35。第二天傍晚18:21,他们离开悉尼,飞往雅加达,于当地时间凌晨1:30到达,休息不到一个小时,2:18又出发,早晨6:40到达香港。次日凌晨4:00出发前往巴厘岛,8:30不幸在巴厘岛失事。

为了在连续作战期间对抗困倦、疲劳,二战期间,美国、德国军队服用兴奋性药物安非他命。美国空军在越战及执行沙漠风暴任务中也经常服用安非他命。美国空军在沙漠风暴行动中经常连续飞行15—18小时,大大超过警戒值。为了保障飞行员的健康与战斗力,美国空军规定飞行员每天飞行不超过12小时,一个月累计不超过75小时,3个月不超过200小时。即便在战争中,每天也不超过10小时,每周飞行不超过6天。

1979年3月28日凌晨4点,美国宾夕法尼亚的三里岛核电站发生放射性铀燃料融化的重大事故,所幸没有泄露,无人死亡。这次事故的起因是值班人员未能发现管道堵塞而造成冷却剂泄露,引发了一连串故障,最终导致2号机组瘫痪,核电站被关闭。核事故共分为5个级别,级别越高,危害越大,三里岛核电站事故被列为五级。这次事故的主要责任人,也就是那位值班人员,已经连续6个星期轮班,并且最近刚值了几次夜班,睡眠不足可能是导致他工作疏忽的主要原因。

在事故发生的最初30秒,主控室有137盏报警灯亮起,蜂鸣器响了85次。在事故发生的14分钟内,总共有超过800个声、光报警器发出警报!如果值班人员处于疲惫状态,可想后果将多么严重。吸取了三里岛核电站事故的深刻教训,美国后来规定核电站工作人员如果每天连续工作超过14小时,就必须至少休息两天才能继续工作,同时工作人员连续7天的工作时间累计不能超过72小时。

为了保障护士和医生的健康,以及维持工作效率,降低因疲劳而导致的医疗事故风险,美国俄勒冈州颁布规定,除了急诊和乡村医院,其他医院的护士一天不连续工作超过16小时。缅因州的法律规定,护士如果连续工作12小时,两次值班之间一定要至少休息满10小时。缅因州的内科医生每周工作不超过80小时,两次工作之间必须休息满8小时。

节律影响效率

高速公路上总难免有不幸的交通事故发生。对瑞典1987—1991年导致伤亡的所有交通事故数据的分析表明,每天的交通事故高发时段为上午8:00和下午17:00。这很容易理解,因为上午8:00和下午17:00分别是上下班高峰,这时候出行的车辆最多。如果车祸发生的概率相对稳定,那么肯定出行车辆数量越多,发生的车祸次数也越多。

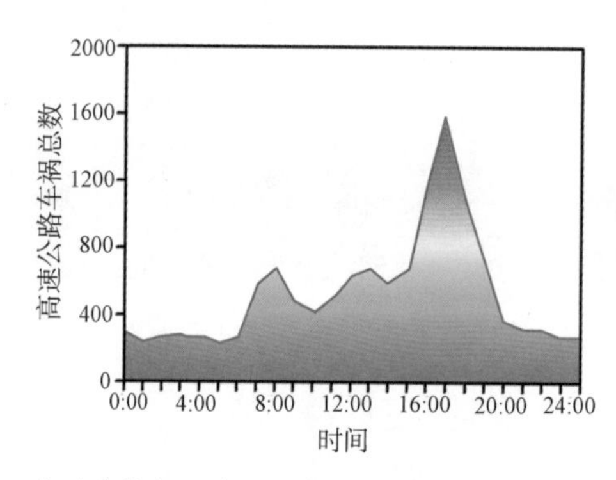

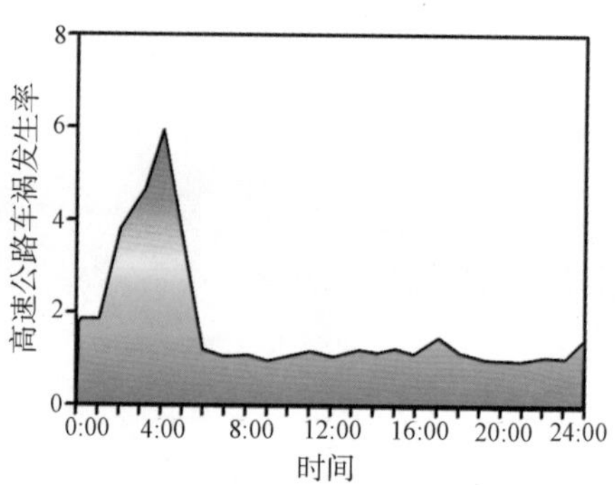

交通事故每日时间分布图。左图显示的是车祸发生的总数,为每小时统计一次的结果。右图显示的是车祸发生率(据Refinetti,2009绘)

接下来我们排除车辆数量的因素来看车祸发生率，车祸发生率实际上在一天当中并不是一条水平线，而是有些时段特别高，但与车祸发生次数最高的时间段并不重合。在一天当中，事故发生率最高时段在下半夜（凌晨）4:00左右，而非车祸发生次数最高的上午8:00和下午17:00两个时段。据统计，在凌晨5:00时段，卡车司机发生车祸的风险为白天的2倍。

与交通事故类似，工业事故的高发时段一般在夜间22:00至早晨6:00，其中峰值位于凌晨2:00—4:00时段。水上交通事故发生的时间分布情况与陆地交通事故类似，但事故发生率的高峰时段有所差异，一般是在早晨6:00左右。

除了“泰坦尼克号”沉船、三里岛核事故外，还有很多我们耳熟能详的重大海难事故及工业事故也都是发生在夜晚。例如，1986年4月26日，苏联切尔诺贝利核电站灾难发生于凌晨1:23，至少有20万人受害。1984年12月3日凌晨0:56，位于印度博帕尔的美国联合碳化合物公司农药厂爆炸，发生异氰酸甲酯严重泄漏事故，逾万人死亡，55万多人受伤。人的警觉度和工作效率是受到生物钟影响的。各种事故发生率最高时段主要集中在午夜至凌晨，在这个时间段，人的体温处于最低值，警觉度也最低，人的反应速度变慢，容易出现操作失误。我们不能断言所有这些事故都是由于节律紊乱、睡眠不足造成的，但是如此多的事故发生在夜晚，说明它们在不同程度上与夜间警觉度降低是有关联的。

睡眠不足和节律紊乱都会导致警觉性和工作效率降低，增加事故发生风险。或许今后除了醉驾，也会出现对“困驾”和“节律紊乱驾”的规定与惩罚？国内一些长途大巴的前车窗上方通常会贴有两条注意事项：(1)凌晨2:00—5:00不得行车，请配合司机工作；(2)连续驾驶4个小时，停车休息20分钟。其中第一条的内容与生物节律有关，第二条说的是不能疲劳驾驶，要保证足够的休息。我们上面说过，凌晨5点左右是人的警觉度最低的时候，也是交通事故高发时段。因此，长途车司机应该尽可能避免在这个时间段行车。

有些夜猫子认为，我既然是夜猫子，那么肯定是晚上头脑最清醒，工作效率也最高。这样的想法只是部分正确。前文说过,无论是夜猫子还是百灵鸟,警觉度和工作效率在深夜都会下降,只是夜猫子开始下降的时间比百灵鸟晚一些。自己觉得精神抖擞,有时只是主观上的感觉,用仪器或专门的测试方法就可以令其显出原形。

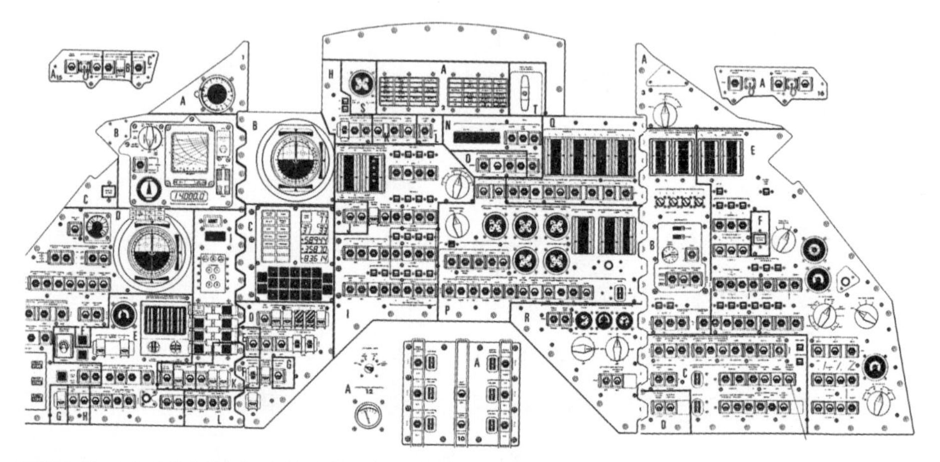

“阿波罗13号”指挥舱的控制面板,上面布满了密密麻麻的仪表、旋钮、指示灯和开关(图片来自NASA)

研究表明,深夜至凌晨这个时段人的工作效率处于低谷,会出现接电话时反应迟钝、读取仪表时读错、回复警报信号延误等问题,造成工作失误。如果在这个时候进行需要判断和决策的高复杂度工作,就很容易出现错误,引发事故。在美国阿波罗登月计划里,指挥舱的控制面板非常复杂,2米宽、91厘米高的控制面板上密密麻麻地分布着24只仪表、40个旋钮、71盏指示灯和566个控制开关。试想,我们如果在头脑迷糊、昏昏沉沉、反应迟钝的状态下执行任务,操作这些复杂的仪表,是不是很容易酿成大祸?对于航空、航天、核工业等行业来说,一旦发生事故,代价是非常惨重的。仅据1988年的估计,每一起航空事故的平均代价超过5亿美元。

异常的睡眠

叔本华(Arthar Schopenhauer)说过,对我们来说,幸亏我们的生活被分成白天和黑夜,我们的生活被睡眠断开。我们每天清晨起床,辛勤工作一天,然后就到了睡觉的时间。要是没有了睡眠,我们将无法生存,也享受不到快乐。

在正常人群中,大家起居时间不尽相同,可以按照起居时间粗略分为百灵鸟型、夜猫子型和中间型三种类型。百灵鸟型的人早睡早起,晚上22:00左右睡觉,早晨6:00左右起床;夜猫子型的人晚上0:00左右睡觉,早晨8:00左右起床;中间型的人的作息时间则介于百灵鸟和夜猫子之间。夜猫子和百灵鸟的起居时间都处于正常范围,但是如果有人的起居时间比百灵鸟还早或者比夜猫子还晚,可能就有问题了,即使他们每天的睡眠时间能保持在8小时左右,他们的节律也难以适应大多数人的社会生活。

在科技不发达的古代,世界不同民族的神话、传说中对于昼夜的起源都有不同的说法。埃及神话里有一位天空女神努特(Nut),她在日落时将太阳吞下,然后太阳经过她的身体,在第二天重生。通过这种方式,努特掌管着天空与时间。埃及法老的棺椁和陵墓里刻有努特的画像,法老希冀借此进入努特的身体,以获得重生。

奇怪的病例

曾经有这样一个家族,家族里有不少成员都表现出了奇怪的症状,他们每天傍晚7:30左右就得睡觉,否则就困得不行;而每天凌晨4:00左右他们就会醒来。这样的生活方式显然与社会和工作难以相容：每天傍晚，正是大家刚刚下班，参加聚会或看电影、购物的时候，而他们已经昏昏欲睡。每天凌晨4点左右，正是多数人熟睡的时候，而他们已经醒来，无法再睡。可是时间那么早，公司、学校都还没开门，他们什么都做不了，却再也无法享受夜晚的宁静和睡眠的香甜。

他们这样奇怪的作息方式并非是为了标新立异，而是由于体内的基因出现了突变，导致生物钟出现异常。这个家族里一位老太太来到医院，向医生讲述了自己家族的情况。起先她认为只是她自己的作息时间有问题，后来当她发现她的小孙女也是很早睡觉、很早醒来时，她意识到这可能是一个遗传问题，因此担心起来，便来到医院进行咨询，寻求帮助。

这个家族一些成员起床和入睡时间过早，甚至比百灵鸟型的人还要早很多，这种症状称为睡眠相位提前综合征。美国加利福尼亚大学旧金山分校的傅嫈惠(Ying-Hui Fu)与同事经过对他们家族成员的DNA进行分析发现，有些家族成员患有睡眠相位提前综合征，他们的生物钟基因*PER2*发生了突变，使得他们出现了严重的"早睡早起"问题。这是第一个被发现的案例，证明生物钟基因的突变会影响人的生物节律和睡眠，也就是说生物钟对睡眠有调节作用。

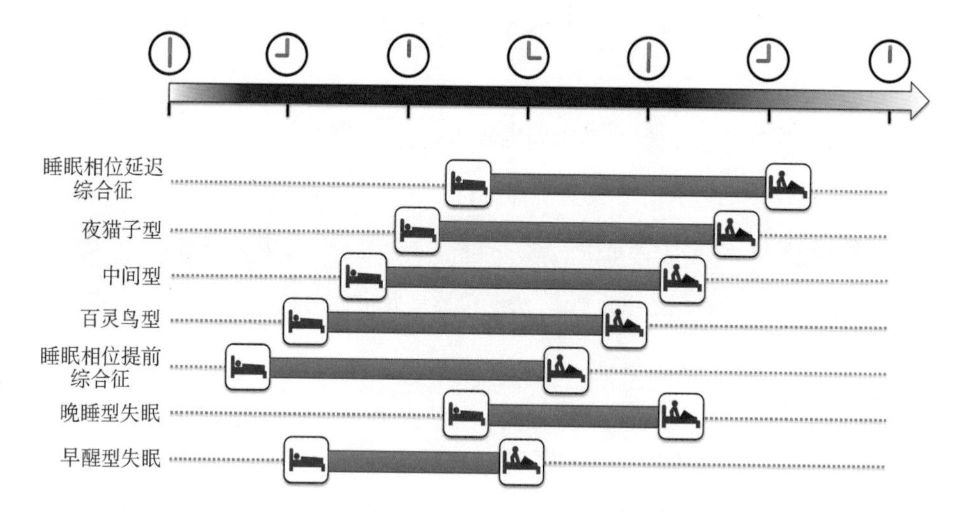

不同类型的作息时间。从入睡标志到起床标志之间的蓝色条带表示睡眠时间

生物钟基因的突变也可以引起相反的疾病——过度晚睡和晚起，这种症状也称为睡眠相位延迟综合征。在人群中，大约每75个人里就会有一个人带有生物钟基因*CRY1*的突变，导致他们晚睡晚起，比普通人延迟了2个多小时，每天大约靠近中午10点左右才起床。如果我们小时候在这个时候起床，肯定被大人骂：日上三竿，太阳都晒屁股了，还不起来，真是懒虫！有些小孩可能真是因为懒而赖床，但是这些*CRY1*带有突变的人起得晚是身不由己，也很无奈的啊，因为基因决定了他们是夜猫子型的人。当然，并非所有夜猫子都是这个基因突变造成的，其他一些基因的突变也可能导致这样的情况发生。

也有极少数人哪怕每天只睡很少的时间也能够保持精力充沛，对他们的健康也没有不利影响。例如，英国前首相撒切尔夫人（Margaret Hilda Thatcher）每天只睡4小时，从凌晨1点到5点。美国的特朗普（Donald Trump）总统则是凌晨1点入睡，凌晨4点起床，每天仅睡3—4小时。对于这些人为什么睡很少却仍精力旺盛，目前还不是很清楚，可能是遗传因素在起作用。傅嫈惠实验室发现，有些人的生物钟基因*DEC2*带有突变，这些人每天只睡6.3个小时左右，但是对工作效率并没有显著影响。小鼠体内的这个基因突变后，小鼠的睡眠时间明显缩短，但精力充沛。由此看来，如果把这个基因突变掉，也许可以提高工作效率，但问题是，仅仅突变这个基因是否会带来其他未知的损害，目前尚不清楚，还需要更多的研究。最近，傅嫈惠实验室又发现，另一个基因如果发生突变，会导致睡眠时间缩短至6小时左右，在人和小鼠当中都是如此。

失眠的不同类型

我国近代著名教育家李登辉（1872—1947）曾于1913—1936年担任复旦大学校长，并为复旦大学的建设和发展作出过重要贡献。复旦校友赵景深写过一篇怀旧散文《睡学概论》，其中有一段描述复旦校长李登辉的趣闻。

李登辉久居国外，中文不大流利。有一天，夜色已深，李校长看见一个学生还在窗前读书，就上前劝他早点睡觉，但是李校长一下子想不起中文的“睡觉”该用什么词表达，于是生硬地对那个学生说：“快把你的身体放在床上。”赵景深还根据这件事写了首诗：“他将他那颤巍巍寒冷的手，慢慢地搭上孩子的肩膀，迸出了不熟娴的西式华语：‘快把你的身体放在床上。’如今老校长已走完了艰苦的行程，万世师表的行迹将永远辉煌。就是这一句伟大的话哟，也将使后生小子永志不忘。”这些文字以戏谑的方式回忆老校长关爱学子的故事，流露出的是对老校长深切的缅怀。

问题是，“把身体放在床上”并不意味着我们就是在睡觉，如果失眠了，即使躺在床上也会辗转反侧，难以入睡。一个人闭目不动，也不一定是在睡觉，而有可能是在思考问题。安徒生童话故事里的豌豆公主，即使在20层床垫之下放一粒豌豆，她也会觉得不适而彻夜难眠。再进一步说，即使我们睡着了，但是如果睡眠结构异常，我们的睡眠质量也难以保证。

失眠患者主要表现为睡眠时间太短，明显少于普通人所需的8小时左右。按照失眠患者的失眠时间段，至少可以将失眠患者分为两类，一类患者入睡正常，即每晚可以在23:00—24:00时段入睡，但在第二天早晨会早早醒来，这样夜晚的睡眠并不充足。另一种类型的失眠患者与此相反，他们入睡很困难，要到凌晨才能入睡，而第二天早上又在常人上班的时间醒来。上面所介绍的两种失眠类型都是由于节律紊乱造成的，实际上还存在其他原因造成的失眠，在此就不作赘述了。

人衰老后，节律和睡眠也会出现问题。老年人多数睡得早、醒得早，因此失眠在老年人中较为常见。陆游在《晨起》诗中云：“衰老少睡眠，睡晚觉常早；五更揽衣起，漏鼓犹考考。青灯耿孤影，不睡坐亦好。读尽一编书，南窗朝日杲。”人在衰老后出现的失眠通常就属于上面所说的第一种失眠类型。两种类型的失眠都会导致睡眠时间不足，对老年人而言，他们夜间睡眠不足，在白天就经常会犯困、打盹。

11天不睡觉的人

在拜伦的诗体小说《唐璜》里，海盗的女儿海黛(Haidee)是一位美丽而善良的姑娘，她与被她从海滩救起的唐璜深深爱恋，但俩人被她凶残而蛮横的海盗父亲拆散。爱人的离去使海黛悲痛欲绝，疯疯癫癫，不吃不喝，连续12个昼夜过去，她离开了人世。

唐璜的故事是虚构的，但是长时间不睡觉的确会对健康造成很大的伤害。1963—1964年，一位叫加德纳（Randy Gardner）的17岁高中生坚持了264.4小时（11天24分钟）没有睡觉，连新年夜也是醒着度过的，创造了新的吉尼斯世界纪录。这次挑战是在斯坦福大学睡眠研究室工作人员陪同下完成的，在开始几天后他就基本上整天都萎靡不振，精神疲惫不堪。从照片里也可以看出，虽然他并没有睡觉，但是困倦得连眼皮也睁不开了。在实验过程中，他还出现了幻觉，性格也变得乖戾。

福特·布朗（Ford M. Brown）的作品里，海黛和女仆在海边发现奄奄一息的唐璜

其他人也曾尝试连续多日不睡觉，有的人在前三天一切正常，但从第四天开始出现情绪失控，对一些并不滑稽的事情捧腹大笑，听到一些不值得悲哀的消息也莫名其妙地哭泣。还有的人连续5天不睡后开始大喊大叫，到了第九天状态近乎癫狂，像个精神病患者。

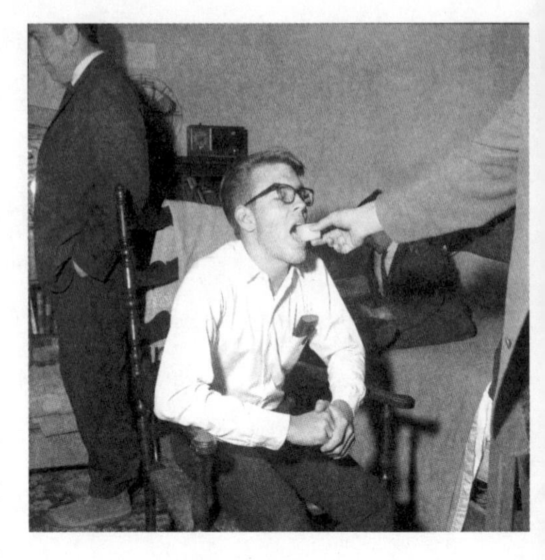

工作人员在给加德纳喂饼干

现实世界也有长时间不睡酿成的悲剧。2012年，欧洲杯足球赛期间，长沙一位球迷从6月9日开赛后，每天白天工作、晚上熬夜看欧洲杯，一场不落。6月19日凌晨，这位球迷在看完意大利队对战爱尔兰队的比赛后终于睡去，但不幸的是，他再也没有醒来，年仅26岁。当然，这名球迷在观看比赛期间还抽烟、喝酒，这些因素也是帮凶。

芝加哥大学的研究人员为了研究睡眠剥夺对健康的损害，将大鼠放在位于水池上方的旋转圆盘上，并连续记录大鼠的脑电波，通过计算机程序判断它是否进入睡眠状态。当大鼠瞌睡时，圆盘会突然旋转来，使它们撞向墙壁，面临落水的危险，从而让大鼠无法入睡。大鼠在睡眠被剥夺的痛苦中仅仅存活了两周，在死亡之前它们还表现出代谢亢进的症状，这种症状显然与缺乏睡眠有关。

中世纪的欧洲甚至有一种刑具，两端尖锐，一端顶在下巴上，另一端顶在胸口。只要犯人或俘虏一犯困，头往下耷拉，就会被刺痛而醒。因此这种非人的刑具通过剥夺人的睡眠来实施惩罚。

由于长时间不睡觉这种行为违背健康原则，吉尼斯后来取消了对此类记录的认证。在科研工作中，有时也需要让人保持长时间不睡眠，也就是做睡眠剥夺的实验，但通常不会超过三天，以减少对生理和健康的损害，使伤害处于可控范围之内。

除了外界睡眠剥夺以外，还有疾病造成的睡眠缺失。莫旺氏综合征（Morvan’s

syndrome)是一种罕见疾病,症状包括肌肉抽搐、疼痛、多汗、体重下降、周期性幻觉以及严重的睡眠缺失。法国一位27岁的莫旺氏综合征病人曾经连续几个月没有睡觉,并且没有明显的困意。但是,这并不意味着不睡觉对身体有好处或者可以剥夺普通人的睡眠,毕竟,病人身体的多项机能都出现了严重问题。对这种疾病进行研究既对治疗这些患者有帮助,也将推动人们对睡眠之谜的理解。

睡眠不足害处多

歌剧《图兰朵》里乔装改扮的鞑靼王子卡拉夫(Calaf)为了迎娶图兰朵(Turandot)公主,让图兰朵猜他的姓名,如若猜不出就得嫁给他。图兰朵为了推掉他的求婚,下令宫廷里的大小官员们连夜查出卡拉夫的姓名。官员们满城奔忙,发布通告:"公主有令——今晚百姓不能安眠!一定要查出异邦人的姓名!"通告传遍了整个京城,剥夺了全城百姓一整夜的睡眠。性格如此暴戾的公主,不知婚后是否会变善良些,不再任性地剥夺他人的睡眠。

法国哲学家伏尔泰(François-Marie Arouet)说过:上帝为了补偿人间诸般烦恼事,给了我们希望和睡眠。充足的睡眠对健康非常重要,对于大多数人来说,每天保证6—9小时的睡眠才能保持清醒和健康,平均为7.4小时。睡眠具有多种生理功能,主要包括为大脑补充能量、增强免疫力、清除脑内代谢产物等。我们在觉醒时,大脑处于高度活跃状态,会产生一些有害的代谢产物,例如与老年痴呆有关的β淀粉样蛋白。人在生病或感染时,睡眠会有所增加,这有助于机体的免疫系统产生更多的细胞因子,增强防御力。如果剥夺大鼠睡眠,大鼠血液里的致病菌数量就会明显增加。人在睡眠剥夺后,淋巴细胞的功能会明显减弱。此外,睡眠对提高学习和记忆效率有重要的帮助,对于睡眠前的学习、记忆有加强和巩固的作用。

睡眠压力也称为睡眠债,当我们长时间不睡觉,睡眠压力就会不断升高,也即我们所欠自己身体的睡眠债越来越多,人会显得很疲倦、昏昏欲睡,时间越长程度就越严重。如果我们开始睡眠,那么睡眠压力就会释放,也相当于偿还了睡眠债。

欠债总不是好事，睡眠债也是如此。很多人虽然不会整夜不睡觉，但是长期睡眠不足，也会造成慢性睡眠剥夺，对健康也是非常不利的。

《弟子规》里说“朝起早，夜眠迟。老易至，惜此时”，意在告诫人们充分利用时间，努力学习、工作，晚睡早起，只争朝夕。勤奋学习、工作固然值得钦佩，但是如果睡得太晚而又起得太早导致睡眠不足，对健康并没有什么好处。相反，足够的睡眠对于保证人的健康和以充沛精力投入工作是非常重要的。

1972年，长沙马王堆3号汉墓曾出土了一批汉简，其中在医书《十问》里有一句“一昔不卧，百日不复”，意思是说如果因为熬夜等原因一夜不睡觉，那么接下来很多天都会萎靡不振。百日当然是夸张的说法，但是这些资料反映出秦汉时期的古人已经认识到了睡眠债的问题。一两天不睡觉，多睡会就可以恢复过来，但是，长期或严重的睡眠剥夺可导致脑组织受到损伤，引起脑结构的改变，那就可能造成长期损害，甚至无法恢复。例如已有报道称，睡眠剥夺会引起脑组织中蓝斑核区域的神经细胞退化。

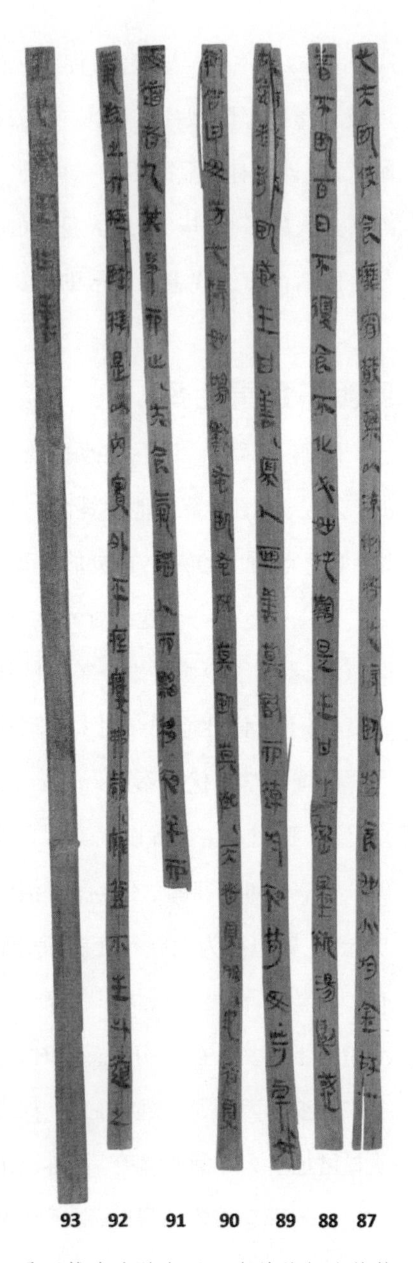

马王堆出土的与睡眠有关的部分竹简（编号87—93），其中第87—88简上写着“一昔不卧，百日不复”（引自《长沙马王堆汉墓简锦集成》）

在美国，有超过8000万的人口长期遭受时差睡眠紊乱和失眠之苦，打乱了他们每日的正常生理机能，影响他们的健康和寿命。伴随着慢性或积累的失眠，产生了各种各样的有害后果，如高血压、糖尿病、肥胖、心脏病、中风、抑郁症、严重的焦虑症等。一些研究还发现，睡眠不足会导致进食量增加，对志愿者所做的实验和动物实验都获得了类似的发现。

2016年，美国花费在治疗睡眠障碍的器械、药物和睡眠研究等方面的支出为660亿美元。失眠和睡眠障碍还会带来很多其他方面的间接损失，使得缺工次数、工业及交通事故率、保健事业花费、医疗事故发生率等上升。根据兰德公司2017年的一项调查结果，如果考虑睡眠不足会导致缺勤、工作效率降低、工业和交通事故增加、医疗和社会保障事业费用等因素，2016年美国与睡眠问题相关的总支出为4110亿美元，占GDP的2.28%；日本为1386亿美元，占GDP的2.92%。

2018年，由慕思公司进行调查而写就的《中国睡眠白皮书》显示，我国有56%的人存在睡眠障碍或睡眠不足，其中工作压力为最主要的原因。在“90后”的年轻人中，超过六成的人存在睡眠问题。

调整凌乱的生物钟

生物钟赋予我们适应24小时周期的能力，由于有了生物钟，我们可以享受日出而作、日入而息的生活。但是，受环境、遗传、工作或生活方式的影响，人们的生物节律会发生异常，出现各种各样的节律紊乱。

我们所处的自然环境和社会环境，都会对我们的节律产生不同程度的影响。如果我们处在一些特殊的生活或工作环境下，这些环境无法维持正常的24小时昼夜周期，就很容易导致节律紊乱。例如需要早起的割胶工人、夜间工作的捣固车工人、深夜洗车人，以及经常需要倒时差或者轮班工作的人，他们的工作方式非常不利于维持正常的节律。此外，自然环境的变化也可能对节律产生干扰，例如在缺少阳光的冬季，患抑郁症以及季节性情感障碍的病人会增多，这些疾病的发生与节律紊乱不无关系。

遗传问题也会导致节律紊乱，例如我们前面提到的*PER2*基因突变导致的睡眠相位提前综合征患者以及*CRY1*基因突变导致的睡眠相位延迟综合征患者，他们因相位与普通的生活、工作方式难以融合而深受其扰。此外，一些病理或生理的改变也可以引发节律紊乱，例如，生物钟起搏器视交叉上核受到损伤可以导致节律紊乱甚至丧失节律，人在衰老时节律的振幅会减弱，等等。

生物节律紊乱对健康存在广泛的负面影响。因此，如果发生节律紊乱，我们需要采取一些措施来对节律进行干预或调整，以尽可能减少节律紊乱对健康的损害。

数羊还是数水饺

钱锺书说过:“睡眠这东西脾气很怪,不要它,它偏会来;请它,哄它,千方百计地勾引它,它便躲得连影子也不见。”也有古人说过:不觅仙方觅睡方。可见睡眠对人有多重要,为了好的睡眠,连做神仙的机会也可以放弃。

睡眠受到多种因素的影响,其中生物钟是调节睡眠的一个主要因素。褪黑素是由松果体分泌的一种激素,可以促进睡眠。褪黑素的分泌具有明显的节律性,在夜晚分泌,而在白天停止分泌,夜晚的光照还会抑制褪黑素的分泌。如果在白天睡觉,由于褪黑素的分泌量少,入睡要比夜晚困难。此外,生物钟还通过一些神经通路调节睡眠。

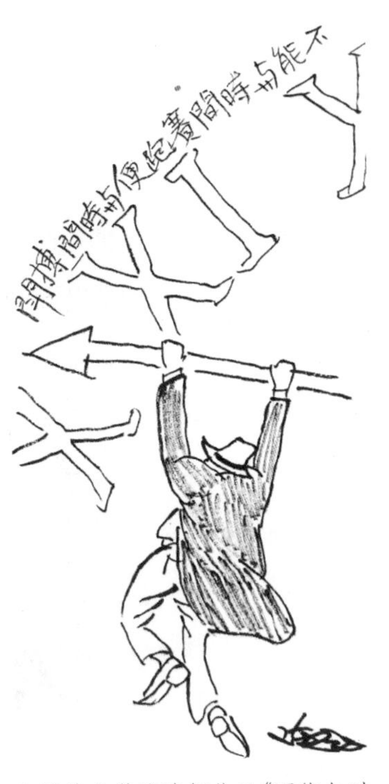

广州美术学院陈侗作品《不能与时间赛跑便与时间搏斗》。实际上,人很难改变亿万年进化而来的生物钟,与之搏斗不如尽可能去顺应(陈侗授权使用)

人的体温的变化与睡眠存在关联。人的体温有昼夜的变化周期,白天高而夜晚低。我们在深夜体温低的时候容易进入深睡眠,而在体温高的时候比较困难。我们的神经活动、体内的代谢都具有昼夜的规律性,也都对睡眠有影响。因此,只有顺从节律,我们才有可能获得好的睡眠。

日出日落,人类在白天劳作,在夜晚进入梦乡。但是,并非所有人都能够在夜晚睡得好,有很多人经常受到失眠的煎熬,或存在不同形式的睡眠障碍。古书《灵枢·大惑论》记录:“卫气不得人于阴,常留于阳。留于阳则阳气满,阳气满则阳跷盛;不得入于阴则阴气虚,故目不瞑矣。”其中的“目不瞑”是指失眠,按照这里的解释,阴阳失和是导致失眠的关键所在。

为了应对失眠,自古以来人们也采用了各种能想得到的办法,其中一些治疗方法在今天看来无疑是荒诞或者无法接受的。例如,古代西方医生认为鸦片是万能药,用它来治疗各种疾病,其中也包括失眠。

现在比较流行听α波音乐来催眠,但并没有确凿的证据表明这种音乐真的具有帮助入眠的作用。其实,与其听α波音乐,不如来听听德国著名音乐大师巴赫(Johann Sebastian Bach)的曲子,巴赫的曲子《哥德堡变奏曲》,原本就是为了治疗一位患有严重失眠症的伯爵而写的。1741—1742年,巴赫住在德国的莱比锡。当时巴赫有一个年轻的学生名叫哥德堡(Goldberg),是当时驻在德累斯顿的一位俄国伯爵聘请的琴师。这位伯爵经常在莱比锡居住,经常生病,也经常失眠,为此非常苦恼。失眠的时候,伯爵就会待在大厅里,让人为他演奏音乐。有一次,巴赫在场,伯爵问巴赫可否为他写一首平缓且带些活泼的曲子,让他在失眠的时候听。巴赫应允了,并完成了这一作品。伯爵后来再失眠时,就会请哥德堡为他演奏此曲,伯爵还送给巴赫一只装满100枚金路易的金杯以表重谢。

有治疗失眠的音乐,也就有把人从梦中惊醒的音乐,其中最有名的当属海顿作于1791年的《惊愕交响曲》。传说当时伦敦的贵族们附庸风雅,经常在音乐会上打瞌睡。海顿知道后很气愤,于是写了这部《惊愕交响曲》。新作品上演那天,音乐厅座无虚席,听众包括贵族们都想来见识一下这部新作品,充充门面。乐曲从第一乐章到第二乐章的开始部分,听起来轻巧流畅,贵族们开始昏昏欲睡。但随后乐队的演奏风格突然改变,定音鼓猛烈敲击,如同惊雷,把打盹的贵族们从瞌睡里吓醒。此后,人们就把这部作品称为《惊愕交响曲》。

人们在失眠时经常数羊来助眠。关于数羊,有一种风趣的说法是:绵羊的英文是sheep,不但拼写和睡觉的英文sleep非常相似,发音也非常接近。在默念sheep的时候,相当于不停地暗示自己sleep,所以能够帮助我们进入梦想。但是,如果我们念的不是英文sheep,而是中文"羊",这就与睡眠没有什么关系,所以可能起不到催眠的作用。想要催眠,不如默念"水饺",因为"水饺"的读音和"睡觉"很像,这样才会促进睡眠。但问题是:睡觉的时候老想着水饺,会不会勾起食欲而更加辗转难眠?

奥丁的渡鸦

在北欧神话里，诸神领袖奥丁(Odin)有两只渡鸦，一只叫胡音(Hugin，意思是“思想”)，另一只叫慕灵(Munin，意思是“记忆”)。这两只神鸦是奥丁的耳目，每天早出晚归，将天上和人间一切角落发生的事情告诉奥丁。在渡鸦的工作安排这件事上，奥丁似乎不够聪明：两只渡鸦都是白天出去搜集情报，晚上回来，那么夜晚的情报谁去搜集？更明智的做法应该是让一只渡鸦在白天工作，另一只在夜晚值班，这样就不会有任何遗漏。

奥丁为了获得大智慧牺牲了一只眼睛，他肩膀上站着两只渡鸦

可是，科学家发现，夜班或轮班会损害人的节律和健康。从事轮班工作的人的比例在不同国家有所差异，工业化国家里这一数字为15%—25%。轮班对消化系统和睡眠影响很大。夜班或轮班工人经常会睡眠不足或睡眠过多，约占30%。节律紊乱、睡眠不足会导致注意力难以集中、疲劳和工作效率下降，发生工伤事故的风险也有所增加。夜班或轮班工人罹患胃溃疡、胃炎和肠炎等消化道疾病也很常见，甚至肿瘤的发生率也比普通人群要高。

对夜班或轮班的人来说，时间型对他们的睡眠也会产生影响。一般说来，夜猫子型的人如果值早班容易导致他们睡眠不足，而百灵鸟型的人如果值夜班容易造成睡眠不足。这也很容易理解，夜猫子型的人本来就是晚睡晚起，如果让他们早上爬起来值班，当然等于牺牲了他们的正常睡眠时间，百灵鸟型的人情形则刚好相反。有一项研究发现，如果让百灵鸟型的人在上午和下午值班，而夜猫子型的人在下午和晚上值班，会显著减少夜班或轮班对他们睡眠和健康的影响。

如此看来，让两只渡鸦轮流值班，也并非明智之举，因为值夜班的那一只工作效率会比较低。为了更好地解决这一问题，奥丁最好找一只白天活动的鸟和一只夜晚活动的鸟，例如让渡鸦和猫头鹰搭配，轮流值班，才能提高效率，不至于遗漏重要情报。

光照调整节律

19世纪60年代，美国的普莱森顿（Augustus Pleasonton）最早提出用蓝光来促进植物和家畜生长、治疗人类疾病。但是，他的想法并未经过严格的实验验证，实验设计也存在明显的漏洞。例如，他发现在用蓝色玻璃作为顶棚的温室里，植物生长速度明显比透明顶棚温室里的植物要快。他由此得出结论认为蓝光对植物生长有利。他这样推论至少存在两个方面的问题：一方面，从透明玻璃透过的阳光里也是含有蓝色光波的，而蓝光玻璃并不能增加阳光里的蓝光，实际上还会吸收一部分光线而使透过的蓝光减少；另一方面，蓝光顶棚的温室可能由于容易吸收阳光热量导致温室里温度升高，进而导致植物生长加快。因此，他的推论是站不住脚的。

那么，蓝光究竟是否会影响人的生理和健康呢？视网膜里的内在光敏感视网膜神经节细胞可以感受到蓝紫色光波，因此可以用蓝光或者包含蓝光谱的白光来调整节律和治疗节律紊乱。当然，这一认识经过了大量实验的证实，与普莱森顿不合理的实验设计与分析所得出来的臆测是不同的。

前文介绍过季节性情感障碍，这种疾病主要是由于冬季每天光照时间不足引起的。季节性情感障碍患者通常也会出现生物节律的异常，如相位延迟、振幅减弱等。冬季日出时间变晚，是导致患者生物节律和睡眠相位延迟的重要原因。阿戈美拉汀等药物可用于治疗抑郁症或季节性情感障碍，这些药物多数都具有调节和改善生物节律的作用。

除了可以采用药物治疗外，补充光照也是治疗抑郁症和季节性情感障碍一种简便、有效的手段。用光照来治疗节律紊乱，需要考虑时间因素，在不同的时间接受光照,效果会相差很大。一般来说,在早晨进行光照可以让相位提前,也就是让睡得太晚、起得也太晚的患者的作息时间提前。反之,如果在傍晚接受光照,则有助于把患者的节律相位推迟。

说到光照治疗,我不由得想到古希腊时犬儒主义大师第欧根尼(Diogenēs,约前404—前323)晒太阳的故事。第欧根尼曾经住在一只桶里(一说是住在瓮里),衣裳褴褛,以讨饭为生,但每天接受充足的日照。有人讥笑他活得像条狗,他却不恼,"犬儒"之称由此得名。一天,第欧根尼懒洋洋地躺在地上,惬意地享受阳光的温暖。亚历山大大帝御驾亲临,前来探望,并问他想要什么恩赐,他回答:"我希望你闪到旁边,不要挡我晒太阳。"亚历山大尊重了他的意愿,并对他藐视权贵的傲气和勇气非常钦佩,感慨地说:"如果我不是亚历山大,就要做第欧根尼。"早期的犬儒主义者崇尚绝对的个人精神自由,轻视一切社会虚套、习俗和文化规范,过着禁欲的简陋生活。后来的犬儒主义者是指具有讥诮嘲讽、愤世嫉俗、玩世不恭等特征的人。

亚历山大和第欧根尼

在日照充足的地方，像第欧根尼那样晒晒太阳就可以达到效果，但在高纬度地区的冬季里，日出晚而日落早，通过晒太阳来进行光疗反而不方便，在这种情况下可以通过人工光照来进行。传统上用来进行光疗的灯箱很大，患者需要对着灯箱的强光坐上几个小时。人一旦开始光疗，就无法走动，做不了其他事情，非常不方便。为了对节律紊乱的患者进行光疗，现在市场上有很多蓝光眼镜，这种光疗眼镜没有镜片，在眼镜框上有一圈小LED灯泡，可以发出蓝光。戴着这种眼镜读书、看报，走来走去也不会影响疗效。光疗眼镜也可用于治疗、缓解倒时差的旅行者或者轮班工人的节律紊乱。对于倒时差的人来说，多去户外接受自然光照，对于缩短倒时差的时间有帮助。

在需要光照的时候增加光照，在需要黑暗的时候减少或避免光照，都可以起到调整节律的作用。轮班工人在白天休息，为了保证睡眠质量，他们需要在安静的环境里，并且房间要拉上窗帘，尽可能减少光照。如果外出，最好戴上墨镜，以免外界的光照影响导致节律更加难以调整。在夜晚工作的人为了避免光照的影响，可以戴上具有过滤蓝光功能的眼镜，在休息时尽量关掉带有各种电器的光源，包括各种电子设备的蓝色指示灯。

在进行光疗时，如果需要将患者的节律相位加以提前，那么要在早上给予光照，而在下午和傍晚要尽量避免光照。如果要将患者的节律相位加以推迟，则要进行相反操作，即在傍晚给予光照并尽量避免在上午接受光照。这些注意事项对于调节时差非常有效。

褪黑素等激素或药物也被用来改善节律紊乱的症状。但是，需要注意的是，褪黑素的作用效果是和光照相反的，光照促进觉醒、抑制睡眠，褪黑素则是起到促进睡眠的作用。所以，如果想把节律的相位向前调，就需要在傍晚时服用褪黑素。

调整饮食时间、在合适的时间进行体育锻炼、喝一杯暖暖的咖啡，也会对调整节律紊乱有所助益。但是，在各种饮食和物理方法当中，光照和褪黑素的效果应该是最好的。社会因素也可以影响轮班或倒时差的效果，当我们到达新的地方需要倒时差时,我们要立刻按照新地方的时间去安排作息,这样才能加快适应过程。如果在目的地只停留很短几天,那其实没有必要倒时差,忍着就好了。因为如果费力倒时差的话,刚有所调整就要返回,就得重新经历时差了。如果不倒时差的话,返回出发地后反而可能容易适应些。

“高手在民间”

2013年的一天晚上,我在西安大唐西市附近闲逛,那里是个热闹的地方,虽然已经是晚上8点多了,但仍然人来车往,川流不息。有不少载客的电动三轮车也在那里转悠,想趁着游人散去之前再赚点钱。这些三轮车的背面通常贴着各种广告,五花八门,什么内容的都有。我突然看见一辆三轮车从我身边驶过,背面的广告写着:专治失眠、抑郁、精神分裂,“3—5天见效、1—3疗程治愈”。我不禁哑然,觉得既好笑又滑稽,就拿手机追着那辆三轮车拍了几张照片。

我之所以追着那辆车拍照,是因为这辆车背面的广告里提到的失眠、抑郁和精神分裂这些疾病,都与我从事的生物钟研究有关。这些疾病到目前还很难治疗,但是从三轮车的广告来看,治疗这些疾病似乎是轻而易举的事情,看来真的是“高手在民间”啊。

新生的时钟

白天和夜晚总是交替而来,这是怎么形成的呢?作为生活在科技发达现代社会里的人类,我们都知道地球的昼夜交替是由于地球的自转造成的,未被太阳照射的半球,处于夜晚,而面向太阳的半球,则处于白天。

古时候科技不发达,人们对于昼夜形成的原由不清楚。《山海经》里提到,在章尾山有一个神,红色的蛇身上长着个人脸。这个神的眼睛是竖着长的,他眼睛睁开,世界就是白天;他闭上眼睛,则天下黑暗。这个神话故事读起来总让人觉得好笑:一个人闭上眼睛,只会让自己感到黑暗,怎么可能令世界无光?真有点“掩耳盗铃”的意味。

根据一项对200多万新生儿出生时间进行的统计,婴儿出生时间平均在凌晨4点左右。另有一项研究对433 000所医院患者的死亡记录进行了分析,结果显示多数人的死亡时间大约是在凌晨5点。死也节律,生也节律,节律实在与我们关系密切。地球上的动物一出生便生活在昼夜交替的环境里,那么是否所有的动物一出生就已经具有节律可以适应环境周期了呢?

无忧无“律”的婴儿

在成人看来,婴儿无忧无虑,每天除了吃喝拉撒哭就是在睡觉,并且可以睡很长时间,令人羡慕。所以,形容人睡眠很好通常说睡得像婴儿一样。有这么个笑话,一哥们儿炒股,朋友问他:“最近股市暴跌,你睡眠怎样?”他说:“我睡得像婴儿一样。”朋友夸赞道:“你真不愧是股市高手啊,看来赚了不少钱,睡觉也那么开心。”他呆呆地望着朋友说:“你理解错了,睡得像婴儿一样是说我半夜经常醒来,哭一会儿再睡,睡一会再醒、再哭。”这个笑话当然不再是用婴儿来比喻好的睡眠了,而是取其反义。这个笑话同时也道出了一个现象,那就是婴儿尽管每天睡得充足,但不像成人那样有固定的规律,而是断断续续的。

研究揭示,新生的婴儿、狒狒的生理和行为没有明显的昼夜节律。我们成人每天日出而作,日落而息,但是人类婴儿在出生后的一段时间里,其睡眠和觉醒是没有明显的昼夜节律的。根据对100个婴儿的研究显示,在出生大约180天后,他们才慢慢形成睡眠-觉醒的节律。此外,婴儿的肾功能要在出生大约6个月后才出现明显的昼夜节律。

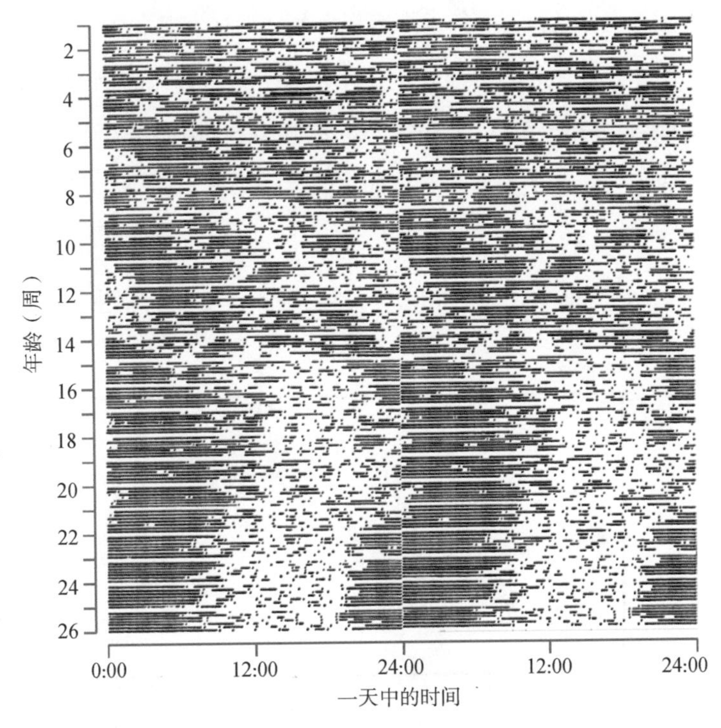

婴儿出生后的睡眠-觉醒节律。黑色横线表示处于睡眠时段,白色区域表示处于觉醒状态(据Moore-Ede et al,1982绘)

2019年7月,韩国科学家李胜利(Seung Lee)在网上展示了一条自己手工编织的毯子,记录了其儿子从出生到一周岁生日期间睡眠节律变化情况。毯子的编织模式类似于活动图的绘制,总共有365行,每行代表他儿子一天睡眠情况,最上面的一行是婴儿出生的日子,最下面的一行则是其一周岁生日;从左到右表示一天24小时的时间,每一小格表示6分钟的时间,其中米黄色小格表示的是他儿子处于觉醒状态,蓝色小格则表示睡眠状态。这条毯子上的米黄色和蓝色条纹也显示他的儿子出生十多个星期后睡眠才出现了明显的昼夜节律。这块毯子总共织了185 000针,真是"慈父手中线,每日密密缝"。据称,这条毯子后来拍卖了8650美元,所得款项捐给了慈善机构。

当然,睡眠-觉醒是外在的行为,也就是说虽然睡眠-觉醒没有节律,但不等于身体内部的生理变化也没有节律。那么新生儿是否有生理水平的节律呢?人和很多哺乳动物的体温在一天当中会呈现出周期性的变化,以人为例,人的体温在白天高而在夜间低,昼夜相差可达1℃左右。但是,在哺乳动物刚出生的一段时间里,它们的节律尚未形成。有人对新生牛犊的体温进行了检测,发现初生牛犊的体温是没有节律的,过了大约9天才开始出现节律。因此,至少对一部分哺乳动物来说,不仅外在的睡眠-觉醒节律,身体内在的体温等节律也要在出生后一段时间才能形成。

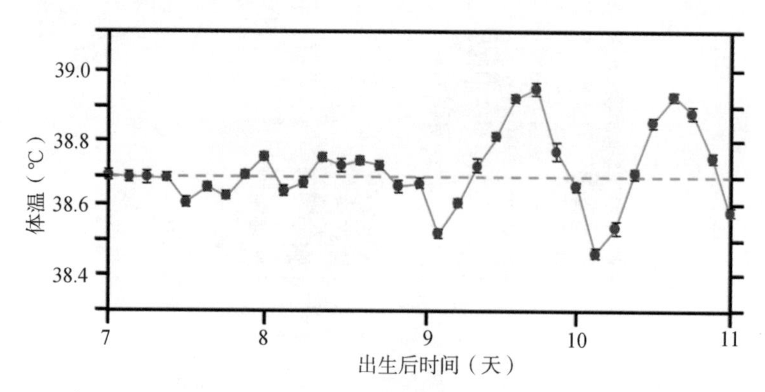

牛犊出生大约9天后体温才表现出昼夜节律,在第9天之前没有节律(据Piccione et al,2003绘)

俗话说：初生牛犊不怕虎。那么牛犊是否因为节律尚未形成才胆子很大呢？这只是个玩笑，体温节律与胆大是否存在联系，目前还没有任何实验证据。初生的牛犊，估计是因为没见过世面，没吃过苦头，所以才不畏猛虎，这和小马乍行嫌路窄、雏鹰展翅恨天低可能是一个道理。

人类婴儿的体温节律需要比牛犊更长的时间才能形成。婴儿在出生后的一段时间里，与睡眠-觉醒节律类似，体温的变化没有昼夜节律，要经过大约三个月才会出现比较明显的节律，而振幅达到像成人那样昼夜相差1℃，需要等到出生一年以后了。类似地，婴儿的褪黑素分泌量也要在出生三个月后才出现节律性的波动。

也有一些动物刚出生就有节律，例如刚出生的海豹幼崽，褪黑素已经表现出明显的24小时周期，刚孵出的小鸡活动已经有明显的节律了。但是，如果从鸡蛋开始孵化时进行观察结果又是如何呢？鸡蛋孵化需要21天的时间，如果21天还孵不出就可能有问题了，所以以前有句歇后语"廿一天孵不出鸡的蛋——坏蛋"。在蛋壳里，鸡的胚胎在发育开始后，第2天就会出现心跳，但在第2天至第20天鸡胚的心跳没有24小时的周期。直到21天破壳而出后，雏鸡的心跳才出现24小时的周期，但仍然不是很稳定，要在一周后才趋于稳定。

陈少芳、谭展斌的广绣作品《童趣》

母爱与节律

在各种社会关系中,家庭关系对每个人的成长有着巨大的影响。在家庭中,担负着哺育责任的母亲对于后代的成长与性格形成等具有举足轻重的作用。古今中外,有无数的诗歌礼赞母爱,不胜枚举,例如法国文豪雨果(Victor Hugo)就曾说过:“慈母的胳膊是慈爱构成的,孩子睡在里面怎能不甜?”

有人通过怀孕母鼠来研究母亲对胎儿节律的影响,实验所用的母鼠原本节律是正常的。怀孕的母鼠如果生活在持续光照的条件下,胚胎会明显减小;在非昼夜交替的环境下,胎盘发育会不正常,仔鼠肾上腺发育也是异常的。如果对持续光照下的母鼠补充褪黑素,则会恢复正常。如果让怀孕母鼠持续倒时差,胚胎也会出现代谢紊乱、节律紊乱,甚至仔鼠成年后胰岛素的水平仍然是紊乱的。即使出生后生活在正常环境里,它们的激素、血压等节律也依然存在问题。

视交叉上核是调控生物钟的重要器官,研究人员将怀孕母鼠的视交叉上核切除,其生物节律就丧失了。需要指出的是,虽然母鼠经历了手术,但母鼠肚子里的胎鼠的生物钟基因是正常的,脑中的视交叉上核也是正常的。实际上母鼠的生物钟基因也并未改变,因为切除视交叉上核并不是剔除基因。可是,在母鼠生产后,这些新生仔鼠的节律却是不正常的。正常母鼠生产的仔鼠,节律明显,而且比较同步,大家都差不多同时睡觉、同时活动。除了睡眠-觉醒节律外,它们分泌褪黑素的周期也是很一致的。而在切除视交叉上核的母鼠后代里,仔鼠的节律振幅非常弱,而且它们的节律也不同步。

从母鼠对仔鼠节律的影响来看,我们可以了解到基因对于生物的生长、发育固然起着基本的决定作用,但是环境在个体的发育与成长过程中也是发挥着重要的功能的。遗传与环境,对于生物包括我们人类的生理、心理和行为都具有重要的影响,这里的环境包括自然环境和社会环境,也包括生理环境,例如母鼠的子宫。

母爱之深沉,竟然也体现在生物钟上面。

衰老的时钟

美国作家布考斯基(Charles Bukowski,1920—1994)被尊为后现代主义诗歌大师,也号称“酒鬼诗人”,他曾在诗集《该死的快乐》里说:“我的生活没有了节律,我吃不下,也睡不好(I have lost my rhythm. I can't eat. I can't sleep)。”

在衰老过程中,人身体的各项生理机能都在不断衰退,其中人体的生物节律也会发生明显改变。老年人经常出现各种类型的睡眠障碍,这很大程度上与生物节律的衰老和紊乱有关。

节律也会“衰老”

作为周期性现象,生物节律具有周期、振幅、相位等特征参数。当人的节律出现异常时,节律的这些参数可能全部或部分受到影响。在衰老过程中,这些参数也会发生改变。我们来逐一看看衰老过程中周期、振幅和相位的变化。

人的体温在一天当中呈现出明显的昼夜变化,尽管幅度不是很大,但是体温总是白天高而夜晚低,白天与夜晚相差约1℃。但是,不同年龄的人白天与夜晚体温的差值是有差异的。年轻人体温的平均最大值可达37.6℃,最低值约为36.5℃,相差1.2℃。相比之下,老年人体温节律的振幅明显降低,一天中体温的平均最大值约为37.4℃,最低值约为36.8℃,相差为0.6℃。动物实验的结果与人类类似,在衰老过程中体温节律也会表现出振幅降低的特征。

生物节律的周期也会随环境而改变。但是,由于我们是生活在昼夜交替的环境里，我们所表现出的周期应该都是24小时，这样何以说周期有改变呢？

这里所说的周期是指自运行周期，也就是说如果让人生活在光照、温度恒定的环境里，例如隔离室或地下溶洞里，我们的周期就会自运行。在这种条件下，我们会发现老年人的自运行周期更长。

通常说来，自运行周期与相位存在相关性，自运行周期长的节律在恒定条件下所表现出的相位比较晚，而自运行周期短的节律在恒定条件下所表现出的相位比较早，这正好与老年人相位提前的现象相一致。但在鼠中情况相反，年老的鼠相位有明显的延迟。

因此，从这些方面来看，节律的振幅、相位和周期都会发生改变。

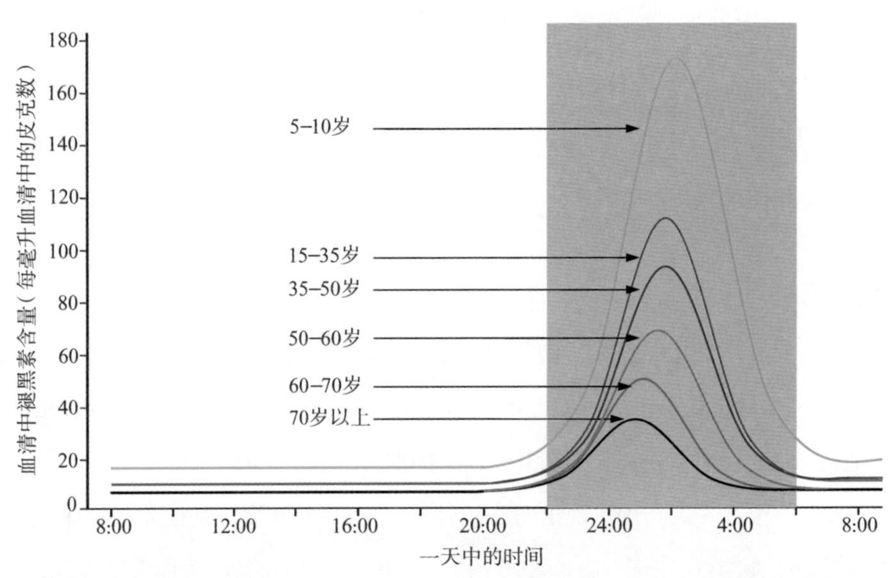

人血清中褪黑素的含量随年龄的变化趋势。一方面在衰老过程中褪黑素含量振幅降低，另一方面相位有所提前，即峰值出现的时间提前

岁月无情流逝如白驹过隙，青春少年转眼变成白发老者。白居易有首睡眠诗写道："老眠早觉常残夜，病力先衰不待年。'五欲'已销诸念息，世间无境可勾牵。"听起来很洒脱，但未免凄凉。这里的"五欲"指财、色、名、饮食、睡眠，"老眠早觉常残夜"是指夜里经常睡不好，而早晨又经常很早醒来。梁实秋在散文《老年》当中也

描述了老年人的情形:“至于登高腿软,久坐腰酸,睡一夜浑身关节滞涩,而且睁着大眼睛等天亮,种种现象不一而足。”

生物节律与睡眠息息相关,如果节律出现异常,会对睡眠产生不利影响,反之亦然。随着机体的不断衰老,老年人的睡眠结构也会发生显著改变。与年轻时相比,老年人入睡困难而且容易在睡眠中醒来。德国哲学家康德的生活非常有规律,刻板如机械钟表。但是,生命的最后几个月里,衰老的康德每天总是早早上床,却经常失眠,只能醒着熬过夜晚。

就每天总的睡眠时间而言,老年人每天的睡眠时间比年轻人短。人一生当中,婴儿期和青少年期睡眠时间最长,后来就慢慢减少。从睡眠结构来看,老年人的慢波睡眠显著减少,而第一阶段的睡眠则明显增加。这意味着随着年龄的增长,老年人的睡眠结构也会发生改变,睡眠质量有所下降。2017年,三位美国科学家霍尔、罗斯巴殊以及杨由于在生物钟研究领域的重要贡献而荣膺诺贝尔生理学或医学奖。在接到获奖通知的电话当天,杨感到很意外,不太相信这个电话的真实性。由于瑞典和美国存在时差,被吵醒的罗斯巴殊困倦地说:“今天早晨5:10打来的电话打乱了我的生物节律。”年纪最长的霍尔则很幽默:“打电话的人因为把我吵醒而向我道歉。”他对打电话的人说:“你在开玩笑吧？我是个老人家诶。”

节律衰老的原因

老年人生物节律的改变,除了与视交叉上核的退化有关,也可能与视觉功能的衰退有关。我们的眼球里有个构造叫作晶状体,它的功能如同照相机的镜头,负责让光线透过并经过折射在视网膜上产生图像。晶状体应当是澄澈透明的,否则外面的世界无法在视网膜上产生图像,人也就无法产生清晰的视觉。白内障患者就是因为晶状体内部的蛋白质发生变性,晶状体变得混浊,导致无法形成视觉。

白内障是一种病变,但是在衰老过程中即使没有患白内障,晶状体也会出现器质性衰退,混浊程度会增加,导致透过的光线减少,而这可能与节律的减弱相关联。

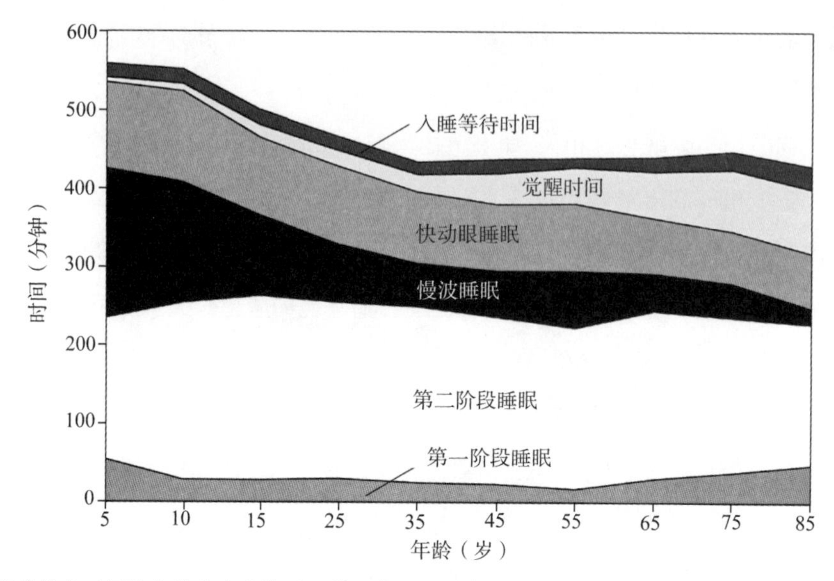

睡眠结构和时间随年龄的变化情况。从图中可以看出不同部分的时间随年龄增长而变化的情况，也可以看出所有睡眠部分相加的总睡眠时间在不断减少

试想一下：照相机的镜头如果磨毛了，拍出来的照片就会模糊；如果镜头上有灰尘，拍出来的照片就会黯淡。

既然在衰老过程中生物钟基因的功能会减弱，那么反过来，如果生物钟基因出了问题，是否会导致衰老进程加快呢？小鼠的生物钟基因*Bmal1*突变后，小鼠毛色很早就会变成灰白色，像人老后头发变得花白那样。把正常小鼠背部的毛剃掉，一个月后毛发就又长出来，完好如初；但是突变小鼠被剃掉后，毛发生长非常缓慢，一个月后还是秃的一块。基因突变小鼠还会出现驼背，像人老态龙钟的样子。更重要的是，小鼠的寿命明显缩短，正常小鼠大约能活到两年，突变小鼠的平均寿命只有大半年的时间。

如今，人口老龄化是我国面临的一个严重的问题。随着人口老龄化的来临，老年人健康事业的重要性日益突显，在这当中，对于老年人的节律和睡眠问题也应予以关注。

生物节律:科学? 伪科学?

生物节律现象很神奇,并且由于节律与健康息息相关,因此为大众所关注。我买过一张CD,名叫Circadian,也就是很专业的“近日节律”的意思。我还曾在淘宝网上买过克林克(Joanna Klink)的*Circadian*一书,由著名的企鹅出版集团出版。买的时候以为是一本专业书籍,结果货到后打开一看,原来是一本英文诗集,至今仍搁在书柜里,还没有时间去拜读。

与生物钟有关的书那么多,难免鱼龙混杂,里面既有真正介绍科学知识的书,有与生物钟有关的文艺类图书,也有很多的“李鬼”,也就是伪科学的书混杂其中。这些伪科学的书大谈生物钟,实际上所讲述的内容都是胡编乱造的,与科学范畴的生物钟研究风马牛不相及,对读者有很大的误导作用,甚至给读者造成金钱或健康方面的损失。下面我们就来说说关于生物钟的李鬼“理论”——“三周期理论”。

“神奇”的“生物节律理论”

我经常鼓励学生多阅读、思考,包括阅读专业书以及专业以外的各种书籍。开卷有益,读书总会增长人的见识和智慧,反过来对提升科研兴趣也有好处。

几年前,一名本科在读学生加入了我的实验室。有一天她高兴地告诉我,她在网上买了本生物钟的书在看。我也很高兴,为有学生愿意听我的话而欣慰。我问她是本什么书,她把书名告诉了我,我听着觉得很陌生。国内关于生物钟的书籍包括学术性书籍和科普类的书籍很少,我都有所耳闻或者手头就有,但对她提及的这本书我却没有了解。

于是，我上网搜了下这本书的相关信息，发现原来这是一本伪科学的书。然后我试图对所有有关生物钟、生物节律的书进行搜索，发现了一个令人沮丧的事实：国内出版的关于生物钟的伪科学书籍，其数量远远超过了真正的生物钟书籍——正所谓科学缺席之处，就是伪科学泛滥的地方。甚至百度百科里关于生物节律的词条，也掺杂了伪科学的内容。

生物节律的伪科学"理论"产生于20世纪初期，由德国内科医生弗利斯(Wilhelm Fliess，1858—1928)和奥地利心理学家斯沃博达(Hermann Swoboda，1873—1963)分别独立提出。弗利斯是一个研究鼻咽的医生，他在临床上注意到，一些病人的生理状况每过一段时间会好转，而在另一些时间又会有所恶化，周期约为23天。后来又有一些研究者声称，发现人的情感具有28天的周期，智力具有33天的周期。

他们据此提出了一个"理论"，认为人体内自然存在三种周期，分别影响人的健康、情感和智力。这三种周期从每个人一出生就已形成，非常精确，呈正弦波形状，至死不变。健康周期调节力量、精力、耐力、性欲、自信等，情感周期调节创造性、敏感性、心情等，智力周期调节智力、警觉性、记忆力和逻辑性等。健康周期为23天，情感周期为28天，智力周期为33天。

在英文当中，这个伪科学"理论"用"Biorhythm"一词来代表，看起来与在学术研究中所用的生物节律"biological rhythm"一词是不是很像？由于这种"理论"的核心就是三根曲线的周期，为了将之与科学意义上的生物钟研究加以区分，我们将"Biorhythms"意译为"三周期理论"。

"三周期理论"也可以简单地付诸"实用"，根据三种周期进行简单计算，就可以"推断"出一个人什么时候最适合做哪些事情，或者不适合做哪些事情。生命"三周期理论"认为最坏的天数不是曲线位于波谷的时候，而是通过中线0的时候，包括从波谷上升过程以及从波峰下降经过中线的时间，这些经过中线的时间被称为"临界日”“关键日”(critical day),关键日前一天或后一天又都称为“近临界日”。据声称,在临界日和近临界日经常会发生各种坏的事情,例如疾病、死亡、交通事故等。从曲线图可以看出,在一些特殊的时间,两条或三条曲线还会同时经过中线,这样的时间分别称为“双临界日”和“三临界日”。生物节律“大师”们提出警告,双临界日和三临界日更是多灾多难,最好待在家里哪里也别去,甚至待家里也要防止灾难临头。这不由得让我们想起我国过去甚至现在还有人相信的老黄历里说的,哪天适合出门,哪天做生意容易发财,哪天不适合做什么事情或者“诸事不宜”。

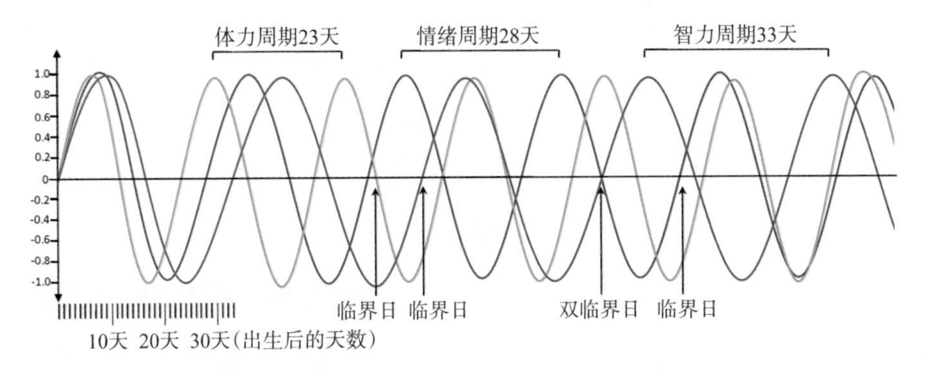

伪科学的三周期节律曲线。当曲线位于横轴中线上方即值为正时,表示处于较好状态;当曲线位于横轴中线下方即值为负时,表示处于较差状态。当曲线处于中线附近时,为临界日

总之,“三周期理论”功能强大,用途很多,诸如预测与伴侣的契合度,改善家庭关系,预测小孩的出生日及未出生胎儿的性别,预测死亡时间,改善工作效率,增强减肥效果,提高驾考通过率,选择最佳打预防针的时间,降低心脏病或中风的发病风险,帮助戒烟,避免交通事故,等等。预测范围包罗万象,非常神奇。

创立“三周期理论”的弗利斯和斯沃博达两个人都与著名的精神分析心理学家弗洛伊德(Sigmund Freud,1856—1939)相识。事实上,弗洛伊德的精神分析法也备受争议,最大的问题是该学说只是弗洛伊德一个人创立,不是建立在实验的基础上,主观臆断的成分很大。这种学说也未经他人验证,与严肃的科学研究存在显著差异,有人形容弗氏的理论是“天上掉下来的”(packet fallen from the sky)。“三周

期理论”与弗洛伊德的研究方式类似，也是“天上掉下来的”，因为这一“理论”的提出是靠主观臆断，而非来自可重复的实验研究。

狂热的年代，荒谬的“理论”

20世纪七八十年代，很多美国人对“三周期理论”笃信不疑，认为只要知道自己的出生日期，就可以预测未来的一切。在这一时期，人们日常生活所接触的各种媒体上经常能够看见这种节律曲线图。在赌城拉斯维加斯，出版商会在与赌博有关的书里附上曲线图，认为可以增加赌客的好运；报纸经常采访所谓的专家对曲线在体育赛事和政治选举当中的作用进行讨论。早期的电脑没现在那么先进和图文并茂，只能进行简单运算和通过在纸带上打孔来显示计算结果。但是，在那个年代，付上一点钱让电脑打出一份自己的曲线图是一件很时髦的事情。“三周期曲线”被用来预测很多体育赛事，例如用来预测橄榄球赛事中各球员的表现。

因为听起来很重要，很有蛊惑性，不少人宁肯信其有，所以在那个年代相信这一“理论”的人很多。1960年，曾在电影《乱世佳人》(也译作《飘》)中饰演白瑞德(Rhett Butler)的著名男演员克拉克·盖博(Clark Gable)心脏病突发，而发作的时间正好处于临界日。随后，一位瑞士“三周期理论”大师托门(George Thommen)警告盖博，很快他的一个双临界日会到来，健康会面临更大威胁。果不其然，盖博在预计的时间心脏病再次发作，并且这次是致命的——盖博死于1960年11月16日，一代巨星就此飘逝而去。

电影《乱世佳人》海报，盖博饰演男主角

除了盖博，还有其他著名人物在临界日遭遇灾祸。美国著名影星玛丽莲·梦露(Marilyn Monroe)在临界日服用过多的安眠药和抗焦虑药物而死亡；著名影星及歌唱家朱迪·加兰(Judy Garland)在临界日服用过多安眠药死亡；美国前总统肯尼迪(John F. Kennedy)在他的临界日被暗杀，而暗杀肯尼迪总统的凶手奥斯瓦尔德(Lee H. Oswald)在刺杀后的第二天，也被鲁比(Jack Ruby)暗杀，这一天刚好是奥斯瓦尔德的临界日……

看，"三周期理论"算得多准！

"三周期理论"能预测坏事也能预测好事。在临界日会有灾星临头，那么在处于峰值的时间里，就可能有好运垂青。1977年11月20日，对于美国橄榄球选手佩顿(Walter Payton)来说，是个好日子，因为从他的"三周期曲线"来看，他在这一天体力、智力和情感曲线都位于峰值附近。这一天，在美国国家橄榄球联盟赛中，佩顿与芝加哥熊队队员一起对战明尼苏达维京人队。在这场比赛中，佩顿创造了带球跑275码(约250米)的纪录，这一纪录保持了23年。

看，"三周期理论"算得那么准，难道还不该相信吗？

如此之类的例子还有很多，似乎由不得人们不去相信这一神奇"理论"，甚至有一些大学教授也是这个"理论"的支持者。另外，那个时代人们也比较狂热，这些因素都为"三周期理论"的传播推波助澜。瑞士"三周期理论"大师托门的相关书籍甚至从1964年开始在随后多年时间里都名列畅销书榜单。基特森(Bernard Gittelson)的《三周期理论——每个人的科学》(*Biorhythm: A Personal Science*)也是非常热卖，多次再版，销量超过100万册。出版社还声称，"三周期理论"是经过验证的"科学理论"。由于这一类书籍的热卖，"生物节律"(biorhythm)一词也变得家喻户晓。当然，他们兜售的并不是真正科学意义上的生物节律概念，而是一套臆造出来的伪科学"理论"。

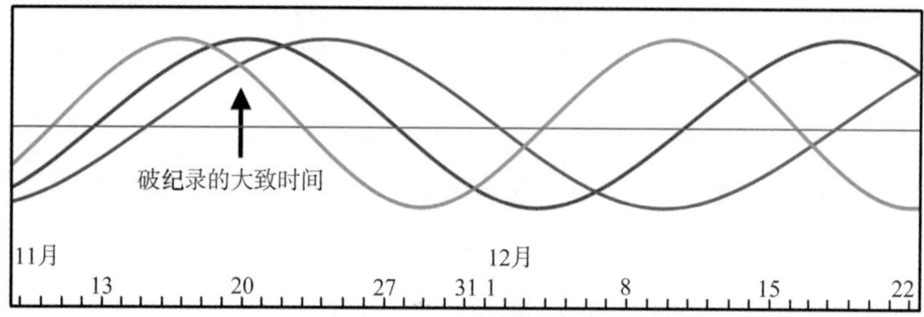

美国著名橄榄球队员佩顿和他的"三周期"曲线。上图:身穿34号球衣的佩顿。下图:佩顿破纪录时"三周期"曲线处于峰值附近

"三周期理论"是李鬼

"三周期理论"之所以具有蛊惑性,一方面是由于有不少例子支持这一"理论",例如上面提到的盖博、佩顿等人的经历。另一方面,是因为其名字与真正的生物钟研究比较像,正如同李逵与李鬼,因此就更具有欺骗性。但是,李鬼终究不是李逵,只要认真辨析,李鬼就会露出破绽来。其实,要批驳这种"三周期理论"可以说易如反掌。通过阅读本书前面内容,我相信很多读者也能够指出"三周期理论"的谬误之处。

首先,"三周期理论"中三个周期从何而来?有何依据?如何测量?提出"三周期理论"的"先贤"们不愿还是不能作出合理解释?

我们知道一些动物，包括牛犊和我们人类的婴儿，在出生后还没有形成节律，婴儿在出生后要经历十多个星期才会出现睡眠–觉醒的周期。“三周期理论”强调的是人一出生就自动被赋予三个周期，而这三个周期从何而来，创立者从未给出过合理解释。从这点看，“三周期理论”已经不攻自破了。

其次，“三周期理论”认定每个人的三个周期都是相同的，都是23、28、33天，这就否认了个体差异性的存在。我们知道，每个人的节律特征都是不完全相同的，人群里有百灵鸟型的人，有夜猫子型的人，更多的是中间型的人，这反映的是节律相位的不同。不同人节律的振幅和周期也存在差异。除了节律以外，我们人体其他的生理指标和特征又何尝完全相同？所以，凭空认定人存在三种完全相同的节律是荒谬的，与占星术无异。我们在前面提到“老黄历”，老黄历里充满了迷信的东西，但也有些内容是基于经验得出的，可以相信。例如老黄历会根据节气变更告诉农民安排农事，这个是有一定道理的。从这个角度看，“三周期理论”连老黄历都不如。

还有，“三周期理论”认为人的三个周期是一成不变的，所以才能够准确地预测人在未来任意时间的状态。在了解了科学范畴的生物钟之后，我们知道生物节律是会受到生理状态、环境等因素的影响而改变的。如果节律固定不变，那么我们去美国旅游，时差将永远倒不过来，只能过着昼伏夜出的生活了。

这里只列出三条主要的反驳理由，读者也可以自己去想，还能找到哪些理由去批驳“三周期”的李鬼理论。

可是，如果说“三周期理论”是伪科学，那么它为什么能够把那些著名人物的不幸遭遇算得那么准呢？这个问题很容易解释，那是因为算不准的都没告诉大家，算准了的才大吹特吹，而没有看整体的发生率。

马三立有个相声《皮猴》，讲的是一个算命先生的故事，皮猴就是皮大衣之类的衣服。算命先生先准备了一块牌子，上面写着“没有”两个字。有人去找算命先生看相，算命先生就会不停地套这个人的话，如果问到家里什么人不在了，例如是父亲，算命先生就会翻出牌子给人看：你看，我就知道你父亲不在了，因为牌子上写着

“没有”嘛。如果父亲在，母亲不在，算命先生也可以翻出牌子，说我就知道你母亲不在了，因为牌子上写着“没有”嘛。如果父母健在，家里只有儿子没有女儿，算命先生可以翻出牌子，说我就知道你缺个女儿，因为牌子上写着“没有”嘛。总之，只要家里少个什么人，算命先生总有机会翻出牌子——总有一个能蒙上。

这天，来了一个人，算命先生准备好牌子，然后不停地问，可是这个人是个全乎人，家里父母健在，儿女双全，啥都有，这让算命先生很着急。最后，算命先生问了句：家里有皮猴吗？答曰：没有。算命先生终于松了口气，翻出牌子说：对了！我就知道你没有皮猴，你看牌子上就是写着“没有”嘛！

回头再看当初弗利斯等人提出“三周期理论”的依据，多是基于偶然性的现象，而不是基于大量可重复实验基础上得出的。因此，这一“理论”完全是臆断，不值得相信。而鼓吹这一“理论”的人，无非是只公布偶然蒙对的事情，而对很多蒙错了的事情则隐匿不说罢了。

佩顿在1977年芝加哥的那场橄榄球比赛里，是带病上场的。他当时患重感冒，高烧达38.3℃，尽管创造了好成绩，但这显然不是他的最佳状态。

事实上，就连基特森本人对这一说法也有所保留。他在书的序言中提醒读者：“三周期理论”的看法存在争议，其合理性有待证明。基特森后来还提到自己的一段尴尬经历，他曾碰到三位从事生物钟研究的研究生，这三位研究生在学术上颇有建树。基特森想和他们聊聊“三周期理论”，但是一提到这个话题，三位研究生立刻岔开话题，并表明他们所做的是与这种“三周期理论”完全不同的工作，与他划清了界线。

科学不是任人打扮的小姑娘

在我工作的大学，我们学院体量巨大，研究方向齐全，涵盖了植物学、动物学、农学、医学、药学、生化与分子生物学、生理学、生态学等众多研究方向，教师队伍也很庞大，因此大家不可能对学院同事们所从事的方向都很熟悉。曾经有一位从事生态学研究的同事吃饭时对我说：我原本以为你们做生物钟是研究哲学的。听了这话，我当时惊愕得差点把筷子咽进肚子里去。我只能再三向这位同事解释：我们做的也是实实在在的基于实验的研究，主要是从生化和生理的角度研究生物钟。我还带他参观了实验室，这才扭转了他的看法。

我这位可爱的同事对生物钟研究存有误解其实并不奇怪，因为直至20世纪中期，在科学界还有不少人认为，节律这种现象只是生物对光照、温度、磁场、气压等显著和细微环境昼夜变化的应激反应，而非内在产生的，更是与基因或遗传无关。20世纪60年代，宾宁曾在他的《生理钟》一书里写道："直到最近的15—20年前，很多人还认为生物节律是内在发生的想法属于无稽之谈，其中甚至包括一些著名的科学家，他们认为这样的想法是故弄玄虚和形而上学。"

从宾宁开始，一批优秀科学家通过遗传学和分子生物学的研究，克隆了生物钟基因，并已逐步揭开了生物钟的神秘面纱。时至今日，生物钟研究已经得到广泛认可，生物钟研究也在2017年荣膺诺贝尔奖。生物钟研究是建立在一步一个脚印的坚实基础上的，而不是像"三周期理论"那样靠的是"天上掉下来"的臆想。

关于科学与伪科学，在时间的考验下，终究都会显露出各自的真面目。与此同时，科学家应当承担起科普的重任，而不是对伪科学不闻不问，不能任由一些用心不良的人肆意歪曲科学，打着科学的旗号实则以伪科学来蒙蔽大众，并从中谋取不义之财。尤其值得警惕的是，生物钟研究荣膺诺贝尔奖令生物钟研究家喻户晓，但这也会被伪科学家们所利用，挂羊头卖狗肉，借生物钟科学研究的影响来包装和鼓吹"三周期理论"伪科学。

在国内，鼓吹"三周期理论"的图书也不少。中文百科网站对生物钟的错误解释则可能由于作者并非生物钟专业人士，真科学与伪科学理论如同孙悟空和六耳猕猴掺杂在一起，普通百姓肯定是无法辨别的。甚至还有公司以"三周期理论"申报专利并成功获批，令人齿冷。

科学的核心价值观是实事求是。胡适说过，历史不能成为任人打扮的小姑娘。同样，科学也不应成为任人打扮的小姑娘。

结语　书架上的时间

阿根廷文学家博尔赫斯(Jorge Luis Borges)曾转述圣奥古斯丁的话:我的灵魂在燃烧,因为我想知道时间是什么。时间是个神秘的东西,看不见,摸不着,但是又与我们的生活以及我们的生命不可分割。时间是有情的,让每一个过客在短暂的生命里感受到悲欢离合;时间是无情的,如水般流逝不再回来。

在空闲的时候,随便找个书店,走进去绕着书架走走,就会发现很多书名与时间有关,当然也包括我们这本书。在书的海洋里,题目或内容与时间有关的书浩如烟海,对于文艺或故事类书籍更是如此,很少有小说、故事、传记是不与时间有关的。时间与文艺难以分割,随便举个例子:在芭蕾舞剧《天鹅湖》里,恶魔将美丽少女奥杰塔(Odette)变成天鹅,她在白天只能以天鹅的样子示人,只有在夜晚才能显出人形。

这里提到的是我做的这样一次实验的结果。我居住的地方位于广州番禺的大学城,虽然这里大学扎堆,但好的书店并不多,难得离家不远有个小小的新华书店,有时会进去看看。这一天我就特地在书店里来来回回把几排书架看了个遍,并记录了所有与时间或节律有关的书名,相信其中一些书很多人都读过或见过。

这些书中,名字里直接有时间字眼的书有《时间的样子》《时间的孩子们》《我在时间尽头等你》《二手时间》《时间之墟》《时间会证明一切》《时间的故事》《随着日子往前走》《童年时光》《岁月与性情——我的心灵自传》。

书名与四季有关或与四季变换有关的书有:《你是人间四月天》《小城三月》《夏

日走过山间》《夏至未至》《四季小品》《雨季不再来》《那个夏季 那个秋天》《夏与冬的奏鸣曲》《春》《秋》《春秋》《春天万物流转》《四季流光》。

与昼夜有关的书有:《长夜难眠》《白天不懂夜的黑》《日落通天苑》《黎明之街》《黑夜的空白》《落幕时祈祷》《朝花夕拾》《布拉格之夜》《西雅图不眠夜》《日夜书》《踏着月光的行板》《午夜降临时抵达》《清晨如故》《正午的原野》。

与特定时间有关的书有:《光荣日》《1980年的爱情》《第七天》《第十三天》。

当然,以时间为主题的科幻或童话作品也有一些,例如《时间机器》《时间商人》《计时员》和《捕获时间之父》等。

需要说明的是,我只统计了文艺类书籍,而历史类图书一律没有纳入计算,尽管所有的历史当然都是与特定的时间联系在一起的。爱读书的朋友不妨也做这个简单的实验:下次去书店时浏览一下书架上有多少与时间或节律有关的书。实验的结果很可能超出你的预期。

书籍是几千年来人类文明的积淀,是我们探索未来和无限的基石。读书有无穷的好处,这一点无须赘言,希望大家多花时间读书,同时也花些时间读些与时间有关的书。

水墨人物画《书和钱的较量》(陈侗作品并授权使用)

时间！时间！时间！那么多的时间，仿佛我们的一切都离不开时间——确实如此，我们生活在时间里，我们的一切都离不开时间，正如乌拉圭诗人加莱亚诺在《时间在讲述》中所写：

我们由时间造就。

我们是它的脚，也是它的嘴。

时间用我们的脚赶路。

我们知道，时间之风迟早会抹去一切足迹。

虚幻的路径，无人的步履？

时间之口讲述着旅途。

参考文献

Alerstam T. Ecological causes and consequences of bird orientation. *Experientia. Supplementum*, 1991, 60(60): 202—225.

Ashizawa K, Kawabata M. Daily measurements of the heights of two children from June 1984 to May 1985. *Annals of Human Biology*, 1990, 17(5): 437—443.

Bass J, Takahashi J S. Circadian integration of metabolism and energetics. *Science*, 2010, 330(6009): 1349—1354.

Baxendale S, Fisher J. Moonstruck? The effect of the lunar cycle on seizures. *Epilepsy & Behavior*, 2008, 13(3): 549—550.

Bennie J, Davies T W, Cruse D, et al. Cascading effects of artificial light at night: resource-mediated control of herbivores in a grassland ecosystem. *Philosophical Transactions of the Royal Society B,* 2015, 370(1667).

Berry S E, Gilchrist J, Merritt D J. Homeostatic and circadian mechanisms of bioluminescence regulation differ between a forest and a facultative cave species of glowworm, Arachnocampa. *Journal of Insect Physiology*, 2017, 103: 1—9.

Binkley S. *Biological Clocks: Your Owner's Manual*. Amsterdam: Harwood Academic Publishers, 1997.

Binkley S. *The Clockwork Sparrow: Time, Clocks, and Calendars in Biological Organisms*. Upper Saddle River: Prentice Hall, 1989

Brown F A, Chow C S. Lunar-correlated variations in water uptake by bean seeds. *The Biological Bulletin*, 1973, 145(2): 265—278.

Brown Jr F A, Hastings J W, Palmer J D. *The Biological Clock: Two Views*. New York: Academic Press, 1970.

Bünning E. *The physiological clock* (3rd Edition). New York: Springer Verlag New Yor, Inc, 1973.

Cavallari N, Frigato E, Vallone D, et al. A blind circadian clock in cavefish reveals that opsins mediate peripheral clock photoreception. *PLoS Biology*, 2011, 9(9).

Cho Y, Ryu S, Lee B R, et al. Effects of artificial light at night on human health: a literature review of observational and experimental studies applied to exposure assessment. *Chronobiology International*, 2015, 32: 1294—1310.

Crepeau L J, Bullough J D, Figueiro M G, et al. Lighting as a circadian rhythm-entraining and alertness-enhancing stimulus in the submarine environment. *SSRN Electronic Journal*, 2006. DOI: 10.2139/ssrn.3075632

Currey M. *Daily Rituals: How* Artists Work. New York: Knopf Publishing Group, 2013.

De Dios V R, Diazsierra R, Goulden M L, et al. Woody clockworks: circadian regulation of night-time water use in Eucalyptus globulus. *New Phytologist*, 2013, 200(3): 743—752.

de la Iglesia1 H O, Fernάndez-Duque E, Golombek D A, et al. Access to electric Light is Associated with shorter sleep Duration in a Traditionally Hunter-Gatherer Community. *Journal of Biological Rhythms*, 2015, 30: 342—350.

Decoursey P J. Survival value of suprachiasmatic nuclei (SCN) in four wild sciurid rodents. *Behavioral Neuroscience*, 2014, 128(3): 240—249.

Decoursey P J, Krulas J R. Behavior of SCN-sesioned chipmunks in natural habitat: a pilot study. *Journal of Biological Rhythms*, 1998, 13(3): 229—244.

Dunlap J C, Loros J J, DeCoursey P J. *Chronobiology: Biological Timekeeping*. Sunderland,Massachusetts: Sinauer Associates Inc., 2004.

Dunlap J C, Loros J J. Yes, circadian rhythms actually do affect almost everything. *Cell Research*, 2016, 26(7): 759—760.

Eisenbeis G. Artificial night lighting and insects: attraction of insects to streetlamps in a rural setting in Germany. Catherine Rich & Travis Longcore (eds). *Ecological Consequences of Artificial Night Lighting*. Washington D.C.: Island Press, 2006.

Eisenstein M. Chronobiology: stepping out of time. *Nature*, 2013, 497: S10—12.

Flynn-Evans E E, Barger L K, Kubey A A, et al. Circadian misalignment affects sleep and medication use before and during spaceflight. *NPJ Microgravity*, 2016, 2: 15019.

Foster R G, Kreitzman L. *Rhythms of Life: The Biological Clocks that Control the Daily Lives of Every Living Thing*. Connecticut: Yale University Press, 2004.

Greenemeier L. Engineers design robo pests to search for earthquake victims. *Scientific American*, 2012, 307: 19.

Gwinner E. Circannual clocks in avian reproduction and migration. *Ibis*, 2008, 138(1): 47—63.

Haag M. *Luxor illustrated with Aswan, Abu Simbel, and the Nile*. Cairo: The American University in Cairo Press, 2009.

Hauri P. *The Sleep Disorders*. https://sleepdisorders.sleepfoundation.org/

Hendelrahmanim K, Masci T, Vainstein A, et al. Diurnal regulation of scent emission in rose flowers. *Planta*, 2007, 226(6): 1491—1499.

Highkin H R, Hanson J B. Possible Interaction between Light - dark cycles and endogenous daily rhythms on the growth of tomato plants. *Plant Physiology*, 1954, 29(3): 301—302.

Honma K, Honma S. *Zeitgebers, Entrainment and Masking of the Circadian System*. Sapporo: Hokkaido University Press, 2001.

Horibe T, Yamada K. Petals of cut rose flower show diurnal rhythmic growth. *Journal of the Japanese Society for Horticultural Science*, 2014, 83(4): 302—307.

http://www.fao.org/docrep/006/AD221E/AD221E06.htm

Hufeland C W. *Art of Prolonging Life*. Montana: Kessinger Publishing, 1880.

Irwin A. The dark side of light: how artificial lighting is harming the natural world. *Nature*, 2018, 553: 268—270.

Kaiser T S, Poehn B, Szkiba D, et al. The genomic basis of circadian and circalunar timing adaptations in a midge. *Nature*, 2016, 540(7631): 69—73.

Lampl M. Further observations on diurnal variation in standing height. *Annals of Human Biology*, 1992, 19(1): 87—90.

Lehmann M, Gustav D, Galizia C G, et al. The early bee catches the flower: circadian rhythmicity influences learning performance in honey bees, Apis mellifera. *Behavioral Ecology and Sociobiology*, 2011, 65(2): 205—215.

Lobban M C. Daily rhythms of renal excretion in Arctic-dwelling Indians and Eskimos. *Experimental Physiology*, 1967, 52(4): 401—410.

Lucassen E A, Coomans C P, Van Putten M, et al. Environmental 24-hr cycles are essential for health. *Current Biology*, 2016, 26(14): 1843—1853.

Luce G G. *Biological Rhythms in Human and Animal Physiology*. New York: Dover Publications, 1971.

Meerlo P, Sgoifo A, Turek F W, et al. The effects of social defeat and other stressors on the expression of circadian rhythms. *Stress*, 2002, 5(1): 15—22.

Mergenhagen D, Mergenhagen E. The expression of a circadian rhythm in two strains of *Chlamydomonas reinhardii* in space. *Advances in Space Research*, 1989, 9(11): 261—270

Merritt D J, Clarke A K. Synchronized circadian bioluminescence in cave-dwelling *Arachnocampa* tasmaniensis (clowworms). *Journal of Biological Rhythms*, 2011, 26(1): 34—43.

Moore-Ede M C, Sulzman F M, Fuller C A. *The Clocks that Time Us: Physiology of the Circadian Timing System*. Cambridge, Massachusetts: Harvard University Press, 1982

Moreno C R C, Vasconcelos S, Marqueze E C, et al. 2015. Sleep patterns in Amazon rubber tappers with and without electric light at home. *Scientific Reports*, 2015, 5: 14074.

Muller N A, Wijnen C L, Srinivasan A, et al. Domestication selected for deceleration of the circadian clock in cultivated tomato. *Nature Genetics*, 2016, 48(1): 89–93.

Nakajima M, Imai K, Ito H, et al. Reconstitution of circadian oscillation of cyanobacterial KaiC phosphorylation *in Vitro*. *Science*, 2005, 308(5720): 414—415.

Naylor.E *Chronobiology of Marine Organisms*. Cambridge: Cambridge University Press, 2010.

Nyholm S V, Mcfallngai M J. The winnowing: establishing the squid-*vibrio* symbiosis. *Nature Reviews Microbiology*, 2004, 2(8): 632—642.

Ouyang Y, Andersson C R, Kondo T, et al. Resonating circadian clocks enhance fitness in cyanobacteria. *Proceedings of the National Academy of Sciences of the United States of America*, 1998, 95(15): 8660—8664.

Palmer J D. *The Living Clock: The Orchestrator of Biological Rhythms*. Oxford: Oxford University Press, 2002.

Peeples L. Medicine's secret ingredient: it's the timing. *Nature*, 2018, 556(7701): 290—292.

Peters S, Reid A, Fritschi L, et al. Cancer incidence and mortality among underground and surface goldminers in Western Australia. *British Journal of Cancer*, 2013, 108(9): 1879—1882.

Piccione G, Caola G, Refinetti R, et al. Daily and estrous rhythmicity of body temperature in domestic cattle. *BMC Physiology*, 2003, 3(1): 7.

Post W, Gatty H. *Around the World in Eight Days: The Flight of Winnie Mae*. New York: Orion Books, 1989.

Puttonen E, Briese C, Mandlburger G, et al. Quantification of Overnight Movement of Birch (Betula pendula) Branches and Foliage with Short Interval Terrestrial Laser Scanning. *Frontiers in Plant Science*, 2016, 7: 222—222.

Rajaratnam S M, Arendt J. Health in a 24-h society. *The Lancet*, 2001, 358(9286): 999—1005.

Refinetti R. 近日生理学(第二版). 陈善广,王正荣译. 北京:科学出版社,2009.

Richter C P. A behavioristic study of the activity of the rat. Hunter W S (ed). *Comparative Psychology Monographs*. Baltmore: Williams & Wilkins Company, 1922.

Roenneberg T, Merrow M. Circadian clocks: the fall and rise of physiology. *Nature Reviews Molecular Cell Biology*, 2005, 6(12): 965—971.

Schmidt-Koenig K, Ganzhorn J U, Ranvaud R. Orientation in birds. *EXS*. 1991, 60:1—15.

Schopf J W. Microfossils of the Early Archean Apex Chert: new evidence of the antiquity of life. *Science*,

1993, 260(5108): 640—646.

Trump D J. *Think Like a Billionaire: Everything You Need to Know about Success, Real Estate, and Life*. New York: Ballantine Books, 2004.

Ulmer R. *Mucha*. KÖln: TASCHEN GmbH, 2007.

Van Oort B, Tyler N J, Gerkema M P, et al. Circadian organization in reindeer. *Nature*, 2005, 438 (7071): 1095—1096.

Vance D E. Belief in Lunar Effects on Human Behavior. *Psychological Reports*, 1995, 76(1): 32—34.

Vreeland S. *Luncheon of the Boating Party*. USA: Penguin Books, 2007.

Wang Y, Owen S M, Li Q, et al. Monoterpene emissions from rubber trees (*Hevea brasiliensis*) in a changing landscape and climate: chemical speciation and environmental control. *Global Change Biology*, 2007, 13(11): 2270—2282.

Weber A L, Cary M S, Connor N, et al. Human non-24-hour sleep-wake cycles in an everyday environment. *Sleep*, 1980, 2(3): 347—354.

Wright K P, Mchill A W, Birks B R, et al. Entrainment of the Human Circadian Clock to the Natural Light-Dark Cycle. *Current Biology*, 2013, 23(16): 1554—1558.

Zhan S, Merlin C, Boore J L, et al. The monarch butterfly genome yields insights into long-distance migration. *Cell*, 2011, 147(5): 1171—1185.

阿奇博尔德 E. 耶鲁古典欧洲怪诞生活志. 何玉方译. 重庆:重庆出版社,2019.

埃弗斯 L. 时间简史——从日历、时钟到月亮、周期. 陈晓丹,安晓梅译. 北京:中信出版社,2018.

奥古斯丁. 忏悔录. 周士良译. 北京:商务印书馆,2015.

柏拉图. 斐多——柏拉图对话录之一. 杨绛注译. 北京:中国盲文出版社,2013.

宾汉 J. 墙上艺术·后印象主义. 蔡洁译. 北京:中国文联出版社,2009.

博尔赫斯 J L. 博尔赫斯,口述. 黄志良译. 上海:上海译文出版社,2015.

布朗 R H. 人类和星星. 叶式辉译. 南京:江苏科学技术出版社,1988.

蔡元培. 中国人的修养. 北京:中国长安出版社. 2012.

陈美东,华同旭. 中国计时仪器通史(古代卷). 王绶琯,席泽宗总主编. 合肥:安徽教育出版社,2011.

陈善广,王正荣. 时间空间生物学. 北京:科学出版社,2009.

道金斯 R. 盲眼钟表匠. 王道还译. 北京:中信出版社,2017.

法拉 P. 性、植物学与帝国——林奈与班克斯. 李猛译. 北京:商务印书馆,2017.

梵高 V W,邦格 J van G.亲爱的提奥——梵高传. 刚亚蕾,李玲译. 武汉:长江文艺出版社,2016.

福斯特 R,克赖茨曼 L. 生命的节奏. 郑磊译. 北京:当代中国出版社,2004.

盖尔 M. 康德的世界. 黄文前,张红山译. 蒋仁祥校. 北京:中央编译出版社,2012.

高更. 诺阿诺阿——塔希提岛手记. 马振骋译. 上海:上海译文出版社. 2011.

格雷厄姆 I. DK探索——太空旅行. 李楠译. 赵晖,王俊杰审校. 北京:科学普及出版社,2016.

古留加 A. 康德传(世界名人传记丛书). 贾泽林,侯鸿勋,王炳文译. 北京:商务印书馆,1997.

郭金虎,曲卫敏,田雨. 生物节律与行为. 北京:国防工业出版社,2019..

哈兰德 D M. 月球简史. 车晓玲,刘佳译. 车晓玲审. 北京:人民邮电出版社,2018.

哈特 A-戴维斯. 时间是什么. 王文浩译. 长沙:湖南科学技术出版社,2017.

海老原史树文,吉村崇. 時间生物学. 京都:化学同人,2012.

海亚姆 O. 鲁拜集. 菲茨吉拉德 E(英)译, 鹤西(中)译. 北京:北京联合出版公司,2015.

郝吉思. 黄柳霜——从洗衣女工女儿到好莱坞传奇. 王旭,李文硕,杨长云译. 北京:北京联合出版公司,2016.

何鹏. 北欧神话. 西安:陕西人民出版社,2016.

赫胥黎 A. 美丽新世界. 陈超译. 上海:上海译文出版社,2017.

赫胥黎 T. 天演论. 严复译. 南京:译林出版社,2011.

黄仁宇. 万历十五年. 北京:生活·读书·新知三联书店,2006.

吉田兼好. 徒然草. 文东译. 周作人序. 北京:中信出版社,2014.

加莱亚诺 E. 时间之口. 韩蒙晔译. 北京:作家出版社,2015.

金满楼. 漏网之鱼——1840—1949中国小历史. 南京:江苏人民出版社,2017.

卡斯卡特 T,克莱恩 O. 柏拉图和鸭嘴兽一起去酒吧. 王喆,朱嘉琳. 北京:北京联合出版公司,2018.

康 L,彼得森 N. 荒诞医学史. 王秀丽,赵一杰译. 南昌:江西科学技术出版社,2018.

克里莫 L. 我可以咬一口吗. 周高逸译. 天津:天津人民出版社,2016.

克里斯蒂 A. 死亡草. 六翼天使译. 北京:新星出版社,2018.

库恩 M. 康德传. 黄添盛译. 上海:上海人民出版社,2014.

老舍. 猫城记. 天津:天津人民出版社,2017.

利玛窦, 金尼阁. 利玛窦中国札记. 何高济,王尊仲,李申译. 何兆武校. 北京:中华书局,2010.

利平科特 K,艾柯 U,贡布里希 E H. 时间的故事. 刘研,袁野译. 北京:中央编译出版社,2013.

栗月静. 趣味生活小史. 桂林:广西师范大学出版社,2014.

镰田步. 深夜的铁路. 张心然译. 北京:北京科学技术出版社,2017.

梁小弟,刘志臻,陈现云,等. 生命中不能承受之轻——微重力条件下生物昼夜节律的变化研究. 生命科学,2015, 27: 1433—1439.

林凤生. 名画在左 科学在右. 上海:上海科技教育出版社,2018.

刘向,刘歆. 彩图全解山海经. 思履主编. 北京:中国华侨出版社,2017.

芦笛. 小菇属、脐菇属和蜜环菌属的真菌. 食药真菌,2013,21(3):195—196.

洛佩兹 B. 北极梦——对遥远北方的想象与渴望. 张建国译. 南宁:广西师范大学出版社,2017.

梅特林克 M. 青鸟. 马云娇译. 北京:北京理工大学出版社,2015.

聂鲁达 P. 疑问集. 陈黎, 张芬龄译. 海口:南海出版公司,2015.

皮尔兹 A,范贝弗 R. 生物钟. 王树凯,刘锦城译. 北京:科学出版社,1979.

普希金. 如果生活欺骗了你. 高莽等译. 北京:人民文学出版社,2016.

秦牧. 秦牧科普作品选. 南京:江苏科学技术出版社,1986.

裘锡圭. 长沙马王堆汉墓简帛集成. 湖南省博物馆,复旦大学出土文物与古文字研究中心编纂. 北京:中华书局,2014.

若田光一. 我是宇航员. 北京:人民邮电出版社,2013.

上海书店出版社. 奇谈怪论. 上海:上海书店出版社,1997.

邵宏. 东西美术互释考. 北京:商务印书馆,2018.

沈从文. 中国人的病. 刘红庆编. 北京:新星出版社,2015.

舒尔兹 U. 康德. 鲁路译. 石家庄:河北教育出版社,2001.

塔奇 C. 树的秘密生活. 姚玉枝,彭文,张海云译. 北京:商务印书馆,2015.

泰戈尔 R. 飞鸟集. 徐翰林译. 哈尔滨:哈尔滨出版社,2004.

泰戈尔 R. 采果集 流萤集(插图本). 李家真译. 北京:中华书局,2014.

谭培英. 神秘的活化石. 南京:江苏科学技术出版社,1985.

藤井旭. 伴月共生. 韩天洋译. 北京:中信出版社,2016.

王伯敏. 黄宾虹画语录. 上海:上海人民美术出版社,1961.

威尔斯 H G. 盲人国(威尔斯奇异故事集). 张淑文译. 南京:江苏人民出版社,2017.

沃克 G. 南极洲——一片神秘的大陆. 蒋功艳,岳玉庆译. 北京:生活·读书·新知三联书店,2018.

谢稚柳. 朱耷. 上海:上海人民美术出版社,1979.

新华日报编辑部文教组. 科学知识小品选. 江苏省科学技术协会宣传部选印.

幸田露伴. 东方朔与猛犸象——日本的聊斋. 范宏涛译. 北京:清华大学出版社,2015.

亚里士多德. 动物志. 吴寿彭译. 北京:商务印书馆,2013.

亚里士多德. 天象论 宇宙论. 吴寿彭译. 北京:商务印书馆,2010.

晏樱. 飞行记. 北京:金城出版社,2017.

杨海明．唐宋词史．南京:江苏古籍出版社,1987.

杨念群．生活在哪个朝代最郁闷．桂林:广西师范大学出版社,2015.

叶浅予．叶浅予绘本·天堂记．谢春彦,季崇建主编．上海:上海人民美术出版社,2005.

俞致贞．工笔花卉技法．天津:天津美术出版社,1981.

张万桢,黄慧德．橡胶割胶工．北京:中国农业出版社,2014.

张玉书,陈庭敬等编撰, 王宏源增订．康熙字典(增订版)．北京:社会科学文献出版社社会政法分社,2015.

郑伟宏．智者的思辨花园．上海:复旦大学出版社,2010.

植村直己．极北直驱．陈宝莲译．北京:人民文学出版社,2016.

周密撰,黄益元校点．齐东野语．上海:上海古籍出版社,2020.

竺可桢著, 施爱东编．2015．大家小书·天道与人文．北京:北京出版社,2015.

祝平一．说地——中国人认识大地形状的故事．北京:商务印书馆,2016.

后记

对于科研人员来说，发表一篇论文或者出版一部学术论著只能影响学术圈子里的一小部分人，对大众的影响非常有限。与学术论文、著作相比，一本优秀的科普书拥有更广泛的读者群、更大的影响面。科普工作面向公众传播科学知识，还可能在无意中滋润和启迪一些孩子的心灵，在他们的心田里播下科学的种子，让他们对科学充满好奇与憧憬。因此，在做好科研的同时努力做些科普，也是科研工作者的责任。

我不是第一次进行科普写作了，在此之前也写过几篇科普短文，但是独自完成一本科普书对我而言还是第一次。早就有写这本书的打算，只是一直难以抽出时间。科普的重要性人人知晓，可是在科研院校工作并非如大家想的那样清闲：申请经费、填写各种表格和处理繁杂的报销事务、读论文、带研究生、写论文、备课和上课等任务非常繁重，夜晚、周末和假期加班是家常便饭，甚至连静静坐下来去天马行空地思考科学问题都越来越奢侈。与这些“正事儿”相比，写科普作品要耗费大量精力，虽然可以造福社会，却是不计入主流工作量的。因此，要投入可观的精力去写科普作品，确实需要下些狠心。

对于采取怎样的形式进行科普写作，也让我费了很多脑子。与发达国家相比，我们在赛先生的普及方面还存在严重的不足，其中不仅包括科学知识，更重要的是独立思考的逻辑思维与科学精神。迄今已有很多国外优秀的科普书被翻译和引进，但是国内原创的科普书目前还不多。

我从小学起，就会攥着几块钱跑去邮局汇款买科普书看，也算是在科普读物的陪伴下成长的。对我影响很大的一本书是《秦牧科普作品选》，读者也许会吃惊：秦牧不是一位文学家吗？怎么还写科普作品？没错，这里所说的秦牧就是那个广东文学家秦牧。在这本书的前言里，秦牧先生声称自己并非科研工作者，认为自己的作品是"一块猪骨头熬了一大锅汤"，是用文学稀释了的科普作品。但是，这样的作品读起来更轻松、有趣，更易为读者所接受。因此，我希望自己能够笨拙地模仿这一做法，努力让自己的科普作品兼具可读性与趣味性。对普通人来说，了解科学的思想可能比单纯地记忆科学知识更为重要。

另一个必须提及的人是江苏教育出版社的喻纬老师。在我硕士毕业后工作期间，以及后来在上海读博期间，他带领我和其他作者编写科普书《最新科技报告》，旨在将最新的科技前沿进展尽可能以通俗易懂的方式写成科普读物，供具有高中及以上基础的读者阅读。我们出版的书最终也许未必能够实现这一初衷，但付出的努力是值得肯定的。通过与喻老师的合作，我更明确了这样的认识：科普，不仅要"科"，更要"普"。我们现在不缺乏面向具有专业背景读者的高级科普读物，非常缺乏的是面向更广大层面、不具备专业背景的读者的，更易于消化的"中级"乃至"初级"科普读物。通俗易懂地向非专业的读者介绍生物钟就是我努力的目标，尽管我未必能达到。

为了撰写这本书，我花费了大量精力搜集各种资料，然后才是写作过程。在写作过程中我越来越有这样的感觉：自己不过是在知识的山野里奔跑的小孩，采撷各种鲜花野果，经过自己的思考、理解与搭配，呈现给读者。尽管这些花与果的呈现很可能显得杂乱而幼稚，但如果能够哪怕起到一丁点儿激发读者了解科学热情的作用，我就心满意足了。

生物钟研究是我在美国从事第二个博士后研究时开始的，至今已经有十多年。直到现在我也没打算换个研究方向，其中一个重要原因就是生物钟的确很有意思。我以前在美国以及现在在国内，都接受过中学的邀请，去做生物钟主题的科普讲座。学校里还有不少在其他科研领域里更出色的同事，之所以让我去，我想一个原因可能是生物钟听起来更有趣，也更接地气——它存在于我们的日常生活里，且易于理解。关于生物钟的重要性，在这里，我只想借用从事生物钟研究的美国科学院院士邓拉普(Jay C. Dunlap)的一句话来说明：生物钟几乎影响我们的一切。

本书中提到很多东西方神话故事，在科普中涉及神话，主要目的是为了借助文化让读者更易于理解科学。文化和科学都具有传承性，很多神话故事是由于古时候人们对很多事物的认知非常有限，而凭借想象甚至臆断编织出来的。了解相关神话或传说，可以认识人类文明不断发展的历程，激发读者阅读与思考的兴趣。从另一个角度看，未来的人类看待我们今天的认知，也会发现很多愚昧的东西。

需要提醒注意的是，有些人认为现代的科学发现仅仅是对于古人说法的印证，这种看法穿凿附会，非常偏颇。神话故事可以作为文化范畴加以研究，但不能当作科学论断。例如，有人根据《山海经》里地形的偶然相似之处，就推断远古时的中国人已经到达美洲，还有人发现少数民族流传的故事里提到天空中有一块坑坑洼洼的大石头，就推断这个民族的先民已经搞清楚了月球的地貌特征。在缺乏充分可信证据的情况下，这些说法完全依赖臆断，缺乏基本的逻辑和严谨的态度，只能归为无稽之谈。

本书的写作得到了很多朋友的鼓励和支持，这也是我坚持不懈的动力源泉。在此感谢广州美术学院陈侗老师授权使用他的两幅笔墨人物作品，感谢美国画家汉森授权使用她的作品，感谢原南极考察站崔鹏惠站长许可使用相关图片，感谢北海道大学本间研一教授许可使用有关插图，感谢几位师长和朋友热情地为本书撰写溢美之荐言，感谢安徽大学秦曦明教授从专业的角度审阅书稿，感谢实验室助理黄伟先和硕士生马晓红、本科生聂岑兴协助进行了细心的文字校对工作。

由于本书涉及内容非常广泛，而作者的知识视野和积淀非常有限，必然存在很多错漏之处，恳请读者批评指正。

最后，祝各位尊敬的读者生物钟运转良好，健康快乐。

2019年秋于广州小谷围

图书在版编目(CIP)数据

生命的时钟/郭金虎著. —上海:上海科技教育出版社,2020.7

ISBN 978-7-5428-7290-6

Ⅰ. ①生… Ⅱ. ①郭… Ⅲ. ①生物钟-普及读物 Ⅳ. ①Q73-49

中国版本图书馆CIP数据核字(2020)第098329号

责任编辑 伍慧玲 匡志强

装帧设计 杨 静

生命的时钟

郭金虎 著

地图由中华地图学社提供,地图著作权归中华地图学社所有

出版发行 上海科技教育出版社有限公司

(上海市柳州路218号 邮政编码200235)

网 址 www.sste.com www.ewen.co

经 销 各地新华书店

印 刷 上海华顿书刊印刷有限公司

开 本 720×1000 1/16

印 张 20

版 次 2020年7月第1版

印 次 2020年7月第1次印刷

审 图 号 GS(2020)2618号

书 号 ISBN 978-7-5428-7290-6/N·1097

定 价 88.00元